怕死

人类行为的驱动力

The Worm at the Core
On the Role of Death in Life

Sheldon Solomon / Jeff Greenberg / Tom Pyszczynski

[美] 谢尔登·所罗门　　杰夫·格林伯格　　汤姆·匹茨辛斯基　著

陈芳芳　译

机械工业出版社

CHINA MACHINE PRESS

图书在版编目（CIP）数据

怕死：人类行为的驱动力 /（美）谢尔登·所罗门（Sheldon Solomon），（美）杰夫·格林伯格（Jeff Greenberg），（美）汤姆·匹茨辛斯基（Tom Pyszczynski）著；陈芳芳译 . —北京：机械工业出版社，2024.3

书名原文：The Worm at the Core: On the Role of Death in Life

ISBN 978-7-111-74874-8

I. ①怕… II. ①谢… ②杰… ③汤… ④陈… III. ①死亡 – 心理学 – 研究 IV. ① B845.9

中国国家版本馆 CIP 数据核字（2024）第 013695 号

机械工业出版社（北京市百万庄大街 22 号　邮政编码 100037）
策划编辑：向睿洋　　责任编辑：向睿洋
责任校对：张亚楠　　责任印制：李　昂
河北宝昌佳彩印刷有限公司印刷
2024 年 5 月第 1 版第 1 次印刷
147mm×210mm·9.625 印张·1 插页·227 千字
标准书号：ISBN 978-7-111-74874-8
定价：69.00 元

电话服务　　　　　　　网络服务
客服电话：010-88361066　机　工　官　网：www.cmpbook.com
　　　　　010-88379833　机　工　官　博：weibo.com/cmp1952
　　　　　010-68326294　金　书　网：www.golden-book.com
封底无防伪标均为盗版　机工教育服务网：www.cmpedu.com

推荐序

> 死亡虽是终点，但人生的意义却不会因
> 此湮灭；死亡虽是宿命，但看待死亡的视角
> 却可以让人们获得拯救。
>
> ——欧文·亚隆，《直视骄阳》

　　人类进化到有自我意识开始，关于死亡这个话题的思考就没有停止过。当我们的祖先最初意识到人类是一种生命体，同所有生命体一样受制于自然的力量，最终都会结束时，这种对死亡的意识就无时无刻不在影响着人们，成为人类行为的根本驱动力。

　　古代的宗教、神话、祭祀与仪式，都是在创造一种超自然的世界，在那个世界里有神灵，可保佑人类永生不死。当苏格拉底喊出"认识你自己"的箴言之时，人类的理性被唤起，思辨和理性的力量开始在人类面对终极话题时发挥作用。古希腊哲学家伊壁鸠鲁认为对死亡的恐惧是非理性的，他说："我在，死亡就不存在；死亡来临时，我就不在"，因而死亡和我们没有关系。这种逻辑思辨和理智思考的影响一直持续到近代的存在主义哲学。存在主义哲学

创始人之一海德格尔在《存在与时间》中指出，正是由于有了恐惧的情绪，才让人类有可能成为本真的存在，恐惧没有具体的对象，是人类有限性的表现，它使人类看到自身的终极——死亡。所以，在他看来死亡是一种人类时间的有限性，正是带着对自身时间有限的畏惧感，人类才可能成为本真的自己。至此为止，死亡以及伴随死亡的畏惧都属于宗教和哲学话题。人类在幻想死亡的不存在时，通过创造一个灵魂永生的乐园和神灵的保佑来将死亡逐出我们的世界，建造出宗教和神学的大厦，同时在运用理性和思辨的力量来正视和剖析这种与生俱来的恐惧中创造出许多伟大的哲学思想。

现代随着科学技术的日益发展，我们对于物质世界的认识越来越深刻，这包括我们人类自身这个物质身体。科学证据越来越成为人类的信仰，过去那些灵魂不灭的宗教信念越来越被怀疑，而伴随死亡的恐惧与焦虑又一次成为潜在的驱动力，推动人类去发明另一种工具来应对它。这个时候，心理学在此作为一种社会科学与自然科学的结合应运而生。

最初，十分关心死亡这种人类终极话题的心理学分支是从存在主义哲学中演变过来的存在主义心理学。与哲学更关注死亡概念和死亡意义不同，心理学更关注死亡焦虑影响下人类的行为，因而心理学的成果更有可能贴近我们每一个人的生活。尽管是如此宏大的终极话题，但它背后影响到我们每一个小的行为，可能是不通过心理学研究就难以意识到的。如果说哲学的任务是告诉人们死亡的本质和伴随死亡恐惧的本质的话，那么心理学的任务就是解答人类在面对死亡恐惧时会有怎样的行为，以及如何在面对死亡的恐惧中更好地生活。存在主义心理学的代表人物欧文·亚隆从他的心理治疗临床经验中总结和创造了诸多精妙的方法，体现在他关于应对死亡焦虑的著作《直视骄阳》中，比如通过亲密关系寻求人生的意义，创造自己对于这个世界的"波动影响"。

这些创造性的应对方法建立在大师的临床经验和观察之上，它可能很大程度上适合解决你的问题，但也很有可能让你觉得并不一定合适。正如欧文·亚隆自己所说，在临床工作中要"为每一位来访者创造一种独特的技术"。每一个人面对一种情绪体验的时候，可能需要的解决办法并不一样，这是心理学临床工作中的一个非常重要的关注点。所以目前心理学在科学研究的进程上越来越多地强调实证的方法，通过越来越精妙的实验设计和统计方法，力图找到人类心理机制的共同部分。本书便开创了这一先河，运用现代科学的实证方法探索人类几千年来苦苦追求而不得答案的终极话题。死亡是一个宏大的主题，所以需要一个庞大的研究团队和研究项目。过去的 30 年，作者和他们的团队都在研究对于死亡的恐惧是如何影响人类事务的，直到今天，他们得出了丰硕的成果——我们眼前的这本书。

也许，你现在正在遭受死亡焦虑的困扰和侵袭，又或许，你意识中并没有多少关于死亡的担忧和恐惧。但本书并不是教你一招可以立即消除对于死亡的恐惧。任何一种情绪，不论积极还是消极，它都不会消失，只是我们应当考虑，它是否出现在了恰当的情境中，以及我们对此的行为反应是否有益于我们的生活和健康。就比如一条凶狠的大狗向你扑过来，如果你没有出现恐惧和害怕的消极情绪，你可能就很平淡地待在原地，无法做出及时的逃跑等应激反应，从而受到它的伤害。所以，认识死亡焦虑以及它带给我们的潜在影响，不仅是为了消除这种焦虑和恐惧，而是当它在我们内心深处悄悄地产生影响，让我们在无意识中做出糟糕的行为反应时，我们能够认识到——原来是这"生命中死亡的力量"悄悄地把我们推向了悬崖。而当你能够觉察到它的力量时，它会带你获得全新的成长。

曾旻于北京师范大学

序　言

> 一切事物的背后最终都是躲不掉的死
> 亡，都是囊括一切的黑暗……我们需要的是
> 和死亡无关的生命……不会泯灭的善，超越
> 自然之万事万物的善……我们大多数都是如
> 此……只要稍稍表现出易怒的弱点，潜伏于
> 内心深处快乐之泉的深层恐惧就会彻底暴露，
> 将我们全部变成忧郁的形而上学者。[1]
>
> ——威廉·詹姆斯，《宗教经验种种》

1973 年 12 月的一天，下着雨，天灰蒙蒙的，为《今日心理学》杂志供稿的哲学家山姆·金（Sam Keen）翻过不列颠哥伦比亚省本拿比一家医院的围墙，准备采访一位临终病人。医生说，他撑不了几天了。金走进病房的时候，这位濒死的病人不乏讽刺地对他说："我就要死了，你来得正是时候。[2] 我写的那些关于死亡的内容可以测试一下了，我也有机会让大家看看一个人是怎么走向死亡，怎么接受死亡的了。"

这位躺在病床上的就是文化人类学家欧内斯特·贝克尔（Ernest Becker），他的整个职业生涯都在著书立说。他从人类学、社会学、心理学、哲学、宗教、文学及流行文化多个角度入手，旨在弄清一个自古就困扰着大家的问题——是什么让人们有如此的行为？ [3]

在他最新的著作《拒斥死亡》一书中，贝克尔总结说，人类的行为很大程度上都是来自一种无意识的努力，这种无意识的努力就是拒绝和超越死亡。贝克尔认为，这本书才是他第一本"成熟的著作"。他对山姆·金说："我们构建性格和文化 4，只是为了遮掩我们意识到内心无助时的崩溃和对于必然到来的死亡的恐惧。"现在，贝克尔躺在临终的病床上，解释说，他一生的工作就只剩向死亡妥协了——此刻，它正回头看着他，咧着嘴笑呢。

1974 年 3 月 6 日，欧内斯特·贝克尔与世长辞，享年 49 岁。和很多空想主义者一样，贝克尔也是英年早逝。两个月后，《拒斥死亡》获得了普利策奖。

回到 20 世纪 60 年代晚期，贝克尔还是一位反叛的知识分子，他备受学生欢迎，讲座也向来座无虚席。然而，当时大学的同事及校方的管理者却不怎么垂青这位跨学科的思想家，整个学术界的边边角角、公共话语、通俗文化，他无一不涉猎，对校方的学术及政治正统形成了挑战。

就这样，贝克尔成了学术界的浪子，从美国雪城大学（1960～1963 年）辗转到加州大学伯克利分校。当学校人类学系拒绝跟他续约时，学生主动提出支付其薪水。在旧金山州立大学（1967～1969年）待了一段时间之后，贝克尔在不列颠哥伦比亚的温哥华西蒙弗雷泽大学（1969～1974 年）找到了学术归属感，在此期间，他完成了《意义的生与死》（*The Birth and Death of Meaning*）的第 2 版和《拒斥死亡》（*The Denial of Death*）两本著作，《逃离罪恶》（*Escape from Evil*）也于其去世后出版。

几年之后，即 20 世纪 70 年代晚期，本书的三位作者在美国堪萨斯大学参加实验社会心理学博士生项目时见到了彼此。很快，我们便发现，大家对于理解引导人类行为的根本动机都感兴趣。研究和讨论最终让我们将注意力放在了两个基本的人类行为倾向之上：其一，我们会被迫保护自尊；其二，我们强烈需要维护相对于其他群体的优越性。

但是，直到20世纪80年代，偶然发现了贝克尔的著作，我们几位年轻的教授才明白了人类种种傲慢与偏见的基础。正如罗塞塔石碑一样，这些书对我们来说也是一种启示。贝克尔将深刻的哲学散文题材和直白的外行话相结合，解释了对于死亡的恐惧是如何引导人类行为的。数年来我们潜心研究、教授，却一直没有完全理解的众多社会心理学的重要现象都因受他启发而有了进展。为什么我们会如此拼命地想要获得自尊？为什么我们害怕、讨厌，有时甚至想要干掉和我们不一样的人？突然间，我们对这些问题有了一定的理解。

在1984年美国实验社会心理学协会的会议上，我们按捺不住青春的热情，激动地将贝克尔的观点与其他社会心理学家分享。我们向大家介绍了"恐惧管理理论"（terror management theory），之所以这么命名，是为了以贝克尔的说法为基础——人类拼命想要人生有意义，很大程度上是为了应对对死亡的恐惧。当提到我们的理论广受社会学、人类学、存在哲学及精神分析的影响时，与会人员开始离场；当谈及克尔凯郭尔、弗洛伊德、贝克尔等人的观点时，著名的心理学家们纷纷朝会场的出口涌去。

这样的结果让我们茫然，但是，我们依然不屈不挠，给美国心理学会的王牌期刊《美国心理学家》写了一篇论文。几个月后，我们收到了反馈："我一点儿也不怀疑，这篇论文任何心理学家都不会感兴趣，在世的、已故的都是如此。"就这么一句评价，很简洁。但是，我们不停地和编辑联系，反复请他解释为什么我们的观点没有价值。我们的质询还没结束，可是编辑已经离职了，最终，第二位更具同情心（或者说遭到更多围困）的编辑倒是给了我们一定的方向。"也许你们的观点有一定的正确性，"他说，"可即便如此，你们也得找证据加以论证，否则，没人会重视。"这时我们才渐渐明白，在实验社会心理学研究生期间的训练就是最好的准备。

过去的25年，我们都在研究对于死亡的恐惧是如何影响人类事务的。一开始，我们在自己的学生中间做了实验。后来，在我们理论的吸引下，世界各地的同行纷纷加入其中。如今，其他学科的心理学科学家及学者也在广泛研究恐惧管理理论，并有了一系列的发现，这远远超出了贝克尔的预期。

现在有足够的证据表明，威廉·詹姆斯一个世纪之前就提出的说法确凿无疑，即死亡的确是人类内心最深的恐惧。意识到我们人类终将死亡对于我们的思想、情感、行为以及生活的方方面面都有深刻且普遍的影响——无论我们是否意识到，事实都是如此。

在人类历史的长河中，对于死亡的恐惧引导着艺术、宗教、语言、经济、科学的发展。它让埃及的金字塔高高耸立，让曼哈顿区的世贸双塔遭到了破坏。它促成了全球的大小冲突。从更为个人的层面来说，认识到死亡终至，使得我们钟爱昂贵的轿车，将自己晒成不健康的肤色，刷爆信用卡，像疯子一样飙车，渴望和假想敌大打出手，渴望出名，哪怕转瞬即逝，即便要在《生存挑战》电视系列节目中喝牦牛的尿液也在所不惜。死亡让我们对自己的身体有了不适感，对性有了矛盾感。如果不改变应对策略，意识到死亡不可避免也会招来我们自身的灭亡。

对死亡的恐惧是人类行为的主要驱动力之一。在本书中，我们将向读者介绍，这种恐惧是如何引发人类种种行为的，我们中的多数人都远远没有意识到这件事。实际上，这种驱动力之大，甚至让人在面对"人类为何做出这样的行为"这一问题时，不把对于死亡的意识作为核心要素都远远不足以回答它。

在本书中，我们将介绍恐惧管理理论以及和人类学、考古学等其他领域相关发现结合在一起的研究。在阐明观点的时候，我们列举了历史例证，也囊括了当今例证。在描述研究本身时，我们尽可能地避免学术用语，并将冗长的技术细节尽可能简要呈现。为了让一些关键实验的叙述更为生动，我们从个体被试的角度去描述，当然，我们对他们的名字已经做了处理。

在第一部分，我们介绍了恐惧管理理论的基本原理以及应对恐惧的两大支柱：文化世界观和自尊。在第二部分，我们深入探讨古代历史，旨在回答"我们的祖先是如何发现死亡这一问题的""他们是如何应对的"等问题。在第三部分，我们从个人努力和人际努力两个层面讲述死亡终至这一暗示的影响。最后一章是本书作者对于理解现代世界、应对死亡这一现实意义的几点想法。

我们将继续贝克尔的知识之旅，旨在揭示认识到我们终将死亡对于人类最高尚、最讨厌的追求的各种潜在影响，并指出这些见解将如何促进个人成长及社会进步。

The Worm
at the Core

目　录

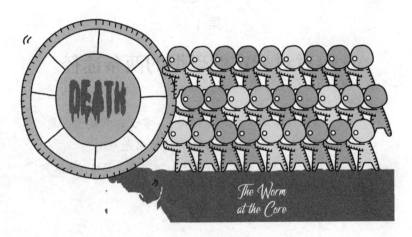

第一部分

应 对 恐 惧

在17世纪早期，约翰内斯·开普勒（Johannes Kepler）
的母亲凯瑟琳娜（Katharina）——一位脾气暴躁、爱惹是非的
老太太，经常与邻里发生争执——被指控施巫术。开普勒花了6
年时间保护母亲免遭处死，并使自己免受连累。尽管开普勒
在《无人目睹的恐惧》（Chaos Without Happened）——其母亲受到
审判期间创作的诗歌——努力掩饰自己的恐惧和绝望，然而这
一切如此令人不安，以至于他几乎无法继续进行天文学研究工
作。

The Worm at the Core

第 1 章

应对对死亡的恐惧的两条途径

摇篮在深渊上方轻轻摆动[1]，常识告诉我们，我们的存在仅仅是两次永恒之间的瞬间光亮。

——弗拉基米尔·纳博科夫，《言说，记忆：实录》

1971 年的平安夜[2]，17 岁的尤利亚妮·克普克（Juliane Koepcke）和她的母亲玛丽亚（Maria）——一位德国的鸟类学家一起从秘鲁的首都利马乘飞机跨越亚马孙丛林地带，除她们之外，机上还有 90 名乘客。母女俩准备前往普兰尔帕，同尤利亚妮的父亲汉斯－威廉·克普克（Hans-Wilhelm Koepcke）——一位卓越的动物学家一同庆祝圣诞。突然，一道闪电击中了飞机的燃料箱，整架飞机瞬间断裂，消失在一片浓烟和灰烬中，此时，飞机距离下方广袤、荒芜的热带雨林有 3.22 千米。

从机舱弹出去之后，尤利亚妮发现自己正在广阔无垠的天空中飞翔，周围的一切都被静谧笼罩。由于安全带依然紧扣，此时座椅仍在身下，她感到自己的身体连同座椅不停地在空中翻滚，那片雨林就像华盖一样，也在不停地旋转。她朝着地面快速俯冲，无疑，等待她的似乎就只有死亡了。茂密的枝叶阻断了原本的跌落过程。尤利亚妮最终昏迷了。

再次醒来之后，她先把依然紧扣的安全带解开，接着便四处摸索起来。脚上只有一只鞋子了，眼镜也不见了。她摸了摸自己的锁骨，发现已经断裂。此外，腿上还有一道深深的口子，胳膊上也有伤。本来就近视的双眼，有一边已经肿成了一条缝，另一边则完全睁不开了。由于脑部受到了剧烈震荡，她感到无比眩晕。不过，由于深陷极度的震惊，这个时候她反倒觉察不到疼痛了。她不停地喊啊，喊啊，希望找到母亲，可是，根本没有任何回应。她发现自己还能行走，于是，便站起身，慢慢向外挪。

在接下来的 11 天里，尤利亚妮都在跟跄前行，慢慢穿越这片亚马孙雨林——凯门鳄、狼蛛、毒蛙、电鳗以及淡水黄貂鱼的家园。倾盆大雨，在泥浆中匍匐前进，酷热难耐，时常被成群的虫子叮咬……这些，她都忍过来了，最终，她来到了一条小溪边。父亲曾经教导她说，大多数人都会临水而居，想到这个，她沿着小溪慢慢前行，最终找到了一条大河。她蹚进水虎鱼和黄貂鱼泛滥的水里，半游半漂地顺流而下。

强烈的震惊救了她的命，她并不觉得饥饿，只觉得整个人似乎都被裹进了棉花。不过一窝又一窝的蚊虫叮咬让她很受折磨，她想在树下休息，可睡着几乎是不可能的了。伤口上长满了蛆虫，被蚊虫叮咬的地方也严重感染了。在水中漂浮时，亚马孙特有的强烈日光将她晒伤了，此时，她全身开始爆皮、流血。然而，她还在麻木地向前。

最终，她找到了一艘汽船，并且镇定自若地用一个小油箱里的汽油浇死了伤口上的很多蛆虫。几天之后，汽船的主人在他们的小屋附近发现了她，并把她带到了最近的城镇，距离小屋七个小时的路程。

在那场坠机事故中，她是唯一的幸存者。

我们都听过人们排除万难最终战胜死亡的故事，比如当纳聚会、泰坦尼克号的幸存者，从德累斯顿、广岛、长崎的空袭中逃过一劫的人们。诸如此类的故事都说明了一点：所有生物都有着与生俱来的自我保护的生理本能。几十亿年来，大量复杂的生命形式一步步进化，都在用自己的方式尽可能久地生存、繁衍，将基因一代代传下去。鱼用鳃呼吸，蔷薇用刺保护自己，松鼠知道把橡树果埋起来，留以数月之后食用，白蚁靠啃食木头为生。为了实现生存这一最基本的生理需求，不同物种几乎用尽了各种方式。

你发现壁橱里有一只蝙蝠扑打着翅膀四处乱飞，于是准备拿网球拍结束这个黑暗中的生命，那么一场激战就在所难免了，因为蝙蝠为了存活会竭尽所能。即便是蚯蚓也会不遗余力地与死亡抗争，这一点用蚯蚓作为鱼饵的人可以证实。你把它一分为二，它还活着；试图将它穿在鱼钩上，它会拼命挣扎；即使鱼钩刺入身体，它也会在你的手上排便。

然而，人类与蝙蝠、蚯蚓不同，因为我们知道，不管怎么做，最终都会输掉与死亡的斗争。这样的观点确实让人极度不安。我们畏惧死亡，这种畏惧可能有诸多原因：担心死后身体会腐烂、变臭，最终化为泥土；不舍与深爱的人分离；不愿因出师未捷、壮志未酬而抱憾；甚至偷偷怀疑生命的尽头根本没有张开双臂等待我们的慈爱上帝。然而，掩盖在所有这些忧虑之下的却是最根本的生理需求——存活。尤利亚妮·克普克和其他幸存者的经历说明，我们会想尽一切办法存活下来。然而，我们又都知道，这一需求终将无法满足。

我们怎么就陷入了这样的困境呢？就存活这一最根本的生理需求而言，人类和其他的生命形式是一脉相承的，但与它们相比，彼此之间又在多个方面有着天壤之别。从生理方面来看，人类并不那么突出：形体不算大，感觉系统不算敏锐，速度也不如猎豹、狼和马；人类没有尖锐的爪子，只有脆弱无力的指甲；没有锋利的牙齿，连牛排烤老了都嚼不动。

但是，我们的祖先，一小支非洲原始人类的群体，却实现了高度群居，多亏了他们大脑皮质的一代代进化，才有了今天高智商的我们。进化发展催生了合作和劳动分工，并最终引领我们的祖先发明了工具、农业、烹饪、住房及其他形形色色的有用之物。作为他们的后代，我们继续繁衍生息，人类文明的种子也已在世界各个角落生根。

人类大脑的进化带来了两种尤为重要的心智能力，即高度的自我意识以及从过去、现在和将来这个角度思考的能力。就目前而言，只有人类能够意识到自己存在于某一特定的时间和空间中。这是一个重要的特点。与鹅、猴子及袋熊不同，我们在选择某项行动方案之前，会结合过去和未来，仔细思考当前的处境。

对于自我存在的意识让我们的行为具有高度的灵活性，这有助于我们生存。较为简单的生命形式会对周围的环境做出一成不变的即时反应。比如说，飞蛾总会千篇一律地飞向光亮，尽管这种行为对于引领其躲避捕食者有一定的作用，但若光源是蜡烛或篝火，那就会万劫不复。与飞蛾不同，我们人类可以将注意力从正在发生的感官经验中转移。除了奔向火焰，我们还可以采取其他行动，做出选择时不仅会依赖本能，还会依赖学习和思考的能力。我们会思考其他可以选择的反应及其潜在的结果，会设想新的可能性。

总而言之，自我意识确实发挥了不错的作用。我们生存、繁衍、将基因传给下一代的能力也因此提高了。有自我意识的感觉也很好，用奥托·兰克（Otto Rank）的优美词句来说，那就是，我们会认识到这一事实，即每一个个体都是"宇宙之力的暂时代表"。[3] 我们都是直接来自最初的生命体，也因此与之、与曾经存在以及将要存在的地球生物相关联。能够活着并且能够意识到自己活着，对我们来说是多么令人高兴的一件事！

然而，正因为我们能够意识到自己的存在，因而也知道有一天我们终将不在。死亡随时都会降临，我们无法预测，也无法控制。无疑，这一点很讨厌。即使一个人足够幸运，躲开了有毒蚊虫的叮咬、野兽的袭击，躲开了刀枪子弹，甚至有幸逃脱了坠机、交通事故、癌症、地震，可他依然无法永生。

意识到死亡是人类智力的一大缺点。只要稍微想一想，对死亡的意识就会让我们陷入可怕的困境，我们甚至觉得这就是一个终极玩笑。一方面，人类和其他所有生物一样，对生存有强烈的欲求；另一方面，人类又足够聪明，知道这一根本需求最终是无效的。我们为自我意识付出了沉重的代价。

恐惧是对死亡临近的自然反应，一般也是适应性反应。所有的哺乳动物，包括人类在内，都有感受恐惧的经历。黑斑羚看到狮子扑来时，它的大脑会向边缘系统传递信号，进而触发搏斗、逃离或僵在原地的身体反应。人类也是如此。只要感受到致命的威胁，比如遭遇高速行驶的失控车辆、持刀歹徒，感到胸部发紧、身体内有可疑肿块、飞机剧烈震荡或人群中有自杀式炸弹，恐惧感就会将我们吞噬，我们会受本能驱使，拼命搏斗、逃离或僵在原地。紧接而来的便是恐慌。

但对于人类来说，真正的悲剧是，在逼近的危险消失后只有我们依然有这种对死亡的恐惧感。借用伟大的比利时歌曲作家雅克·布雷尔（Jacques Brel）的话来说，人类的死亡就像是"一个守株待兔的老色鬼"，一直潜伏在心理暗影之中。这种意识很可能会将我们置于对存在的永久恐惧之中。

诗人 W. H. 奥登（W. H. Auden）极其形象地描述了人类这一独有的难题：

> 黎明时分，野兔是快乐的[4]，
> 因为它无从知晓猎人正在苏醒的思维；
> 树叶无法预知秋天的来临，
> 它亦是幸运的；
> 令人窒息的痛苦不断蔓延，
> 涨满无数城池，继而包围了沙漠；
> 然而，人类该怎么做？
> 谁又能凭靠记忆调整口哨的曲调？
> 当死亡夺路而至，如海鸥般哀号时，
> 谁又能知道它的音阶？
> 除了让自己保持未知，人类终将何如？

这种潜伏着的恐惧，这种从未离去、让人无能为力的恐惧就是人类社会的"与生俱来的恐惧"。要应对对于死亡的恐惧，我们就得自我防卫。

如何应对恐惧

幸运的是，我们人类是高智商的物种。一方面，高智商让人类理解了终将到来的存在危机；另一方面，人类的高智商也足以将这种毁灭性的潜在恐惧禁锢。人类共享的文化世界观，即我们独创的用于解释现实的信仰，让我们获得了意义感，了解了宇宙起源，设计了地球上有价值的行为并得到永生的希望。

自人类存在以来，文化世界观对死亡恐惧来说，就是莫大的安慰。纵观历史，放眼全球，绝大多数的人，无论过去还是今天，都深受宗教信仰的引导，相信在肉体死亡之后，他们的生命会以其他形式继续存在。我们当中有一些人认为死后灵魂会升天，会和那些已经去世的亲人团聚，会沐浴在造物主爱的光环里；有一些人，他们"知道"，在死亡到来的那一刻，他们的灵魂会转世，以一种新的形式开始；还有一些人，他们坚信，死后灵魂会过渡到另一个未知的生存平面。以上种种都说明，无论形式如何，我们都相信人类会永生。

我们的文化中对永生也有记载，这让我们因此对永生抱有希望。我们会认为，我们是更宏大事物的组成部分，即使死亡来临，也会随更宏大的事物继续存在很长时间。这也是我们拼命想加入某一有意义群体，对世界产生持续性影响的原因所在，比如留下创造性的艺术或科学作品，人们以我们的名字给建筑物命名，将我们的财富和基因留给子孙后代，或活在他人心中。就像我们会记住深爱的人，会怀念已经去世的人一样，我们认为，自己也会被记住，被怀念。我们靠着工作，靠着我们熟知的人，靠着墓志铭，靠着子孙后代继续"活着"。

这些超越死亡的文化模式让我们感觉到，我们对于永恒的世界有着卓越的贡献。因此，我们不会再纠结于自己仅仅是一种普通的生命形式，死亡之后不再存在。相信永生帮助我们克服了知道肉体死亡无法避免的潜在恐惧。

我们因此认识了恐惧管理理论的基本原理。通过两种基本的心理途径，我们人类就可以解决"意识到我们无法永生"这一难题。首先，在文化世界观方面，我们要坚守信仰，这让我们的现实感有序、有意义，而且持久。尽管我们通常把文化世界观的存在当作理所当然，可实际上它十分脆弱，为了创造、维护并守卫文化世界观，我们花费了很多精力。我们时常纠结于自身存在的不确定性，因此会死死抓住文化中的统治、教育、宗教制度和仪式，借以证明人类生命具有独特的意义，可以永恒存在这一观点。

然而，我们大可不必以这种方式审视普遍存在的生命，只要审视自己的生命本身就够了。要按照我们的世界观，最终慢慢实现永生的愿望，我们就得感觉到自己是所在文化的宝贵成员。因此，应对恐惧的第二种重要途径就是感受到个体的意义所在，也就是大家熟知的自尊。文化世界观形式多样，同样的道理，获得并维护自尊的方式也不尽相同。对于苏丹的丁卡人来说，谁拥有最多的长角牛，谁就最受尊重。而在特罗布里恩群岛，要衡量一个男人的价值，得看他在姐姐房前堆放了多大的山药金字塔，然后让其慢慢腐烂。对于很多加拿大人来说，如果一个人可以成功躲闪对方头戴面罩的守门员，用手中的球棍将橡胶球击进网，那他就是民族英雄。

我们深受自尊的驱使，这种驱使力无以复加。自尊保护着我们，即使日常生活掩盖下的恐惧在涌动，我们也不会受其影响。自尊让我们每个人相信，我们的存在会持久、有意义，绝不仅仅是终将毁灭的物质载体。坚信世界观的正确性，证明个人的价值所在，这两种相生相存的心理齐头并进，让我们远离只有人类才有的恐惧——对于不可避免的死亡的恐惧。也正是在这样的心理驱动下，人类在源远流长的历史进程中才取得了斐然的成就。

对于死亡终至的认识在人类事务中扮演着至关重要的角色，这种观点古已有之。《圣经》《律法》《古兰经》以及古代佛教文书都有相关的记载。2500 年前，古希腊历史学家修昔底德在《伯罗奔尼撒战争史》中就指出，持久暴力冲突的基本原因就是认识到死亡终至。苏格拉底认为哲学的任务就是"了解如何死亡"。对于黑格尔来说，历史就是关于"人类应对死亡"的记载。在过去的两个多世纪里，这些观点广为哲学家（如索伦·克尔凯郭尔、弗里德里希·威廉·尼采）、神学家（如保罗·蒂利希、马丁·布伯）、精神分析和存在主义心理学家（如西格蒙德·弗洛伊德、奥托·兰克及罗伯特·杰伊·利夫顿）所采纳，更不必说文学领域杰出的作家了，如索福克勒斯、莎士比亚、菲利普·罗斯等都是很好的例证。

但是在科学心理学领域，死亡并未获得太多关注。即使在今天，很多心理学家对于死亡的冷漠依然令人吃惊。随意翻看具有影响力的当代社会科学书卷，内容但凡涉及人性、思想、文化、宗教、战争、历史、意识等方面，你就会发现，死亡非但无足轻重，甚至根本很少存在。

这可能是因为，大家普遍认为，我们同死亡之间的关系会产生什么样的影响无法通过严密的科学方法获得理解和测试。在后弗洛伊德时代，心理学依然在为成为被普遍认同的合法科学而苦苦奋斗，心理学家对于重大的宏论十分警觉，尤其是涉及潜意识思想及情感对于日常行为影响的方面更是如此。

作为实验社会心理学家，我们一直在思考这个问题。为什么这些观点无法被科学地设计然后进行实验？也许科学方法真的可以用来解释怎样应对潜意识里有关存在的恐惧。

我们对此进行了研究，提醒其中一组（即实验组）的参与者死亡终至，而另一组（即控制组）则不受提醒，然后观察被提醒的实验组被试是否会更加努力地坚持从文化中获知的信念。这个实验最初开始于1987年，被试人群是美国亚利桑那州图森市的22位法官。实验过程很有趣。

先登场的是迈克尔·加纳（Michael Garner）法官，他帮助我们完成了第一个科学实验。

审判妓女

加纳法官这一天的工作就是审查一起妓女案件，然后准予保释。他早晨开始工作，坐在内庭，仔细察看头天晚上的常见违法违规行为记录，包括醉驾、入店行窃、扰乱治安等。接着，他打开了卡罗尔·安·丹尼斯（Carol Ann Dennis）这一案件的记录。

文件中包含警察的记录和妓女的陈述，内容如下。

早晨9：03刚过，一位25岁的女性在迈克尔·米莱街道的某一路段被逮捕。她叫丹尼斯，穿着高跟鞋、极短的热裤、吊带衫，站在街角拉客。一位30多岁开着皮卡车的男性停下了车，将车窗摇了下来。他们俩都没发现潜伏在街道上毫无标记的警车。

据文件记载，丹尼斯被戴上了手铐，押上了警车的后排，接着便被关进了监狱，受控的罪名是卖淫拉客。因丹尼斯无法提供永久性住址，要获释，就得有人作保。

加纳法官合上了文件，叹了口气。之前他也审过类似的案件，当时，这一类的违法保释金额一般为50美元。接着，他翻开了另一个文件夹，里面是他的同事（另一位法官）让加纳填写的一些性格问卷，那位法官的女友需要这些问卷帮助其教授完成一个关于"性格、态度和保释决定"的学术研究。

其中一份问卷由两个关于"品行·态度·性格调查"的问题组成。首先，我们要求法官"简要描述想到自己死亡时的情绪"。

"我没怎么考虑过这个，不过，我觉得想到家人会思念我，我会非常难过"他这么写道。

然后我们让他"尽可能详细、快速地写下他认为自己肉体死亡时以及死亡后的情形"。

他写道："我觉得自己进了一个痛苦的隧道，然后沐浴在光中。我会发现，自己的肉体被埋在了土中，然后腐烂了，不过，我的灵魂升天了，我在天堂见到了救世主。"

加纳法官又回答了几个问题，然后和办事员聊了几分钟，接着就回到内庭，继续工作了。

加纳和其他那些为卡罗尔·安·丹尼斯作保之前想到死亡终至的法官有什么样的反应呢？[5]没有完成调查问卷的控制组法官认为受审者应该交出50美元的保释金。然而，那些被提醒死亡终至的法官却坚持认为卡罗尔·安（顺便说一下，这个人并非真实存在）应支付多得多的惩罚性保释金——平均一下，结果为455美元，这是正常情况下同类案件保释金的9倍多。因为想到死亡终至这一细节的出现，公正的天平已经倾斜，甚至是崩塌。

法官应该是一个非常理性的专家群体，他们对案件的判断基于事实。的确，法官坚持认为回答关于死亡的一些问题并不太可能影响他们的法律判决。然而，只是想到了死亡，他们的决定就发生了如此大的变化，这是怎么回事？而且他们对此全然不知，这又是怎么回事？

设计这一实验的时候，我们认为，法官一般都有强烈的是非观，而且我们认为卡罗尔·安·丹尼斯的行为会触犯法官们的道德情感。实验结果显示，那些想到死亡终至的法官会尽力遵从文化，做出正确的决定。因此，相对于那些没有被提醒死亡终至的法官，他们会更鲜明地举起法律的旗帜。他们为那位所谓的妓女设定了非常高的保释金标准，坚信她出庭受审时，要因道德犯罪得到应有的惩罚，而不仅仅是走个形式。

被提醒死亡终至的人不仅对于辜负了我们人生价值的人做出了消极反应，对于坚定地实现人生价值的人，他们还做出了积极反应。在一份研究中，有人向警方告发了一位非常危险的罪犯，人们提议应该给告发者一定的经济奖励，被提醒死亡终至的人则把奖励数额提高到了原来的3倍[6]。被提醒死亡终至的人不仅会关注我们认为不道德的或者高尚的行为，他们还表示，我们应该增强对于正确信仰的坚持，对于优秀文化的坚持。因此，被提醒死亡终至之后，对于任何强化我们所珍视的信仰的人和事，他们都会做出慷慨、积极的反应，而若有人质疑我们的信仰，他们则会义无反顾地抵制。

在对法官展开研究之后没多久，我们又进行了一个实验。我们让一群美国学生到了实验室，请控制组的被试简单描述一下中性色彩的事物，尤其是想到食品以及进食时有什么样的情感。实验组学生回答的问题和加纳法官回答的问题相同，都和死亡相关，令人讨厌。

几分钟之后，我们让两组被试看了两份采访[7]，并告诉他们，采访摘自《政治学季刊》，其中一位是坚定拥护美国政治制度的教授，而另一位则对美国政治制度怨声连连。在采访中，拥护美国政治制度的教授承认美国有很多困难，他说，经济失调就是一个问题，而且政府在外交政策方面也有失误。可是，总体来说，他还是认为，"在这个国家，我所说的这些是否有价值，最终要由人民来评价，而非政府。也正因为这样，人们才可以在这个国家自由自在地生存和生活。"

相反，反对美国政治制度的教授先承认了美国的诸多优点，但最终话锋一转，直指权力精英的不良影响以及"受经济利益驱使，美国在国土之外的不道德行为"。他总结说："道德和我们的对外政策完全没有关系。因此，认为美国是全世界民主和自由的推动者，简直荒唐。"他甚至认为，人们应该暴力推翻现任政府。

在调查中，所有学生都喜欢拥护美国政治体系的那位教授所说的话。他们认为，这位教授比另一位知识更为渊博，更为诚实。不过，和控制组相比，被提醒死亡终至的被试，对于拥护美国政治制度的教授有着更积极的评价，而对于另一位教授的评价则更为消极。

自开始这项研究以来，我们做了500多份调查，统计结果显示，文化世界观从多个方面保护着我们，让我们不因死亡的必然到来而恐惧，没有文化世界观，我们将无法摆脱这种恐惧。一旦被提醒死亡终至[8]，我们总是会对那些反对或侵犯我们信仰的行为加以批评和惩罚，对拥护和坚持我们信仰的行为加以表扬和奖励。我们通过多种方式提醒参与我们调查研究的人死亡终至这一现实[9]，除了回答关于死亡的问题，他们还可能观看残酷的事故影片，写一句关于死亡的话，或站在殡仪馆、墓地附近。有意思的是，他们拥护信仰的反应只和被提醒死亡终至有关，这一点很重要，因为提到其他诸如遭社会排斥、考试失败、剧痛或在交通事故中失去上肢或下肢等消极事件，都不会让他们有同样的反应。

人类会努力克服对于死亡终至的恐惧。在本书中，我们将向读者呈现，这种努力是如何影响人类的。其实，无论大事小事，都无法逃避死亡终至的忧虑所产生的影响。例如，午饭要吃什么，在沙滩日光浴的时候要涂多少防晒霜，在最近一次选举中你会把票投给谁，你对购物的态度，你的身心健康，你的所爱和所恨等。

然而，这种恐惧并非与生俱来。襁褓中的婴孩除了吃饱穿暖再不会关注其他，可是，从童年开始，人类就会卷入一个充满意义和自我价值的符号世界中，并且极力守卫这种意义和自我价值。为什么？怎么会这样？死亡是何时进入我们心里的？它是怎么进来的？

第 2 章

世间万物的格局：
死亡恐惧和文化信仰的由来

> 事物的格局是指一套秩序……[1] 它是不言自明的真理，且会在完全没有意识到的情况下被接受，这种接受是自然的、自发的。我们尽可能寻求事物最宏大的格局，不是为了设法获取真理，而是因为，格局越宏大，越能够击退恐惧。如果我们能在宇宙的大格局中让生命具有意义，我们就一定会永生。
>
> ——艾伦·维里斯，《世间万物的格局》

生命刚刚开始时，我们只是会尿湿尿布、吸吮奶头的生物，可是，那段时间却不在我们的记忆当中。我们知道自己的姓名，却记不得获取姓名的时刻。然而，到了五岁，或在其前后的一两年，记忆却那么鲜明、那么清晰——我们都记得最爱的宠物、玩具、老师、朋友，不情愿地被太热心的阿姨拥抱、射门得分、夏令营、万圣节"不给糖果就捣乱"的小把戏等。最终，我们会意识到自我，意识到我们不只是个体，还是更宏大的社会环境中的一部分，于是我们成了巴西人、尼日利亚人、墨西哥人、意大利人、黎巴嫩人、中国人、荷兰人、日本人或美国人，进入了一个更为宽广的充满意义和符号的世界。

列夫·托尔斯泰说过："从五岁的孩童[2]到'自我'只有一步之遥，而一个新生儿和五岁孩童之间的距离，却远得可怕。"我们是如何从一个呱呱啼哭、咿呀学语的新生儿变成拥有姓名和国籍、在各自的文化中寻求意义的成年人的？这种转变又是如何让我们在这个世界上安全地扮演各自的角色的？现在我们就来看看那段可怕的距离是如何被跨过的，对于死亡的忧虑又是如何影响这段旅程的，以及接下来会怎样。

对于心理安全的需求

童年对于心理安全的建立至关重要。如果童年不顺，通往成年的道路将会异常痛苦。

我们来看看塞浦利安（Cyprian）的案例。1990年4月，这个名叫塞浦利安的健康可爱的男婴出生在罗马尼亚的卡普尼斯。男婴的生母阿林，丝毫不想把他带到这个世界上。这是她的第四个孩子。然而，尼古拉·齐奥塞斯库统治下的罗马尼亚政府严令禁止节育和流产，阿林和她的一家只能靠着在小农场上养鸡，在杂乱无章的院子里种些蔬菜过活。生活极度贫困，阿林和她的丈夫觉得他们根本无法养活这个新出生的儿子。因此，塞浦利安刚出生，他们就把他丢到了一所州孤儿院，继续捉襟见肘的生活，为养活他们自己和其他三个孩子而忙碌。

在可怕的动物园般的孤儿院中有17万名罗马尼亚婴儿，塞浦利安只是其中的一名。这些婴儿只是被喂食，偶尔换洗尿布，他们从来没有到户外呼吸新鲜空气的机会。他们居住的房间散发着阵阵尿骚和体臭。几十个婴儿却只有一两位保育员，因此，这群婴儿根本没有可能被大人抱在怀里，享受爱抚和呵护。他们没有玩具。因为经常被拴在脏兮兮的婴儿床上，他们连爬行和走路都没学过。他们不会说话，只会用头撞婴儿床的金属杆。1992年的夏天，塞浦利安的养父母将他收养的时候，他根本没有"茁壮成长"的迹象，也就是说，他的身体已经停止了成长发育。对于两岁的年龄来说，他的体型明显偏小，营养不良，心理状态就更糟糕了。

塞浦利安是为数不多的幸运儿之一，他的养父母重新给他取了名字——卡梅伦（Cameron），并把他带到了美国。新的家庭给了他很多的爱和呵护。他们抱着他，给他喂食。他学会了走路，体重也趋于正常了，看上去似乎没什么问题，很正常，很健康。可是，长到四岁左右，他开始有了一些奇怪的行为。"他害怕在草地上行走，"父亲丹尼尔回忆说，"痴迷漆皮的皮鞋。会像松鼠一样，把食物全部塞到嘴里。经常一阵阵的狂躁、尖叫。他摔打东西，对人情世故一窍不通。我们都不知道他到底怎么了。"

直到卡梅伦五岁时开始接受治疗，丹尼尔和妻子才慢慢理解了到底是什么在折磨着他们帅气的儿子。卡梅伦患上了一种严重的心理疾病，即反应性依恋障碍，这种心理疾病多发于有心理创伤的儿童，他们没有机会和第一位照顾者（通常是他们的妈妈）建立亲密的纽带关系。卡梅伦的心理疾病归咎于婴孩时期对于心理安全极度渴望却没有得到满足。

安全感对于婴孩来说，和饱腹的牛奶、身体的温暖一样不可或缺。然而，这种感觉并非每个婴孩都可以轻易获得。孔雀鱼生来就会游泳、进食、躲避捕猎者。小狗、小猫出生两个月后就可以断奶，完全独立于母体而存在。相反，我们人类的新生儿却是所有生物中最弱小、最无助的。离开母亲的子宫，没有外界的帮助，我们甚至无法抬头，无法翻身。只有和父母建立坚固的情感纽带，孩子才可以生存和成长。情感纽带该怎么建立呢？

在 20 世纪的大部分时间里，心理学家都认为，婴儿爱父母，原因只有一个——父母给它们喂食。西格蒙德·弗洛伊德就坚信，乳汁可以带来愉悦感，婴儿因此形成了对母亲的依赖和感情。从根本上说，弗洛伊德认为，作为婴儿，我们会爱上让我们产生这种愉悦感的人。后来，行为心理学家 B. F. 斯金纳提出了新的理论，婴儿期建立纽带无非是靠强化作用，不管是谁，只要他和奶一次又一次同时出现，就会让婴儿与其建立联系，产生感情，因为婴儿坚信，他的出现与喂食有关。

弗洛伊德的弟子奥托·兰克对于婴儿建立联系的理论提出了质疑。他和哈里·斯塔克·沙利文（Harry Stack Sullivan）、梅兰妮·克莱因（Melanie Klein）等精神分析思想家提出，感觉到被爱、被保护，感情纽带才能形成。然而，直到 20 世纪 50 年代晚期，哈利·哈洛（Harry Harlow）进行了一系列的著名实验[3]之后，这一观点才被广泛接受。哈洛将刚出生的猕猴与其生母分开，然后将其关进笼子，由两个无生命的"母亲"抚养，一个由金属丝网制成，一个由柔软的毛巾布制成。猕猴虽然靠着安装在金属丝网母亲身上的瓶子喂食，但多数时间却与柔软的毛巾布母亲依偎在一起。

在另一个实验中，猕猴被分成了两组，一组由金属丝网的母亲抚养，一组由柔软毛巾布的母亲抚养。尽管两组猕猴都喝同样剂量的奶，成长的速度也相同，可在新奇或可怕的境况中，它们的反应却截然不同。和柔软毛巾布母亲一起的猕猴在笼子里踱步时，意外地遇到了一只打鼓的机械泰迪熊，它们迅速跳向母亲，并拼命地紧紧挨着她。它们似乎感觉到了来自母亲的慰藉，之后又勇敢地迈出了脚步，继续探索周围的环境了。有趣的是，另一组猕猴并没有跑向它们的"金属母亲"，而是突然趴在地上，不停翻滚，抱着自己，非常痛苦地尖叫起来，其行为和罗马尼亚孤儿院被冷落的孩子非常相似。

哈洛提出，幼小的猕猴把毛巾布母亲当成了安全的堡垒。一旦最初的恐惧通过和柔软的母亲的接触得到了慰藉，平息下来，它们就会重获自信。他总结说，我们爱我们的父母，不是因为他们的喂养行为，而是因为和他们的身体接触让我们得到了慰藉，获得了安全感。

哈洛在进行实验的同时，精神病学家约翰·鲍尔比（John Bowlby）与其不谋而合，提出了"依恋理论"。鲍尔比具备丰富的关于灵长类动物进化和动物行为学的知识，并在精神分析训练以及关于第二次世界大战（以下简称二战）期间和父母分离的幼童的研究基础上，提出了这一理论。他认为，婴儿要存活[4]，在心理上必须依恋于一个有回应的照顾者。因为无助、脆弱，人类在婴儿时期尤其容易产生焦虑情绪，和依恋对象的分离，无论从表面看，还是从其象征意义看，都是对婴儿的最大威胁。因此，他注意到，对于婴儿来说，建立"基本信赖"至关重要，也就是说，出生之后第一年，他们必须感觉自己安然无恙。只有看似无处不在、无所不能的照顾者给予帮助，婴儿才能获得这种感觉。

信任与磨难

多亏了兰克、哈洛、鲍尔比等诸多心理学家的研究，我们才最终知道，婴儿早期的心理安全主要来自父母的爱和保护。我们搂抱着襁褓中的孩子，轻柔地哄着他，他才会有安全感，才会大胆探索周围的世界。他们在地板上爬来爬去，愉快地探索着所有可以碰到的角落和缝隙，也正因为如此，准爸爸、准妈妈们才会把他们的家收拾一番，变成十足的"儿童安全"之家。

如果有幸降生在一个充满爱的家庭，作为新生儿真是再美好不过了。你可以舒适地偎依在母亲怀中，吮吸甘甜的营养。你由温暖的襁褓包裹着，被他们抱在怀中，他们喂你、逗你。大小便之后，他们也会给你换掉脏兮兮的尿布，让你时刻保持干爽、舒适。在你出生之后的这些日子里，什么都不用做，你的存在就足以获得周围这些人的爱和呵护，一双双眼睛看着你，总是闪烁着爱的光芒。看到你成功地抓起了玩具，吃东西的时候，送到嘴里的多了，撒在地上的少了，你的父母真是欣喜万分。再往后，你第一次独立地迈出了脚步，第一次咿咿呀呀发出了类似于"爸爸"或"妈妈"的声音，或者使劲儿把网球抛到了狗狗的脑袋上，这些都足以让你的成年"粉丝"忍不住地骄傲和喜爱。

蹒跚学步时期，要想让父母继续因你的行为感觉骄傲，充满喜悦，你不仅要学会更多，还要避免很多爸爸妈妈不喜欢的行为。你可能会把泥巴塞到嘴里，可能会在鱼缸而不是在厕所撒尿，可能会追着一只弹走的小球，一路跑到了街上。行为受到纠正时，那种感觉并不好。如果妈妈强行抓住了你伸向糖果柜台的小手，阻止你去抓狗狗的尾巴，你会立刻变得不快，大声尖叫，大声哭喊。

要想一直得到父母的欢心，孩子必须学会做他们不愿意做的事，而不是随心所欲。有时候，随心所欲的直接风险就是丢掉性命。从家里游泳池的跳板上跌下去，可能意味着仓促地离开了家庭的基因库。孩子远不够成熟，没办法通过讲道理让其放弃危险的、让人讨厌的或不为社会接受的行为时，父母会通过夸赞，肯定其良好的行为，通过谴责，否定其不良行为。如果孩子做了父母想让其做的事，父母会给予表扬和奖励，这种肯定会让孩子感觉安全、稳妥。如果他们行为不当，当然，这种情况任何孩子都无法避免，父母会予以指责，会短时间关禁闭、体罚，或者明确表示不赞同。面对成年人这些令人不安的严厉行为，小男孩、小女孩都会沮丧、焦虑，有时还会感觉害怕。在《一个青年艺术家的画像》中，詹姆斯·乔伊斯（James Joyce）细致地向读者呈现了一个不断成长的自我形象。书中的主角——名叫斯蒂芬（Stephen）的小男孩，躲到了桌子下。这是为什么？因为小男孩说过，等他们长大后，他要和艾琳结婚。而艾琳却是信仰新教的邻家小孩，这是斯蒂芬的天主教家庭完全无法接受的。他的阿姨丹蒂警告他说，如果他不对想要和新教徒结婚而道歉，"鹰就会飞来，啄掉他的双眼"。[5] 小家伙被吓坏了，这一恐吓也像颂歌似的在其脑海中反复浮现：

> 道歉，
>
> 啄掉双眼，
>
> 啄掉双眼，
>
> 道歉。

还有什么比安全感受到攻击或被安全感抛弃更糟糕的呢？即便斯蒂芬很小，他也明白，如果不按照家人的期望去做，他就无法获得温暖和肯定，不仅如此，还会遭到残忍的攻击。

因此，久而久之，成为"好"孩子就意味着会受到保护，会幸福，而成为"坏"孩子就意味着会焦虑、容易受到攻击和侵害。因此，我们才需要自尊，即感受到自身良好的状态和价值，自尊对于应对来自死亡的恐惧也才至关重要。

感受世间万物的格局

随着和外界联系的增加，不断地融入社会，孩子也会慢慢感受到事物的文化格局。多数孩子五岁时就有了自己的世界观，他们会完全躲在其中。当然，这对于卡梅伦来说稍微有些困难，因为他根本没有体验人生第一次的基本信赖。不过，卡梅伦依然算是一个幸运的小男孩。在心理辅导的帮助下，在特殊学校里，有优秀的老师教他读写、加减法，并帮他成功度过了很多情绪波动的艰难时刻，卡梅伦在这个不断弥补的过程中一步步趋于正常了。

与此同时，成长在一个充满爱的家庭所能受益的一切，他无一缺少。卡梅伦的父母在政治上态度温和，信奉努力工作，积极参与社区活动，并会帮助不如自己富裕的人。父母会给卡梅伦唱歌，会给他读《晚安月亮》《绒布小兔》。他知道了亲戚、老师、教堂里的人以及朋友的名字，认识了植物、动物以及其他没有生命的物体。他开始慢慢探索身边的世界。他观看迪士尼电影，享受着迪士尼乐园之旅；他从公园的弯道滑梯滑下，在海滩上和浪花捉迷藏。父母发现卡梅伦特别喜爱唱歌跳舞，于是花钱给他报了相应的兴趣班。

卡梅伦能够背诵效忠誓言，会唱"星条旗永不落"。他参加了幼童军，学会了如何叠放美国国旗。星期天，父母带他到教堂，他会去主日学校，老师给他讲摩西和耶稣的故事。复活节那天，去教堂做礼拜之前，卡梅伦会去寻找糖果和彩蛋。他参加每年一度的圣诞巡游，和圣诞老人合影，他知道，圣诞老人会很神奇地听他说出心愿，并在圣诞节一早让他想要的礼物出现。他明白，婚礼是人们庆祝真爱的场合，葬礼就是要和去世的人道别，毕业典礼则意味着有人完成了学业。

一个个生日就是为了庆祝时间的流逝，他按照美国文化的切分，将一年又一年理解为每一秒、每一分、每一小时、每一天、每一月的有序重复。

每次父母带他去上学、去教堂、去看心理医生，每一次看电影，每一次偷听父母的对话，卡梅伦都在接受关于什么是好、什么是恶的信号。世界被简单划成了黑色与白色。灰姑娘和蝙蝠侠是好人，库伊拉·德维尔和西方坏女巫是坏人。锻炼身体是好的，抽烟是坏的。从一数到十是好的，大哭大叫、没耐心、发脾气是坏的。自己的亲人是好的，恐怖分子是坏的。卡梅伦能够区分好坏，辨别是非后，他感觉更加轻松了。他所学到的知识让他有了安全感，他能越来越好地自我控制了，因为他所处的社会环境不断强化着父母试图教给他的一切。

慢慢地，随着卡梅伦的成长，父母时常会自觉或不自觉地按照他们的理解，让卡梅伦逐步认识事物的格局。他们把自己的世界观和对于是非的理解教授给卡梅伦。根据他们的世界观，卡梅伦了解了现实，并且开始把所学的一切内化为自我的一部分。

放眼望去，徽章、横幅、总统的照片以及其他能够代表美国社会普遍认同的价值的物品，就是卡梅伦理解文化世界观的基础。他发现，人们会参观历史人物和历史事件的纪念碑并挥旗致敬。好公民的名字会被镌刻下来，街道、高速公路、华丽的政府建筑上随处可见，这一切都诠释着事物重要的政治格局。他看到，摩天大楼、公园、学校、街道以及公共建筑会以富有的捐助者的名字命名，他们验证并确认着事物的公共格局。而教堂的十字架和犹太会堂的大卫之星则代表着事物的宗教格局。这一切都在巩固卡梅伦的现实感。

简言之，卡梅伦的父母以及他身边的所有一切，都在从不同角度向他描述着现实，对此，卡梅伦就像所有其他孩子一样，不仅是被动接受，而且是热情拥抱。一旦学着做个好孩子，感受到了他们所在文化赋予的价值，最初由父母的爱和保护衍生的安全感就会延伸和扩展。不管长到多大，我们人类要存活、要茁壮成长，都离不开这种安全感，因为令人恐惧的事物实在太多。

孩子是如何发现死亡的

甚至在孩子还没完全意识到他们为什么恐惧时，对于包含秩序、目的和意义的世界观的信仰就帮助他们克服了恐惧。这种恐惧和死亡密切相关。

离开舒适、温暖的子宫之后，婴儿时常会受到疼痛、饥饿、寒冷、皮疹等各种各样问题的困扰。尽管婴儿和蹒跚学步的幼儿不知道他们害怕什么，为什么害怕，但那些对于生存潜在的威胁都会让他们做出痛苦的反应。在 18 ~ 24 个月左右时，随着自我意识的出现，婴幼儿会慢慢认识到自己的弱小，因此，他们的恐惧感会因更多或真实或想象的危险而日益增加。他们害怕黑暗、陌生人、形体较大的狗、怪兽以及鬼。在他们看来，这些都是对生存的真实威胁。

大约 3 岁，自我意识无情的仆人——对于死亡的意识开始现身了。岩石似乎会永远存在，可有生命的物体却无法永远存在，最终会因死亡而消失。在这条通往死亡的道路上，孩子可能会看到爬满蛆虫的松鼠，奶奶被蒙上了被单，抬出了房子，装上了车。养的第一条金鱼或心爱的狗狗死了。说不定爸爸和妈妈还把菲多埋在了后院，并且为它举行了葬礼。

孩子一旦意识到死亡，他们很快就会明白，有一天，他们也会死去。思索自身存在的同时，他们开始意识到，自己也会消失。久而久之，他们成了一个个小哈姆雷特，童年时期各种各样的恐惧全都汇成了一种恐惧——担心自己不再存在。

我们大多数人都会记得童年时做过噩梦。噩梦和梦惊就是孩童时期对于脆弱和死亡的意识的最生动表现。我们中的一个人就记得，在大约五岁的时候，下面这个噩梦就反复出现：

> 一只血淋淋的紫色怪物从我的床下冒了出来，它只有一只巨大的眼睛，而且布满了血丝。我从床上跳了起来，直接朝卧室门口冲去，那只独眼龙流着口水穷追不舍，我一直逃到了玄关，穿过客厅，跳过长沙发，仓促地躲进了厨房。暴怒的怪兽轰隆隆地追来，咆哮着，喷出了绿色的黏液，一步步向我靠近。我想着去拿刀，可是没时间了。恐慌中，我躲进了杂物室，屏住了呼吸。突然，杂物室的门开了……

每次梦到这种情景，他都会吓醒，满身冷汗。但很快就会恢复，要么发现爸爸正弯着身子，看着他，对他说，"没事，没事，只是个噩梦而已，好孩子，爸爸不会让你有危险的"，要么意识到爸爸妈妈就在隔壁睡觉呢——似乎他们永远都会陪着他。童年时期，我们都会从类似的噩梦中惊醒，又会很快松口气。怪兽不再追你了，你是安全的，爸爸妈妈那么爱你，一切都正常。

噩梦中，感觉有人或有什么东西藏在床下，或破窗而入，或突然不知从哪儿冒了出来，这些都很常见。这些恐惧反映了对于生命之危险性和脆弱性的意识。尽管大多数人都记得儿时的某些惊恐时刻，可鲜有人记得挥之不去的渺小和脆弱感，生命终将消失的威胁，以及对于死亡终至的认识和随之而来的恐惧感。不过，有证据表明，三岁的儿童就已经可以意识到死亡，并因此感觉不安。他们会采取一些最基本、最简单的应对恐惧的方法，长大之后，这些方法会进一步完善。

20 世纪 60 年代晚期至 70 年代早期，英国教育心理学家西尔维娅·安东尼（Sylvia Anthony）和一组妈妈一起，对她们的孩子进行了采访。她发现，即使年龄很小的孩子也会担心死亡。[6]当三岁的简问妈妈死去的人"是否会像花儿一样到春天的时候再次回来"时，没有任何正统宗教信仰的妈妈回答她说，他们不会以原来的样子回来，但可能会变成婴儿。这个回答让简很担心，因为她讨厌变化，也不喜欢奶奶变老这个事实。

"奶奶会死吗？"小女孩问。

"会啊。"妈妈回答。

眼泪夺眶而出，简伤心极了，不停重复着，"可是我不想死，我不想死"。

随着心智的逐步成熟，孩子对于死亡的理解会日趋深刻，应对恐惧的方法也会日趋复杂。据五岁的理查德的妈妈说，洗澡的时候[7]，他一边在浴缸里游上游下，一边有一搭没一搭地说着，"我不想死掉，永远不想，我不想死掉"。

下面就是安东尼记录的五岁的西奥多和妈妈之间的一段对话：

西奥多：动物的生命也都会结束吗？

妈　妈：是的，动物的生命也会结束。只要有生命的物体，生命最后都会结束。

西奥多：我不想结束。我想比世界上其他人活得都长。

在另外一项研究中，研究人员采访了年龄在 8～12 岁的孩子，问他们通常害怕什么，担心什么。[8]研究人员还采访了孩子们的妈妈。尽管妈妈都说，相较于生病和死亡，孩子们更怕蛇，更怕考试考不好，可是，孩子们自己却说，他们更怕的是生病和死亡，而不是巨蛇和糟糕的成绩单。这就说明，死亡给孩子带来的困扰比我们多数人想象得更严重，开始得也更早。[9]

避开死亡

杰出的发展心理学家让·皮亚杰认为，孩子在认知发展的不同阶段，其对于死亡的概念通常也会改变。[10]年龄较小的孩子一开始常常认为死亡和睡觉很像。他们觉得："我晚上睡觉，可是早晨就可以醒来。""奶奶可能是太老啦，在躺椅上躺着躺着就睡着了，可是，她总是会醒过来的。"不管是小睡，还是晚上沉睡，就算睡得再久，也都会醒过来的。因此，孩子有时候会希望死去的人在某个吉祥的时刻可以重生。他们或许会往尸体上泼水，想要努力把它们救回来。

孩子还会通过各种心理招数避开死亡这一话题，最简单的就是尽量不去考虑。三岁的简刚刚对死亡有所意识，于是无不担忧地问妈妈，死人还会再次睁开眼睛、说话、吃东西、穿衣服吗？妈妈回忆说："她泪流满面，问着问题，突然又说，'我还是继续喝茶吧'"。无独有偶，当妈妈对五岁的理查德说，他会在很久以后才会死去，小家伙笑了，然后说道，"那就好。我一直都在担心呢。现在我觉得开心了"。然后他说，他想要梦到"去购物，去买东西"。[11]

这些转移注意力的招数和成年人想到自己死亡时的反应惊人地相似。成年人也会停止考虑死亡，用其他常发生的事情分散自己的注意力。研究发现，在被暗示死亡这一问题后，成人也会出现"别担心，高兴点儿"之类的想法。[12]想到死亡之后，成人通常的反应是将注意力转向爽心美食和奢侈商品——"咱们去吃午饭，去购物吧"。

孩子还会计划着永远都不要长大。他们会告诉自己，"只有老年人才会死。我不是老年人，所以，只要我不长大，就不会死"。彼得·潘，一个永远长不大的小男孩，就是儿童文学中"长不大策略"的典型案例。已故艺人迈克尔·杰克逊，一个在他的梦幻庄园永远长不大的男孩，也是真实生活中这一策略永远挥之不去的例证。

在多数儿童故事中，死亡都被拟人化，扮演着坏角色。邪恶的女巫、小妖精、食人魔等都是具有身形和脸蛋的致命恐怖象征。他们诠释着死亡，将这一难于理解的抽象概念具体化、可控化。让死亡具有人类的外形，战胜它就容易多了。如果死亡是人，就可以和他理论、讨价还价，可以哄骗，或是通过人类的超级智慧、力量或是外在的魔力将其制服。在5～9岁的孩子看来，如果足够敏捷、聪慧，不被对方擒获，就可以避开死亡。

的确，在很多童话故事中，儿童英雄通常可以通过聪明的方式避开死亡。格林兄弟及安徒生笔下的故事总是充满致命的威胁，可是，故事中的孩子却很少屈服。在《绿野仙踪》中，多萝西也逃出了坏女巫的手心，逃过了死亡；匹诺曹从一个木偶变成了一个真正的男孩；哈利·波特也一再利用魔法，逃过了死敌伏地魔⊖的攻击。

还有一种抗拒死亡的策略，就是将救世主人物化。在孩子看来，父母很了不起，似乎无所不能，无论何时，都可以满足他们任何肉体或精神的需求。因此，对于孩子来说，他们相信故事中可以左右生死的超能存在也就很自然了。白雪公主和睡美人都没有真正死掉，她们只是在等待那个可以保护和解救她们的人，用真爱将她们唤醒。即使耶稣在十字架上遭受了万般痛苦，他也没有真正死掉，上帝最终将他带到了天堂。因此，他才可以解救你，解救爸爸、妈妈、爷爷、奶奶，以及所有那些已故的亲人，等你们所有人都死后，还可以在天堂重逢。

从父母那儿得到了慰藉，从富含各自文化色彩的故事中得到了鼓励，孩子们才格外相信他们是神圣不可侵犯的。因此，听到年幼的孩子突然大声说自己永远不会死就不稀奇了。我们的一个孩子，在其六岁的时候说："我有三个愿望——永远都不会死，成为世界上最富有的人，拥有所有的电子游戏。"虽然他并不确定自己的愿望会成真，但依然信誓旦旦。

欲哭无泪

随着孩子慢慢成熟，他们最终会明白，会意识到死亡无法避免，

⊖ Lord Voldemort，伏地魔，这个词语会让人们联想到法语中的短语 vol de mort，意思是"逃离死亡"。——译者注

不可改变。有一天，他们会意识到，人行道上被踩到的蠕虫将不再蠕动。爷爷在地下的小盒子里，并非睡着了，和在起居室里的躺椅上睡觉根本不一样。患有癌症的狗狗不得不让它"长眠"，可是，它再也不会醒来了。

突然间，你明白了这个恐怖的真相：死亡并非偶然发生的不幸事故，并非只有那些老年人、倒霉鬼、坏人才会遭遇。迟早你会意识到，每个人都会死，包括你自己。在人间的舞台上大步流星走过，帷幕必将落下，你的命运最终将和路边那只内脏四溅的松鼠或是你一直害怕的骷髅没什么两样。

这个认识非常重要。诗人威廉·华兹华斯曾写道，"对于儿时的我来说，最难的莫过于承认死亡这一概念最终也会适用于我自己"[13]，这种想法"经常让人欲哭无泪"。就在这一刻，你才算是一个完整的人。

孩子一旦明白他们和爸爸妈妈一样，其生命都是脆弱的、有限的，他们就会用文化取代父母，将其作为获取内心平静的首要源头。神明、社会权威和制度似乎比父母、祖父母、宠物更稳定、更持久，因为父母、祖父母、宠物最终都不堪一击，最终都会死去。

我们已故的以色列同事维克多·弗洛里安（Victor Florian）和马里奥·米库里茨（Mario Mikulincer）就做过实验，证明了这一论断——孩子迅速发展的对于死亡的意识推动了其从信仰父母到信仰文化的改变。[14] 研究者调查了两组以色列孩子，年龄在 7 ～ 11 岁。每组有一半的孩子被问及 26 个和死亡相关的开放式问题，比如"死人会知道他发生了什么吗？""每个人都会死掉吗？"等。

接着，让所有的孩子观看和他们年龄相同、性别相同的其他孩子的图片。每张图片旁边都附有图片中孩子的姓名及出生地。有些图片上的孩子是以色列出生的，有些则是来自俄罗斯的移民（在以色列，俄罗斯移民被习惯性地认为是以色列文化的局外人）。被试的孩子要说出他们是否愿意和图片上的孩子一起玩，是否愿意和他成为最好的朋友。

研究结果显示，7岁的孩子还没有把"心理上的鸡蛋"转移到"文化的篮子"里。在被问及和死亡相关的问题之后，他们对于图片上以色列孩子和俄罗斯孩子的反应都很消极，且年龄越小，越是消极。他们害怕死亡，但是，还没有借助文化应对这种害怕心理。

然而，11岁的孩子就完全不同了。在被问及和死亡相关的问题之后，这些年龄稍大的孩子更愿意和图片上的以色列孩子做朋友，对俄罗斯人表现出了排斥。简言之，当被提醒死亡终至之后，11岁的孩子有着和成年人相同的反应。意识到死亡无法避免、终将到来之后，他们表现出了对其文化的永久性心理忠诚。

团结在国旗周围

在研究中，11岁以色列儿童的反应在很多民族的成人中都有出现。在本书第1章中我们就已经看到，被提醒死亡终至的美国人对赞扬美国的人会做出更多积极的反应，对批评美国的人则会做出更多消极的反应。被提醒死亡终至的意大利人会觉得意大利人更亲切，认为自己和同胞有更强的纽带感。[15] 此外，就本国产品和外国产品而言，在零售店前接受采访的德国人并没有表现出对德国产品的特殊喜好，但是，在墓地前接受采访的德国人则更愿意选择德国食品、德国汽车、德国的度假场所。[16]

我们可以假想一个名叫史蒂夫的年轻人，他所接受的完全是美国文化。[17] 如果登录 Facebook 网上他的主页，我们或许会发现，他有很多身份：乐队的摇滚乐吉他手、父母的好儿子、侄子、兄弟、孙子、高中毕业生、相信人人都有平等权利的独立选民、大学生等。和多数年轻人一样，史蒂夫已经把对父母的归属感转移到了周围的文化当中，不断加入自己喜欢的群体，忠诚于这些群体，以此巩固和强化自己的信仰体系。在这个过程中，史蒂夫不断加固心理堡垒，以对抗自儿时就形成的关于存在的恐惧感。

现在想象一下，你就是史蒂夫，正在美国一所名牌大学读心理学。在一门课程学习中，你被要求参加某项调查研究。按照约定的时间到达实验室之后，你被研究人员告知，该实验的内容是性格和创造力之间的关系。"军人已经接受了很多性格实验，"她说，"在加利福尼亚州沙漠地区进行军训时，我们对军人进行了观察，用创新的方法使用常规军事装备，完成诸如从粗糙的流体中过滤出沙子、制造创新性建筑工具等。实验初步发现，性格和创造力之间有关系，现在我们想把这一数据应用于更广泛的人群。"

"你可以开始了，"她继续说着，然后递给你一个信息包，"请把这些调查问卷填一下。完成后，到走廊来。"

你进入了实验状态，完成了关于性格的一些问卷，然后，和本书第 1 章所描述的法官一样，你也遇到了那两个令人不愉快的问题："请简要描述想到自己死亡时的情绪"和"尽可能详细、快速地写下自己肉体死亡时以及死后的情形"。

完成这些问卷之后，实验员将你带到了另一间屋子，你看到桌子上有很多物品：一包热巧克力粉、两根塑料管、一根细绳、一个纸夹、一块指南针手表、一根橡皮筋、网、一只玻璃罐、一个装满黑色染料的杯子、一只钉子、一个装满沙子的杯子、一面小旗子、一个坚固的十字架。

实验员将黑色染料倒进了沙子里，然后跟你说了任务：想出将沙子和黑色染料分开的办法，因为"士兵以前就是用普通的东西把沙子从有毒物质中分离出来的"，还要把十字架挂在墙上，因为把东西固定在墙上"是服役时的常见任务，而且，并非一直有锤子可以用"。

你思考了一下任务，然后意识到可以用旗子将染料从沙子中滤出，然后用十字架将钉子敲在墙上。可是，很明显你不情愿用这种方法，因为这么做让你觉得很不安。毕竟，从小你就被教导要敬畏这些有象征意义的物品。似乎用旗子过滤、用十字架敲钉子是在亵渎神物。可是，你又意识到，除了这种做法，别无选择，其他物品都用不上。慢慢地，你拿起了旗子，然后盖在了玻璃罐的上面，把混有黑色染料的沙子倒了上去，染料被过滤到了罐子里，用时六分钟。

完成第一项任务后，你开始了下一项任务。你慢慢拿起十字架和钉子，朝墙边走去。你犹豫了几秒钟，想着应该怎样用手中神圣的物品完成这一项普通任务。"真是亵渎圣物"你这么想着，然后长叹一口气。接着，你慢慢敲了起来，用时六分钟。

该实验还有另外三个版本，其中控制条件有变。在一个版本中，学生被问的问题是关于看电视，而不是关于死亡。在其他两个版本中，问题可能关于看电视，也可能关于死亡，但是，桌子上的旗子被一块白布代替，除了十字架之外，还多了一块结实的木块。在这两种控制条件下，学生不用亵渎文化的象征物就可以将问题解决掉。

不出所料，有了白布和木块，过滤和敲钉子的任务就变得很简单了，被试可以很快且毫无压力地完成。即使在完成任务之前要回答关于死亡的问题，被试完成任务也毫无问题。没有被问及死亡的学生也很轻松地用旗子和十字架完成了任务。在不同的控制条件下，完成每个任务的平均时长是三分钟。然而，和史蒂夫一样的被试，先是被问及死亡，然后又不得不亵渎有文化象征意义的圣物，完成任务的时间长达平均时间的两倍。他们还反映说，感觉任务很难，在尝试完成任务的时候压力很大。

这一研究发现，文化符号有助于抑制对于死亡的恐惧。的确，如果没有充满宏大意义的可视象征或符号，文化信仰就会稍纵即逝，无法持续。

实验参与者用十字架敲钉子

1863 年 7 月 18 日，威廉·卡尼（William Carney）和所在的马萨诸塞州第 54 志愿步兵团一起向美国南卡罗来纳州查尔斯顿的瓦格纳堡垒发动猛攻，卡尼负伤。在这场战斗中，卡尼被嘉奖了一枚荣誉勋章，因为战斗时大家慌退之际，他一直手持美国国旗。之后，他谦虚地说："伙计们，我只是履行了自己的职责，美国国旗永不倒地！"

唤起与生俱来的恐惧

如果事物的文化格局有助于驱逐对死亡的恐惧，那么你所珍视的信仰受到质疑的话又会怎样呢？死亡的想法会不会离意识更近呢？

假如一个晴朗的夏日你沿着街道漫步，准备找事先约好的朋友一起吃午饭。[18] 你一边走一边享受着附近的景色和声音。你经过了一家外面摆着折扣货架的女装精品店、一家正在播放作者推荐读物的书店、一家药店、一家保险公司、一家星巴克咖啡店。经过咖啡店的时候，你立刻闻到了咖啡的香味，不过，很快你就忘掉了。

过了一会儿，你看到了一位抱着婴儿的女士，那个婴儿把你逗笑了。

继续往前走，你看到两人在聊天，其中一人拿着带纸夹的笔记板。"哦，也没人找我签请愿书，"你这么想着。从他们旁边走过的时候，你听到了他们的一部分谈话内容。

"把这些词干补充完整就行，脑海中出现的第一个词是什么，就填什么，"拿着笔记板的女士说。然后她把笔记板递给了一旁微笑着听她说话的朋友。

你觉得很好奇，于是停下了脚步，稍微看了一会儿，只见那位男士匆匆写下了答案，然后把笔记板递了回去。女士说了声"谢谢"。

你好奇心作祟，于是随口问了句："你们在干吗？"

"我是一名研究生，在帮忙做一个关于联想思维的实验，"她兴致勃勃地回答，"我们让大家将下列这些词填出来。您愿意帮忙吗？"

"当然，"你回答说。

下面就是一些词语：

COFF _ _
SK _ _L
GR _ _ _

不管什么时候，某些答案总会先从意识中冒出。只要是最近的经历，哪怕是在潜意识中，都会更容易与这些单词联系起来。容易联系起来的内容轻而易举地出现在了脑海中。它们离意识很近。刚刚经过咖啡店，因此你可能会写出下列词语：

COFFEE（咖啡）
SKILL（技术）
GRIND（磨碎）

但是，如果你沿街道前行时，经过的不是"星巴克"，而是殡仪馆，那么你填出的词就更可能是：

COFFIN（棺材）
SKULL（骷髅）
GRAVE（坟墓）

我们列了 20 个词干，其中六个可以填出完全和死亡无关的词，也可以填出和死亡相关的词。我们发现，人们填出的和死亡相关的词越多，关于死亡的想法就会越多地萦绕在意识中。为了验证这一方法的正确性，我们让大家先回答了关于死亡的问答题，几分钟后再让他们填写单词。可以确定的是，描述自己死亡的人与控制组的人相比，写出了更多的与死亡相关的词语。

不过，如果人们珍视的信仰受到了威胁，关于死亡的想法是否也会离意识更近呢？为了弄清楚这一问题，阿尔伯塔大学的杰夫·施梅尔（Jeff Schimel）和其同事一起，将两组有着完全不同信仰体系的人带到了实验室——其中一组是加拿大的神灵论者，另一组是进化论者。[19] 所有参与实验的被试都读了一段文本，摘自进化生物学家史蒂芬·杰伊·古尔德（Stephen Jay Gould）的一篇文章。

在文本中，古尔德引用了化石记录的证据，直接反驳了神灵论的观点。[20] 他还特别写到了“行走的鲸鱼”，即陆行鲸，大约生活在 5000 万年前。这种生物既可以在陆上行走，又可以在水里游泳，这就证明了鲸鱼是从陆地哺乳动物进化为海洋哺乳动物的。古尔德写道，“我没办法找到比陆行鲸更好、更有说服力的理论根据了。那些教条主义者通过各种伎俩将黑白颠倒，他们无论如何都不会信服，然而，陆行鲸却一再被神灵论者大呼理论上不可能存在”。

这一段话根除了神灵论者的中心论断：进化论一定不正确，因为根本没有将各种物种联系起来的过渡形式，也没有缺失的环节。接着，被试完成了填词练习。阅读了和他们的核心理论完全相反的证据之后，神灵论者填出的和死亡相关的词更多。

这一发现并不仅仅局限于宗教信仰。[21] 在另一项研究中，加拿大人阅读了关于贬低加拿大人共同价值观或澳大利亚人共同价值观的文章。贬低加拿大的文章冠以"打倒加拿大"的标题，开篇就是"大家都讨厌加拿大，以下是我讨厌加拿大的几点理由"。接下来，这篇激烈的论述对加拿大的食品、医疗卫生及运动大加嘲讽。"在美国，"作者写道，"曲棍球的'粉丝'团和巨无霸卡车的'粉丝'团没什么两样……只有加拿大人才在乎曲棍球。美国有曲棍球队吗？有啊。我们还有职业投球手、职业台球运动员、职业钓鱼者、职业扑克玩家呢。我们有很多职业运动员参与无足轻重的运动项目，比如曲棍球。"

看完文章之后，被试依然需要完成填词任务。果不其然，读到自己国家受到谴责的被试和读到澳大利亚人受到攻击的被试相比，写出了更多和死亡相关的词语。对于神灵论者以及加拿大人来说，对其世界观的核心原则进行质疑，就会使其与生俱来的恐惧离意识更近。

可怕的距离

现在我们已经看到，从刚出生的婴儿变成适应文化习俗、生活在充满意义和符号的更大世界里的个体，人类走过了多么漫长的道路。为了让周围的环境更加符合自身文化中的现实，人们付出了巨大努力，这么说来，孩子大多会按照长辈的描述来认知世界也就不足为奇了。的确，如果不通过公共建筑上的十字架、国旗、电影中蒙面英雄战胜了威胁星球的坏蛋等随处可见的有形符号和象征进行加强，文化信仰、价值、理想就很难维持下去。

事物的格局根深蒂固，可以说，几乎我们所思、所感、所做的一切都因其成形。它不仅给了我们每个人知识和对世界的解释，还给了我们意识经验的基本构造。此刻，2014年10月10日下午1：55，本书的作者兼心理学教授正在美国的办公室里坐着，写这本重要的书。还有什么比这更有意义的呢？然而，如果走到自己的文化世界观及其提供的意义之外凝视一番，他看到的只是一只热血动物，在一堆毫无差异的经历中啄食着一块塑料，而这些经历迟早会被心脏病、癌症、交通事故或是身体衰老所打断。读者朋友，你现在所处的是什么时间？具体的某一年、某一月、一周的某一天意味着什么？难道这不是文化赋予你意识体验的一种虚幻结构，旨在帮你把混沌和稍纵即逝的事物冠以秩序性和持久性吗？如果现在是周四，还会有下一个周四，然后是再下一个周四，这样的幻觉真的很令人欣慰。

所有这些都直指一个问题：你现在为什么要读这本书？也许我们应该停下写作，你也应该停下阅读。但是，我们不会，希望你也不会，因为我们宁愿回到上述文化剧本中——2014年的秋天，美国的心理学家正在解释人们如何应对关于存在的困境，而你，聪明的知识探求者，正忙于一场有意义的追寻 ——洞察人的境况及其驱动人的行为的方式。

将所有文化的雕饰抛开，我们只不过是一群普通的生物，在所有体验戛然而止之前，要不断被感觉、情绪以及各种事件攻击，还要与偶尔袭来的关于存在的恐惧进行搏斗。然而，在一个被冠以意义的世界里，我们绝不仅仅是普通的生物，用世间万物的格局武装自我也并不足够。只有感觉到对所信奉的世界来说，我们是有价值的贡献者，我们人类才会获得充分的安全感。

下一章我们就开始讲述至关重要的自尊追求。

自尊：安全感的基础

> 自尊这一看似老生常谈的词，实则是人的适应
> 性的核心。[1] 它代表的不是过分的自我沉溺或单纯
> 的虚荣，而是关乎生死。对于自我价值的实实在在
> 的感觉是人的行为的基本属性——和只依赖食物就
> 可以生存的狒狒不同，人主要依靠自尊来实现自我
> 滋养。
>
> ——欧内斯特·贝克尔，《意义的生和死》

弗朗西斯科·委拉斯凯兹（Francisco Velazquez）是旧金山巴波亚高中的一名新生，长相俊美，留着鸡冠头，戴着太阳镜。一到中午吃饭时间，他的肚子就饿得咕咕响，餐厅里摆着干酪、腊香肠片，冒着香味的比萨和又咸又香的薯条真要把他馋疯了，可是，他没钱买这些美味食物。不过，他倒是可以去吃政府资助的免费午餐——开胃菜是照烧鸡肉。尽管如此，他和多数朋友依然不想在午饭时间选择免费午餐。

其实，弗朗西斯科并非个案，因为在旧金山的所有学校里，有资格吃免费午餐的学生中只有 37% 的人会真正吃免费午餐。为什么呢？

联邦法律规定，补贴的餐食必须要有营养价值，因此，像比萨、薯条、汽水、糖只能在餐厅的其他窗口购买。吃免费午餐的学生营养状况很好，但是他们也更容易被更富有的同学认出，并加以奚落。正如巴波亚高中的学生会主席刘易斯·盖斯特（Lewis Geist）所言，接受政府的资助会降低身份，因为午餐时间是最容易给同学留下印象的……[2] 孩子们穿着精致的鞋子、漂亮的衣服，当然不希望其他同学把自己吃免费午餐和"买不起午餐"联系在一起了。

对于弗朗西斯科和他的朋友来说，自我形象比身体的营养更为重要。可是，他们为什么宁可饿肚子也要保护自尊呢？我们得好好探讨一下自尊，以发现其中的原因。

自尊是什么

多数人只抓住了自尊的表层概念。自尊意味着自我感觉良好，相信自己是有价值的个体。可这到底是什么意思？或许你会对自己说，"自我感觉良好是因为我在自己的专业领域很受尊重，我对配偶忠诚，对孩子尽心，会尽可能去做好事"。然而，这些自尊并非完全形成并来源于内在自我。相反，它们只是世间万物的文化格局提供给你的角色和价值的反映。你对于"好事"的理解，对于有价值的社会角色的理解，对于如何正确扮演自己的角色的认识都取决于你的世界观。因此，自尊就是感觉自己在有意义的领域是一个有价值的参与者。这种对于个人意义的感觉抑制了与生俱来的恐惧。

文化不同，所珍视和宣扬的内容就不同，在某一时间、某一地点，某些属性和行为可以让人获得自尊感，但是，时间或地点一变，结果就会不同。在美国，13岁的犹太男孩通常要接受受戒仪式，标志着其已成年。受戒仪式相当复杂，包括从古老的《律法书》中吟诵段落，继而随着嘻哈乐起舞、吃甜食庆祝。巴布亚新几内亚的萨比安（Sambian）部落男孩则要参加长笛仪式，仪式包括演奏仪式长笛、与部落中年龄较大的男孩或男性长辈进行口交。[3] 想象一下，如果美国的犹太男孩和萨比安男孩突然换了个位置，我们就会发现，让一种文化群体为之自豪的文化对于其他文化群体来说，完全会变成没有意义甚至是让人蒙羞的体验，因为只有当我们信奉的文化世界观认为其有价值时，某些行为和成就才会让我们获得自尊感。

人们将"正确"和"恰当"理解为显而易见的事实，因为身边的其他人也这么理解。如果你周围所有人都认为长笛仪式很重要，那么这种仪式就不会受到什么质疑，会认为是理所当然的。从他人对我们行为的反应中，我们就可以知道自己是否达到了文化的标准，是否成为了自己梦想成为的有价值的人。

前一章我们已经讲到，自尊和心理安全之间联系的种子在童年早期就已经被种下。我们会把当好孩子、做好事与父母的爱和保护联系在一起，而当坏孩子、做坏事就会因为失去爱和保护感到焦虑，缺乏安全感。在之后的成长过程中，文化通过惩恶扬善不断强化着这种联系，而"善"与"恶"都存在于人类世界中，通常相继而来。

努力扮演好文化角色，实现文化价值，于是我们成了他人口中的"医生""律师""建筑师""艺术家"或"亲爱的母亲"，我们也因此被安全地嵌在了符号现实中，在这样的现实中，我们的身份帮助我们超越了生物存在短暂性的限制。因此，自尊是我们所有人心理坚毅的基础。

自尊是如何缓解焦虑的

数百次的研究都已发现，自尊心强且稳定的人，相较于自尊心不稳定的人来说，身心更健康。[4]缺乏自尊心的人不仅要对抗焦虑，身体、心理及人际关系也会出现问题。这些证据足以证明一点——自尊可以提供心理安全，然而，像自尊和焦虑等被测变量相互联系在一起的时候，我们就无法确定孰因孰果了。自尊心不强会导致焦虑，还是焦虑会导致自尊心不强呢？

20 世纪 70 年代，社会心理学家试图解决这一难题，他们想弄清楚自尊心受到伤害之后会发生什么情况。[5]在一些研究中，被试被告知他们在智力测试中得分很低。果不其然，这一讨厌的消息伤害了他们的自尊心，并引发了焦虑、防御和敌对等情绪。当然了，这并不意外。那么反过来会怎样呢？如果增强人们的自尊心，他们就不会感到焦虑了吗？[6]

为了弄清楚这一问题，我们召集了一些人，让他们参与名为"性格和情感刺激反应"的实验。每个人都拿到了一份看似个性化的心理档案，据说心理档案的根据是几周前他们完成的调查问卷。这些档案的设计似乎适用于所有人，但是却可以就被试的性格给出特别正面或比较中立的评价。中立的评价包括类似于"虽然你有性格弱点，但一般能够弥补""你的有些期望可能有点儿不切实际"等论断。正面评价旨在立刻增加被试的自尊心，包括类似于"你或许感觉自己性格上有弱点，但实际上你的性格根本没问题""你的多数期望都很实际"等论断。

为了让一半的实验参与者产生焦虑感，我们让他们观看了一部纪录片的片段，该纪录片名叫《死亡面目》，内容很沉重，在 40 多个国家遭到了禁播。影片中展示了越南凝固汽油弹轰炸的场面以及二战的战场，出现了验尸和电刑等镜头。而另一半的参与者则观看了一部较为温和的影片，记录的是自然景观，和死亡完全无关。

接着，所有的被试都做了测试焦虑和自尊的问卷。果然，相较于受到中立的性格评价的人，受到正面性格评价的人自尊感更强。可能你会想，受到中立性格评价的人，如果他们观看了《死亡面目》的片段，肯定比观看温和电影片段的人更为焦虑。可是自尊心即时增强的人，在观看了死亡画面之后，其焦虑感并不比观看自然景观画面的人更强。

这一实验表明，自尊可以缓解焦虑，至少被试的反馈的确如此。但是，光说没有用，也许自尊心强的人会宣称他们很平静，而实际并非如此。如果自尊真的可以抵制焦虑，那么是否也可以减少和焦虑相伴的其他生理反应呢？

"感谢你过来参加实验，乔治，"我们的实验员马克说道[7]，他身上的实验室白大褂很有说服力，"这项研究是关于心情、认知和身体刺激、生理反应之间的关系。一会儿你要接受一些认知和身体刺激，我们会测量你的生理反应。"

马克朝生理记录仪走去。生理记录仪是一台测试生理唤起的小机器，测试时，需要在乔治的手指上放两个小的电极，在其手腕上放一个更大的金属板。马克把问卷册交给乔治，并告诉乔治他会收到实验的录音指导，然后就离开了实验室。

"我是心理学系的谢尔登·所罗门，"录音开始，"该实验中的认知刺激通过桑代克重组字测试提供，该测试是一种测试语言智能的有效、可靠的方法。最近的数据表明，该测试的分数可以预测被试在未来的职业中是否可以取得成功。桑代克测试一共有 20 个重组字。被试要在 5 分钟的时间里尽可能多地将重组字猜出。"

一开始的几个字谜非常简单。"LELB 可以重组成 BELL（铃、钟），FIRTU 可以重组成 FRUIT（水果），"乔治心想，"我不太确定 BLTAE 和 NORGA，但是，KASTE 肯定是 STEAK（牛排）。"

5 分钟后，录音再次响起："时间到。实验员马上会回来，准备进行接下来的研究。"

马克走进了实验室，将乔治的回答记录下来，"你很棒，乔治。一共做对了 18 个。到目前为止，还没有谁超过 16 个呢。你的正确率达到了 90%。"

看着实验员回到了控制室，继续下面的研究内容，乔治心想，"对于心理学专业生来说，这个结果还不算丢脸！"

录音指示继续："在我读完指示之后，将有 90 秒的等待时间，在这段时间，你面前的黄灯会亮起，我们开始记录没有身体刺激的情况下，你的生理反应如何。等待时间结束后，是实验时间。在这段时间，你面前的红灯会亮起，我们所研究的刺激来自你腕部的金属板控制的电击。电击可能会很疼，不过，不会对身体组织造成任何永久伤害。"

"或许当个英语系专业生更好，"马克有些担心地想，"那样我就不用参与这些该死的研究了。"

"电击发生器会不定时发送电击，最少一次，最多六次，"录音继续，"由于电击的时间是随机的，所以，在实验阶段，你随时都可能感受到。也许在一开始，也许在最后，也许平均分布在整个实验过程中。等待时间现在开始。"

黄灯亮了，乔治发现他的手有些微微出汗。想到将要开始的电击，乔治想起了签署的知情同意声明上的内容——被试可以随时离开实验，且依然可以从该研究中获得学分。"我可以这么做"他心想。接着，红灯亮了，持续了90秒。

这一分半钟的时间简直就像一辈子那么长。之后，乔治松了一口气，而且有些惊讶，红灯灭后，录音宣布实验结束，可他并没有受到任何电击。"或许是机器坏了吧，"他心想，"也有可能是控制室的马克替我遭受了电击。那真是太好了。"

马克回到了实验室，把电极断开，并告诉乔治该实验旨在弄清楚如果自尊心提升，受到威胁时，被试表现出的焦虑感会受到什么样的影响。"一般来说，一个人越是焦虑，就越容易流汗，"马克解释说，"手指上的电极可以测试皮肤表面小电流的速度。因为流汗会加速电的传导，流汗越多，电流速度就会越快。"

整个实验的设计如下：

实验中，有一半的被试都没有得到桑代克重组字测试（这个测试是我们为了研究编造的）的反馈，因此，他们的自尊没有发生变化。而剩下的被试，包括乔治在内，都得到了反馈，被告知在关于语言智能的桑代克重组字测试中，他们的得分特别高。乔治的确做对了18个，不过，其他人也都差不多，平均做对的都在16～18个。18个或者乔治获得的90%的正确率并非研究中的最好成绩。这种略微夸张的评价立刻提升了乔治的自尊。

马克接着解释说，有一半的被试都知道，在第二部分的实验中，身体刺激来自红灯的光波。而另一半，和乔治一样，却忐忑地等待着电击。"我们发现，观察彩色灯泡没什么影响，而等待电击就会造成相当大的焦虑感，但是，像你一样被告知在测试中表现优秀的被试除外，"马克继续说道，"其实根本没有人受到电击，因为之前的研究已经表明，等待电击和实际上受到电击对被试形成的威胁是一样的。不管怎样，还是非常感谢你今天能帮我们的忙，"马克说完便陪着乔治走出了实验室。"不客气，"乔治回答说，"这个研究很酷，尽管我不喜欢被电击这个想法。我想知道你们会有什么样的发现。"

事实上，实验的发现让人震惊。没有获得重组字测试反馈的被试忐忑等待电击时出的汗比等待观看彩色灯泡时出的汗要多得多，这一点并不在意料之外。然而，像乔治一样受到鼓励自尊心增强的被试忐忑等待电击时流的汗却少了很多，其流汗的反应和等待观看彩色灯泡的被试几乎没什么两样。

这就足以证明，自尊控制着和焦虑相关的生理唤起。自尊绝不仅仅是一种抽象的思维存在，它可以被我们的身体深刻感知。后来的研究还发现，自我价值感也可以减少想到死亡的防御反应。在第1章我们讲过，被提醒死亡终至的人会更加捍卫自己的世界观，因此对抨击他们文化的人尤为苛刻。可是，如果一群美国人自尊心很强[8]或受到鼓励后自尊心增强，即便被提醒死亡终至，对于表达反美情绪的人也不会给予消极反应。自尊心会削弱我们对和自己信仰及价值冲突的人和观点的敌对反应，因此，面对本来让人心烦的问题时也会变得平和得多。

不仅如此，当自尊受到伤害时，死亡的想法就更容易回到意识中。比如，我们前文中提到的基督教原教旨主义者面对进化论的证据时，就会填出更多和死亡相关的词语，有人贬低自己的国家时，加拿大人也会填出更多和死亡相关的词语。自尊受到威胁时，结果也是一样。[9]被要求描述自己最差的一面的被试和被要求描述自己最好的一面的被试相比，写出的和死亡相关的词语更多。在其他研究中，得知自己在所谓的 IQ 测试中分数很低[10]或职业目标不切实际时，被试就会填出更多和死亡相关的词语。总的来说，以上研究都表明，自尊可以保护我们不受根深蒂固的关于身体和存在的恐惧的影响。

死亡和自尊寻求

参议员爱德华·泰德·肯尼迪并没有他的三位哥哥优秀，在四兄弟中，他是最平凡的一个。三位哥哥全都殉难，成了英雄或烈士。小约瑟夫·肯尼迪，海军飞行员，于 1944 年 8 月 12 日在欧洲阵亡，年仅 29 岁。约翰·肯尼迪，泰德的良师益友，美国总统，于 1963 年 11 月 22 日在达拉斯遇刺身亡，年仅 46 岁。罗伯特·肯尼迪，民主党总统候选人，于 1968 年 6 月 6 日在洛杉矶被暗杀，年仅 42 岁。

罗伯特去世一年后，1969 年 7 月 19 日的早晨，泰德驾车时转错了方向，直接将车子开进了马萨诸塞州查帕奎迪克岛附近的海洋水声信道。车上的乘客玛丽·乔·科佩奇尼溺亡，事故之后逃逸的泰德承认了自己的罪行。

对于死亡，他有太多认识。

1979 年，泰德·肯尼迪决定以民主党候选人的身份与吉米·卡特竞争，他比三位兄弟都长寿，做好了接受他们衣钵的准备。然而，查帕奎迪克岛的丑闻彻底粉碎了他在竞选中获胜的机会。

年近 50 岁的泰德，身受多项罪名指控，准备为自己打下一片天地，为弱势群体而奋斗。这只"参议院的雄狮"不知疲倦地为贫困人口、没有享受保险的人口、老人、儿童、移民、难民以及其他所有被美国社会"遗弃"的人而战。直到生命走到尽头，他依然在为弱势群体挥舞着利爪，咆哮着。事实证明，也正因为这一点，他一生为弱势群体所做的远远超过了任何一位哥哥。

2008 年 5 月，泰德被诊断出患致命脑瘤 [11]，在那之后，直到 2009 年 8 月去世，他一直致力于医疗改革。2008 年，在民主党全国代表大会上，他说："这是我一生的事业，为了历史，我必须拿起这份权利"。果然，参议员肯尼迪在生命最后的 15 个月里，依然在为推动国会确保全体美国人都能享受到支付得起的医疗保险而不懈努力。泰德·肯尼迪对人的生命的核心原则做出了最好的诠释——我们靠寻求意义而与终将到来的死亡搏斗。

研究表明，面对死亡终至这一事实时，我们会寻求更强的自尊感。想到自己终会死亡的以色列士兵操作模拟器时速度会更快，因为他们将自尊和驾驶能力紧密联系在了一起。[12] 其他领域也是如此，将自尊和体力联系在一起的人，一想到自己终将死亡，往往会表现出更大的力量；[13] 将自尊和健康联系在一起的人，则会增加锻炼的强度；而将自尊和美丽联系在一起的人，则会更加关注自己的外貌。[14]

当然，人们在健身房健身或在镜子前面整理头发的时候，不一定会想到自己的这种行为是在追求个人价值感。他们会想到健身器材或自己的发型，但是，对于自尊的需要一直在起作用，让我们在意识的表层之下不断维护着这一保护层，防止自己受到与生俱来的恐惧的影响。

和蝙蝠、蠕虫一样，面对肉体死亡时，我们也会拼命反抗，但是我们人类的反抗远远超出了其他动物。哪怕只是和死亡相关的轻微暗示都足以刺激我们更加努力地在世界上留下痕迹。我们拼命证明自己的价值，再小的层面都不放过。老板的认可、朋友的夸奖甚至路过的陌生人一个赞许的点头动作都可以增强我们的价值感，而不满、批评、被忽视，瞬间就会让我们被焦虑席卷。用诗人狄兰·托马斯（Dylan Thomas）的话来说，这种不屈不挠、拼命想要证实自己价值的做法，就是人类"怒斥光明消逝"⊖的众多方法之一。

自尊心不足的折磨

"如果对于自尊是（人类）主要动机这一说法有任何质疑……只有一种确凿的方法可以将质疑驱逐，"欧内斯特·贝克尔如是说，"那就是让人们看到，没有自尊，他们就无法做出行为，他们的世界就会崩塌。"[15] 获得并维系自尊为什么如此之难？缺乏自尊又会怎样呢？

毁掉自尊的一种主要方式是，个体或群体对其文化世界观失去信仰。经济震荡、技术和科学革新、环境灾难、战争、瘟疫或外来文化的强势入侵等都会引发这种幻灭。例如，在第一批欧洲人到达之前，阿拉斯加的尤皮克人就有着灿烂的文化，他们有自己根深蒂固的习俗、传统以及精神信仰。[16] 部落和个人的行为准则就是"Yuuyaraq"，即"按照人的标准行事"，为每位部落成员提供了适用于一切情境的行为方式。欧洲人来了，他们带来了枪，带来了细菌和钢铁，杀死了大部

⊖ 摘自诗歌《不要温和地走进那个良夜》（*Do not go gentle into that good night*）。——译者注

分的尤皮克人，并把欧洲人的基督教世界观强加给他们，土著人因此失去了自己的身份。会法术的人生病了，死了，连同他们一起死掉的还有古老的爱斯基摩精神及"Yuuyaraq"的行为准则。尤皮克人信奉的一切都衰落了，他们的整个世界也因此崩塌了。

这样的灾难性事件全世界都上演过，本土文化必然因殖民化而遭殃。不过，除了殖民化，对于文化体系的信仰在其他情况下也会受到侵蚀。随着经济的不确定性、宗教和体育丑闻、政治两极分化等现象的出现，甚至美国也免不了要面对文化体系信仰遭受侵蚀的现状。在我写这本书的时候，70%的美国人都认为他们的国家走上了错误的轨道，80%的美国人不同意政府治理国家的方法。即便在宗教信仰普遍存在的美国，前往教会的人数也在稳步下滑。公立学校，尤其在城区，也是一片混乱。"我们弄丢了我们的神，"西新英格兰大学的劳拉·汉森（Laura Hansen）就对《大西洋月刊》的记者如是说，"我们对媒体失去了信任：记得沃尔特·克朗凯特（Walter Cronkite）吗？在文化领域，我们失去了信任：你不能指着某位可能会对我们有所启发的电影明星，因为我们太了解他了。在政治领域也是如此，因为我们太了解政治家的生活了。我们丢了它，丢了对一切事物的基本信任和基本信心。"[17]

人们一旦丧失对核心信仰的自信心，幻想就会完全破灭，因为他们并不知道现实按照什么蓝图来运转。没有这幅蓝图，就无法判断哪些行为合适、妥当，就无法描绘通往自尊的航线。

对于世间万物文化格局的信仰完好无缺还不够，一个人还需要感受到其价值。如果由于你被赋予的社会地位、你的弱点，或是由于不切实际的文化期望而没有充分感受到其价值，你依然会因自我价值而挣扎。1500 多年前，印度人就认为，种姓制度中"可接触的"阶层来源于原始生物的不同部位：婆罗门——牧师和教师，来自原始生物的嘴巴；刹帝利——统治者和士兵，来自其臂膀；吠舍——商人和贸易者，来自其大腿；首陀罗——劳动者，来自原始生物的脚；而"贱民"或称"不可接触的人"，因其肮脏和不洁，遭到了原始生物的否定，他们在工作时不得不接触不洁事物，如血、粪便、死掉的动物及泥土。

如果"不可接触的人"的影子接触到了高一等级的人，他们就会遭到殴打。他们随身携带小桶，将痰吐在桶里，以免污染地面。他们身带响铃，用铃声提醒他人自己的到来。尽管现在有严格的法律规定，不许歧视"不可接触的人"，但对他们的偏见及虐待依然随处可见。2003 年，吉尔达里·莫里（Girdharilal Maurya）想要行使合法权利，使用村里的水井，结果家里的农田被洗劫一空，房子被烧毁，妻子和女儿遭到了殴打。"动物都比我们地位高，"莫里如是说，"这太不人道了……为什么神要让我们出生在这样一个国家？"[18]

如果自己的社会角色被文化主流所否定，一个人就很难感受到自尊，印度"不可接触的人"就是最好的例子。然而，在今天的美国，我们也有类似的被深深打上烙印的群体，在很多白种人的眼里，非裔美国人就是犯罪、懒惰的代名词。很多男性则把女性视作有情感的性交对象。"红州"和"蓝州"的人相互诋毁。似乎在所有文化中，都有一些指定的群体扮演着低等社会角色，毫无疑问，被轻视的群体往往会拼命争取，想要获得良好的自我感觉。

最终，当普通公民无法达到文化追捧的价值标准时，自尊就会遭到严重破坏。我们可以看看当今美国社会众多不被高度认可的职业角色。如果你是西夫韦超市的面包师，你很清楚，自己并非美食频道著名的甜品厨师，全国像你一样的西夫韦超市面包师数以千计，大家都穿着同样的制服，使用同样的制作食谱。然而，如果你在 17 世纪的欧洲做一名乡村面包师，人们每天都得从你这里买面包，就会欣赏你的技术。如果你制作的面包尤其香甜，黄油面包卷尤其美味，那么城镇最佳面包师的美名就会传开，说不定还会传到邻近的城镇乡村，那么归属感和自豪感就会油然而生。然而，今天西夫韦超市的普通面包师根本不需要什么技术和创造力。他们的美国同胞也不会太欣赏他们做出的面包多漂亮，顾客把专业的面包师当成了服务员。面包师拿到的薪水也没有体现出多少对其工作的欣赏。

被赋予巨大价值的特征和成就多数人都无法企及，美国社会尤其如此。由于商业化社会对于财富的过分追求，财富的文化价值及无法获得财富的耻辱感就成了数百万人焦虑的源头。

我们可以想一想 20 世纪 90 年代美国运通公司借助电视广告传递的信息。广告刻画了一位富有的商人在一个糟糕的雨夜准备赶回家观看女儿在学校的演出。航班取消后，他用美国运通公司的会员卡定了另一个航班的一等座，而除他之外的大量乘客却无可奈何，只能不安地滞留在机场。飞机着陆后，这个男人迅速从 ATM 机上取了一叠钞票，然后从公交车站一群乘客面前飞奔而过——因为急降的暴雨，这些等待的乘客显得狼狈不堪。男人跳进了一辆豪华轿车，赶到学校时表演刚刚开始。广告最后打出了"会员享有特权"以提醒观众。整则广告传递的信息很简单：如果你的收入可观，足够支配，就可以享有独特的价值，选择奢侈的交通方式，到达任何其他人都无法到达的地方。而要想实现这个目标，你必须拥有美国运通公司的会员卡。

1949 年，剧作家亚瑟·米勒（Arthur Miller）通过戏剧向我们展示了这种文化中的薄弱点的写照。在《推销员之死》中，戏剧主角威利·罗曼一生都在拼命奋斗，想要成为一名成功的旅行推销员。然而，因为年龄和疾病等原因，他的身份感逐渐消失。第一个雇主的儿子给了他一份解雇通知书。他把所有希望都寄托在了功课很差却擅长运动的儿子比夫身上，可是，比夫也是一个失败者。威利孤注一掷，想要获得自尊，想象着如果他自杀，自我价值以及家庭的福利就都会提升，儿子比夫也可以靠着政策规定，成为两万美元人寿保险的受益人。

"你能想象口袋里装着两万美元该有多么奢侈吗？"威利幸福地做着梦，最终，在自己一手策划的车祸中为悲剧画上了圆满的句号。[19]

对于美国的女性来说，年轻、漂亮依然是自尊的首要决定因素。年轻的女性总是把自己看作芭比娃娃或在音乐短片及杂志中身材瘦削、胸部丰满的活力女星。"她们真是太漂亮了，太完美了，"在最近的一次媒体和自我意识的研究中，一个女高中生如是说，"她们身材真的好棒，头发也漂亮极了，还有出色的男朋友、精彩的生活，她们富有，简直完美无缺。"[20] 实际上，现在女模特的平均体重比正常女性少 23%，也就是说，按照她们的年龄和身高推算，她们的体重比健康标准低了足足 20%。按照惯例，模特的照片也要反复修饰，把眼睛增大，把耳朵缩小，调整脸型，把牙齿调整齐、增白，脖子、腰、腿无一不需要修饰，最终，他们创造出了非人类的身体比例。一旦"不可能"成为标准，多数女性就会和标准相距甚远，继而开始自我贬低。

很少有女性像模特那样瘦，更没有谁会永远年轻。很少有男性像唐纳德·特朗普或比尔·盖茨那样富有。不管对于男性、女性还是孩子，成为著名作家、影星、音乐家及运动员的也是少之又少。有了这些不切实际的价值标准，难怪自尊心不强的现象在美国很普遍。临床诊断结果显示，十个美国人中就有一个患抑郁，焦虑、饮食失调、药物滥用的患者更多，这样说来也就不足为奇了。在某种程度上可以说，以上问题就是美国文化宣扬很难达到的价值标准的直接后果。

自尊可以保护人们免受与生俱来的恐惧的影响，因此人们会竭尽所能获取自尊。实际上，人们生活中对于一切事物的渴望，其背后的推动力都是对于自尊的追逐。正如威廉·詹姆斯所说：

> 一个人的自我是他所能称之为"他的"物质的总和，不仅是他的身体和精神，还有他的衣服、房子、妻子、孩子，他的先辈、朋友，他的名声、作品，他的土地、马匹，他的游艇及银行账户。所有这些都会给他相同的情感。如果"他的"在不断增多，他越发富足，他就会越有成就感，相反，他就会很沮丧。[21]

不幸的是，事情不会总按照我们的意愿发展。我们都经历过各种各样的失败、批评、排斥、尴尬，积极的自我概念也被戳得千疮百孔。我们保护自己，不受因缺点而生的焦虑感的影响，于是跟自己讲着善意的谎言，试图拯救尊严：考试分数低是因为教授出的题目太灵活，不够直接；爱情进展不顺，被对方抛弃，是因为我们错误地付出了情感，对方的品位太差。不仅如此，我们还尽力使自己相信，不是得不到，是我们不想要——高薪的工作会迫使我们放弃原则；获得奖项就得参加一系列的盛宴，忍受没完没了、浮夸的演讲。

有时候对于自尊的需要甚至会超过对于成功的欲望。我们会给成功制造各种障碍，以便失败时当作现成的借口。"早晨的口头汇报当然很糟糕了，"我们的学生可能会这么对自己说，"昨天晚上我一夜都没睡，和朋友一起开派对呢。测试得了 D 也没什么好稀奇的。课程我逃了一半，而且布置的阅读任务我也懒得做。"

然而，大多数人会把这种自欺欺人的行为做得滴水不漏。他们会找借口，寻理由，将缺点的即时影响模糊化，而后再回来，尝试做出调整。在生活的起起伏伏中乘风破浪，需要在自我关怀和诚实客观之间找到绝佳的平衡点。

可我们已经看到，这样的平衡并不易得，无法找到安全依恋、无法建立强大自尊的人尤其如此。父母冷漠、不负责，或要求过高都会造成自尊的障碍，让一个人一生磕磕绊绊。被文化的圈内人及赢家视为圈外人或失败者，起床、站直身体、去上学或工作都会变得困难重重。有时候，糟糕的情况的确会上演。哪怕自我意识再强，失业或失去一段感情也会对其形成挑战。

缺乏自尊的代价

缺乏自尊会引发的问题真是数不胜数：身体健康欠佳、抑郁、暴躁、敌对行为、产生自杀的念头、精神病、酗酒、滥用药物、青春期抽烟、危险的性行为、自杀未遂、饮食失调、自残、嗜毒成瘾、强迫性购物、行骗等都在其列。[22] 不管缺乏自尊的原因和方式如何，最终结果都是一样的。如果深受焦虑折磨，缺乏自尊的人往往会竭尽所能减少焦虑感。

因为失去了存在的意义和自尊，有些人会接受全新的世界观，以作弥补。迈克尔·约翰就是数百万新的福音派教徒之一，他找到了全新的身份认同。在犹太人的聚居区长大，迈克尔高中时留着长发，然后搬到了加利福尼亚的洪堡郡。他种植了大量的大麻，后来因吸毒被逮捕，关进了监狱。在监狱里，他接触到了宗教，获得了"重生"。出狱后，迈克尔加入了俄亥俄州的一个基督教公社，至今仍然住在那里，他说："受到主的关爱，我现在非常满足。"像迈克尔这样改变了宗教信仰的人反映[23]，他们感觉生命更有意义了，自尊心更强了，而且也没那么畏惧死亡了。

也有一些人采取了反叛的行为，他们求助于帮派、邪教和边缘团体。他们自暴自弃，甘心成为浪荡子，疏远主流社会。实际上，反主流文化的团体和教派也有一套复杂的信仰和价值体系。他们不会创造新的体系，超越"主流文化"，不会给"知情者"提供社会共识，让他们寻找必须要获知的"真相"。他们通过反对堕落、不公或让人压抑的体系，获得特殊的正义感，并维系这种正义感。尽管通常情况下这样的组织是无害的，甚至有助于酝酿建设性的社会改革，但也有一些会给他人带来极大伤害。例如，"Bloods"和"Crips"两大帮派、人民圣殿邪教、天堂之门、奥姆真理教等。

赵承熙（Seung-Hui Cho），韩国人，长期患有精神疾病，独来独往，性格孤僻，他的案例足以说明，因为缺乏自尊而反叛时，完全可以一个人进行。在弗吉尼亚州读中学时，赵经常被欺负，被嘲笑。一次英语课上，老师要求学生大声朗读，赵的英语带有明显的韩国口音，因此朗读的时候表现出了不情愿。据赵的一位同学说："他刚一开始朗读，整个班级就都笑了，对他指指点点，并说'赶紧回你们国家吧'。"

2007年4月16日早晨，赵走进了自己就读的学校——弗吉尼亚理工学院的一间宿舍，杀死了艾米利·希尔舍（Emily Hilscher）——一个他可能一直悄悄跟踪的年轻学生，以及瑞安·克拉克（Ryan Clark）——一位试图帮助艾米利的住宅区大厅助理。之后，赵回到了自己的房间，拿走了详细记录他对事物看法的录像和书面资料，另外又拿了一支枪和更多的弹药。他离开了弗吉尼亚理工学院，在附近的一家邮局将记录自己演说的录像资料及书面资料寄给了美国全国广播公司（NBC News），然后回到了校园，走进了工程大楼，向一间教室的师生开枪，杀死了30人之后，开枪自杀。

> 你知道被别人往脸上吐口水，大口吞着垃圾是什么滋味吗？……你知道被人羞辱是什么滋味吗？你们要什么有什么，奔驰车还不够，你们这些臭小子。金项链也不够，你们这些势利眼。有信托基金不够，喝着伏特加、白兰地也不够……你们什么都有了。[24]

诚然，赵想努力通过国家媒体表达自己，足以证明他多么想要被认可。可是，光有认可还不够，他还需要自尊和持久的名誉，这一点我们稍后讨论，他把自己塑造成了代表温顺良民的烈士，甚至把自己比作耶稣。他希望自己可以不朽，可以成为史上杀人最多的校园枪手。

尽管多数缺乏自尊的人都不会成为大肆杀戮者，但研究已经证明，缺乏自尊与违法犯罪及暴力反社会行为的确相关。在一份对新西兰数千名青年人的大范围研究中，我们发现，一个人如果在11岁时缺乏自尊[25]，13岁时就很可能出现反叛、撒谎、恃强凌弱、打斗等行为。

真自尊和假自尊

自尊并不能保证带来成功的人生或卓越的成就。成功和成就需要天赋、良好的训练、较强的动机和投入以及持久的努力。但是，自尊却是心理安全的关键，我们已经看到，自尊有助于缓解焦虑，并减轻想到死亡时的防御反应，让人更加有韧性，同时也有助于身心及人际关系健康。

一个有真正且持久的自尊的人会有什么样的表现呢？首先，他们很稳定，在很长一段时间内，他们的自尊测试分数都很高，不会今天自尊很强，第二天又缺乏自尊。这种总体积极的自尊可以阻止闯红灯、杀人等极端事件的发生，自尊不容易动摇，且不会日复一日地剧烈波动。这样的人会在变化来临时泰然接受，不会花太多时间和他人相比。这样的人看上去很平静，很满足，自信但又谦卑，经常会服务他人，投身于某项事业。

了不起的大提琴演奏家马友友就是这类拥有真正自尊的例子。他受人尊敬，甚至广受爱戴，但他从不会把这种尊敬和爱戴转化为自恋。他似乎更愿意把自己想成一种大提琴一样的乐器，一个可以让音乐流淌出来的"容器"。"我很高兴自己有份工作，"他曾经这么说，看上去就好像一位幸福的服务生，"我每天都很感恩，因为我能有机会被这个地方或那个地方的人所需要。"[26]

有时候你或许认不出这种有真正自尊的人，因为他们未必是名人，未必会拼命让他人注意自己，但是，他们会让你看到那种不言自明的稳定和智慧。有着持久自尊的人就像高大粗壮的橡树或红杉，因为根深深地扎在了土壤里，所以能够随风弯腰。他们爱得坦率，会自嘲，并享受当下。他们知道自己犯过不少错误，会承认，但不会因此郁郁寡欢。他们会自我怜惜，会明白，错误其实是学习的机会。如果错过了航班，他们不会对售票处的工作人员口出恶语，他们只会重新购票，等待下一个航班。对话时，他们更愿意说说对方，而不是让话题始终围绕着自己。

然而，有些人童年时期就没有形成因自我价值而生的安全感，继而只能靠过分的吹嘘和极端的扭曲性防御行为抵制关于存在的恐惧感。这样只会形成夸张且脆弱的自我形象，带来的安全感也是暂时的，且需要不断地得到慰藉和确认，稍遇挑战，就不堪一击。

夸张且不切实际的自我意识通常被称为"自恋"。弗洛伊德［继德国精神病学家保罗·内克（Paul Näcke）之后继续研究"自恋"］以"那耳喀索斯"为这种性格特征命名。那耳喀索斯是一个神话人物，最终为了自己的倒影憔悴而死。那耳喀索斯非常英俊，所有人都爱他，渴望得到他，可他却太骄傲，除了自己，谁也不爱。他来到一个清澈的池塘边，蹲下喝水。在这之前，他从来没见过自己的倒影，看到倒影的那一刻，他就爱上了自己。他想亲吻这个倒影，却又不想让倒影回应。最终，他意识到爱上的是自己的倒影，而且知道，他的爱永远也不会有回报，直到饿死，还不断思念着池塘里的倒影。

精神病学家如何区分自尊心强且持久的正常人和自恋型人格障碍患者呢？[27] 被大家高度认可且广泛使用的自尊测试，即罗森伯格自尊量表包含下列表述：

> 我认为自己是一个有价值的人，至少与别人不相上下。
> 我认为自己有许多优点。
> 总体来说，我对自己比较满意。

认可的表述越多，自尊程度就越高。但是，这个量表无法反映对他人的优越感或对赞美的需要。相反，自恋性格清单则包含下列表述：

> 我真的很喜欢成为大家关注的中心。
> 如果有机会，我就想炫耀。
> 我应该得到的尊敬就一定要得到。
> 只要我愿意，我就可以让任何人相信任何事。
> 我喜欢管理他人。

认可的表述越多，就表明越自恋。该测试中得分高的人也觉得用"完美""很棒""天才"等词描述自己才合适。

虽然自恋者有时候在自尊量表中自我认可程度很高，但他们的自尊会有严重的波动，会更迅速地把"我""我自己"和"憎恨""邪恶""污秽"等负面词语相连，精神病学家将此作为"内隐"或无意识自尊的衡量方法。相比之下，自尊真正很强的人在有意识自尊测量和无意识自尊测量方面分数都很高。自恋者只是在意识层面"活在自己心里的传奇"，但与此同时，在无意识的精神基底，他们根本不喜欢他们自己，意识表层之下潜伏着深深的自我怀疑和缺陷感。

一旦自我观念受到威胁，自恋者不切实际的浮夸和缺少自尊就会让他们更容易出现暴力和攻击行为。真实价值感是抵制暴力和攻击的源头，自恋者缺少抵制的源头，就会猛烈攻击他人，以重拾被破坏的自豪感。研究表明，高度自恋却又缺乏自尊的人感觉他人侮辱自己时，尤其容易攻击他人。[28] 也有研究显示，自恋者的自尊和恃强凌弱行为相关联，也可能和其他形式的反社会行为有关。[29]

此外，自恋者尤其好斗，憎恨和他们有相同追求的其他人获得成功，如果其他人在某一方面明显超越了他们，他们就会很不安。他们会小心避免一切对他们夸张的自我形象的挑战，死死抓着不真实的自我形象不放手。比如，一个幻想着自己是优秀跑步选手的自恋者可能每天都会和小区里随意慢跑的人一起沿着跑道跑步。他竭尽全力，想让其他慢跑者知道，他比他们跑得快，他努力想要获得他们的赞赏，然而，如果有抱负的奥运会运动员顺道前来，他就不太可能出现在跑道上了。面对更强劲的竞争对手，就不会有那么多人谄媚地称赞他的实际技能了，加速超过邻居们也就不会再有夸赞了。相比较而言，一个拥有真正自尊的跑步者会因自己的成绩而骄傲，但更感兴趣的是自我提高，而不是获胜。他会热切期望和奥运会运动员一起跑步，这样的话，他就会倍受鼓舞，向对方学习，也能准确估测出自己的技术水平。

"食物很美味"

作为知道死亡不可避免的有自我意识的动物，我们人类"无法只靠面包存活"。自尊，就像古希腊帕特农神殿坚固且优雅的圆柱一样，是人类坚毅的基础。我们从自尊中获取的心理滋养和每一天从面包中获取的身体滋养同样重要。

如果没有自尊，我们就会像哈利·哈洛那类由金属母亲单独养大的可怜猴子一样，会一直惶惶不安，被新奇和出乎预料的事吓到，健康欠佳、容易自虐或攻击他人。相反，一旦拥有自尊，我们就会受到鼓励，充满热情，因而就能够避开身心的不幸。关于电击的实验就已显示，自尊有利于预防恐惧，在心理层面如此，在较深的生理层面也是如此。就像蠕虫和蝙蝠拼命想要存活一样，我们中很多人也会拼命保持自尊，因为对于人类而言，自尊就是对抗死亡的象征性保护。

既然自尊如此重要，现在问题来了：如何才能获得自尊呢？

一个方法就是鼓励个人形成多样化的自我观念。毕竟，我们每个人都是多面的，也就是说，同样一个人，可以是美国人、基督徒、律师、共和党人、父亲、高尔夫球手、印第安纳州胡希尔人的支持者以及消防志愿者等。身份的不同方面和不同的社会角色相对应，每一种社会角色都有相关的标准。有些人更容易达到其中一些标准。没错，在公司，其他律师比你的薪水高，高尔夫球技比你精湛，可是，你是一个了不起的父亲，在紧急时刻，是开着消防车去救火的关键人物，也是教堂非常受尊敬的受托人。我们总是在某些方面比别人更有价值。把心理的"蛋"放在很多不同的"篮子"里，我们就更有可能更持久地获得良好的自我感觉。还有一点很重要——要知道哪只"篮子"对我们来说比较合适。如果你唱歌总是跑调，那就不应该期望成为一名专业歌剧演唱家。

另一种方法就是帮那些被边缘化和遭受排斥的人培养其社会角色，获得发展的机会。19 岁的肯德尔·贝利（Kendall Bailey）就是一个很好的例子 [30]，他是一个认知能力低下的美国自闭症患者，患有脑性瘫痪。在传统的学校及有组织的体育运动中，肯德尔表现不好，但是，自他开始游泳之后，生活有了很大起色。他练习蛙式游泳，练得非常辛苦，在赢得残奥会的比赛项目之后，他的自尊得到了极大的提升。最终，他成了全世界蛙泳速度最快的残疾人选手之一。2008 年 9 月，肯德尔参加了残疾人奥运会。残奥会给肯德尔以及其他数以千计的残障人士提供了获得自尊感的机会，这在以前对于残障人士来说是根本不可能的。

最近有一项关于全世界百岁老人最多的社区的研究，结果发现，这些社区的老年人感觉到在其所在社区很有价值感。[31] 我们需要从老年人身上学习很多，不光如此，年轻人也是我们学习的对象。

回到巴波亚高中，弗朗西斯科·委拉斯凯兹和朋友正饥肠辘辘，来自泰国、印度、缅甸以及出生在美国的中国人却开心地吃着免费的照烧鸡肉。Amruta Bhavsar，一位来自印度的毕业班学生，正和她的一位缅甸朋友坐在一起，她说她一点儿也不觉得尴尬。"真的没什么关系，"她说，"食物很美味。"

我们已经看到，要想获得心理的平静，一个人必须相信，自己对于有意义的世界来说，是一个有价值的贡献者。但我们是如何依赖从中获取的保护的呢？在历史发展的进程中，世界观是如何帮助我们应对死亡终至这一宏大问题的呢？在接下来的三章，我们将通过考察人类的进化和历史来探索以上问题。

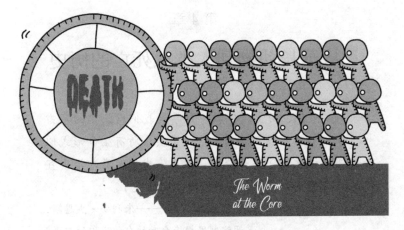

The Worm at the Core

第二部分

不同时代的死亡

第 4 章

从灵长动物到人类：死亡的历史

> 文化、历史、宗教、科学和我们所认识的宇宙
> 中的其他事物都不同。这是事实。所有生命形式似
> 乎都进化到了某一程度，然后，我们人类却沿垂直
> 方向拐了个弯，向着不同的方向进发了。[1]
>
> ——朱利安·杰恩斯，
> 《两院制思想垮台时的自觉意识的起源》

今天的我们是如何变成寻求自尊的文化动物的？尽管人类 DNA 的 98.4% 都和黑猩猩相同[2]，可很明显，在从灵长类到人类的进化轨道上一定有着根本性的一步。正如心理学家朱利安·杰恩斯所宣称的那样，在灵长类的智力和发展出宗教、艺术、科学、技术等人类独有的文化产物所必需的完全成熟的意识之间，有一个"令人瞠目结舌的鸿沟"。尽管所有试图重构人类进化轨迹的努力在一定程度上都不可避免地含有猜测的成分，我们也依然相信，有足够的证据支撑这一似乎合理的论点——早期应对恐惧的形式改变了人类历史的发展轨迹。

对于死亡的意识是早期人类萌芽的自我意识的副产品，如果没有

为超越死亡而形成的适应性，对于死亡的意识就会将意识这一心理组织的可靠形式加以破坏——我们充满恐惧、萎靡不振的祖先就会被投进心理深渊，扔到灭绝的生物形式的进化废墟上。但是，我们的祖先却齐心协力，巧妙地对这一现实"说不"，他们创造了一个能够使其获得控制生死感的超自然的世界，让他们能够跨越"令人瞠目结舌的鸿沟"，最终穿过触发人类突飞猛进进化阶段的认知的卢比孔河。

人类认知的黎明

进化理论学家认为，大约在 450 万～ 600 万年前，人类开始与其他灵长类动物分道扬镳。一个重要的进化步骤就是直立行走。[3] 以著名的化石遗迹露西为代表的古猿在 350 万年前就可以直立行走，但是，他们的大脑很小，不会使用工具。至于为什么直立行走我们并不清楚，不过，有一点很确定——这群古猿直立行走之后，活动的场地就更多样化了，因此也就有了更多的资源。也许更为重要的是，直立行走解放了双手，让他们能够自如探索和应对周围的环境。[4]

250 万年前，露西的后代开始使用石制工具，这就为 200 万年前猿人（Homo habilis）的出现铺平了道路。猿人的大脑比古猿大 1.5 倍。考古学家史蒂文·米森（Steven Mithen）认为，原始人类的家族发生了变化，继而出现了社会结构。[5] 哺乳期的母亲抱着年幼的婴儿无法捕猎，如果没有帮助，也无法抵御大型的食肉动物，因此，我们的祖先开始群居，以更高效地抵御大型的食肉动物并获取包括肉在内的食物。但是，要提供保护并获取肉类食物，男性就得合作，用粗糙的武器猎杀大型的危险动物，并与其他食腐动物竞争，以获取动物的尸体。

如果在典型的灵长类群体中，这样的合作会很困难，因为占统治地位的雄性绝不允许其他雄性接触该群体中的雌性。生物人类学家特伦斯·迪肯（Terrence Deacon）做出了这样的假想：我们别出心裁的祖先可能已经使用了结婚戒指的雏形，利用这种符号，性活跃的雄性就可以照顾某些雌性和他们的后代，同时又可以和其他雄性一起捕猎、食腐。这就将因性而引发的潜在致命冲突的可能降到了最小，也就更有利于社会的和谐。[6]

符号对认知有独到的好处，对语言更是如此。我们最近的表亲——黑猩猩就无法讨论如何对付某天在溪边看到的狮群，他们也无法考虑下个星期四日落时分迁往何处。有了符号，我们的祖先就可以思考那些对他们的感官没有产生即刻刺激的形象，因而就可以更好地学习过去，计划未来。

符号还有助于让社会联系超越面对面的接触。和灵长类动物一样，我们的猿人祖先也会辛苦地相互理毛，将彼此身上的死皮、臭虫及污垢去除，这增进了群体的凝聚力和协作性（同时也有明显的健康益处）。随着群体队伍的壮大，这种"你帮我抓抓背，我也帮你抓抓背"的相互理毛行为变得更加困难了。语言可能就代替理毛被发明了出来，开始发挥基本的社会功能。[7]

米森认为，符号和语言的雏形进而刺激了自我意识的出现（一个世纪之前弗里德里希·尼采在《快乐的科学》中就已提到这一点）。交流很可能经常要涉及群体里的其他成员，因此我们的祖先需要将自己与他人区分开来，于是他们就想出了类似于"我"（宾格）"她""他""你""我"（主格）等代词。贝克尔发现，人称代词"我"（主格）能够唤起自我意识，每个个体也因此有了明确的指定。[8] 在语言发展的推动下，我们祖先中的一部分完全形成了自我意识，但具体是什么时间形成的并不明确。

心理学家尼古拉斯·汉弗莱（Nicholas Humphrey）却认为，自我意识是适应社会生活时才出现的。能够反思自己感受的个体也会思考他人的感受，因而才能更好地传达他们的愿望，更好地预测周围其他个体的行为。[9] 随着用语言交流的能力的提升，我们祖先的自我意识变得更强了。"人类发明（符号）的同时，"尼采认为，"自我意识也更加敏感了。"[10] 这就刺激了更加复杂的语言的发展，语言和不断增长的自我意识的动态循环因此成形。[11]

社会行为和认知能力的这些变化大约发生在 200 多万年的时间里，此外，还有一项变化，即大约 50 万年前大脑体积的再次增大。之后，在大约 10 万～25 万年前，我们的猿人祖先完成了向智人的巨大飞跃——智人的语言能力更强，可以构造并传达更加详细的一连串复杂想法，可以讲述复杂的故事。[12]

这群解剖学上的现代人类会使用符号，有自我意识，口头交流更加灵巧，并在此基础上将社会交往、自然史及技术技能整合在一起，以便去做更多有用的事情。他们可以相互交流并改进想法："最好的过河方式是什么？"他们不仅会思考过去的经历，还会畅想未来的可能性。他们可以想象并不存在的事物，而且还大胆地将梦想变为现实。他们用文字和符号表示出想象中的未来，并在此基础上制定策略，做出决定，设计并计划——这种能力是当时乃至现在地球上的其他生物都不具备的。[13]

我们的祖先变成了可以直立行走、会自我反思、有想象力的灵长类，正如奥托·兰克所说，他们可以"把虚构的变成真实的"。[14] 活着并且感受到活着真是太好了。还有什么不满意的吗？

当然有，干旱、饥荒、瘟疫或被饥饿的狮子开肠剖腹都在其列。溺水、斩首也在其列。如果你足够幸运，逃过了以上所有灾难，却依然有可能目睹着时间将一位曾经活泼有生气的家庭成员变成了孱弱的影子，并在这种变化的基础上想到了自己不可改变的将来——这种体验，也在其列。

简而言之，不满意的就是必将到来的死亡。

死亡终至的恐惧和超自然的创造

符号化、自我意识以及思考未来的能力对我们的祖先至关重要。但是，这些高度适应性的认知能力也导致了对死亡终至的挥之不去的潜在恐惧。一种生命形式，经历了数十亿年的精心演化，最终却要为了生存而拼尽全力，且意识到注定要在这场战争中败北，结果会怎样？

哲学家苏珊·朗格（Susanne Langer）指出，"赤裸裸的事实就是，这种意识无法让人接受，"她还说，"人们……宁可否认，也不愿接受死亡将是他们短暂尘世生涯不可避免的终结，也许没有什么比这更好理解的了。"[15] 因此，我们的祖先用想象力和创造力掩盖对于存在的恐惧。他们开始利用复杂的心智能力思索并回答世界如何运转之类的问题。但是，解决生存的实际问题对于死亡并没什么用，也不会带来什么慰藉。虽然山川、星辰明显可以永存，可我们的祖先还是清楚地看到了生命体终将受制于他们无法控制的力量，最终都会结束。

生物学家阿吉特·瓦尔基（Ajit Varki）[曾与已故遗传学家丹尼·布劳尔（Danny Brower）共事]论述说，因死亡而生的不可阻挡的恐惧感，会"将进化引入死胡同，抵制更好地生存和繁衍所必需的活动和认知功能"。[16] 想到自身的死亡，人们会害怕，因此就不太可能冒险狩猎，增加捕获大型猎物的可能性，不会为了伴侣展开有力竞争，也不会把后代照顾妥当。因此，我们的祖先跨出了极具适应性、独创性和想象力的一步——创造了一个超自然的世界，在这个世界里，死亡并非不可避免，也并非不可改变。这些早期人类的群体虚构了最令人折服的故事，因此，最好地应对了对于死亡的恐惧。因而，他们最能在其环境中有效生存和延续，最可能将基因保留给后代。

有些超自然的信仰可能在认识死亡终至之前就已经形成。帕斯卡尔·博耶（Pascal Boyer）和保罗·布鲁姆（Paul Bloom）等进化理论家就提出，超自然的信仰之所以会出现，是因为人类倾向于将思想和意图附于有生命的物体。[17] 基于这一观点，我们的祖先会把感觉、需要、意愿等主观体验投射于周围的环境；因此，大树、岩石就会有力量，就会有目的地同他们说话，雨和闪电就成了看不见的诸神的语言和游戏。这样的想法看似有理。可即便正确，当我们的祖先后来面对死亡终至的意识的觉醒时，这些最初的超自然的想法毫无疑问形成了更加复杂的信仰体系的基础，人们借此获取可以超越死亡的持续感，以减轻对于死亡的恐惧。

俄罗斯弗拉基米尔城市之外的桑吉尔（Sungir）考古遗址保存完好，2.8万年前就有人居住，遗址内有房子、壁炉、储存窖以及工具制造区。遗址中还有多个精致的墓穴，考古学家一共在其中发现了两具年轻人及一具60岁男性的尸体。每具尸体上都有坠饰、手镯及贝壳项链装饰，而且穿的服饰也镶嵌着 4000 颗象牙珠，每颗象牙珠需要匠人花一个小时才能制作成形。两具年轻的尸体头部相抵，身体两侧是两根象牙。[18] 桑吉尔居民花费如此多的时间和努力建设如此精致的墓穴，似乎显示了他们创造的象征性的超自然世界优于尘世的当下现实。不仅如此，墓地象征着对于来世的信仰，否则，为何不怕费事，为通往虚无死寂的旅途精心打扮呢？

在大约 4 万年前，随着人类学家所说的"旧石器时代晚期革命"或"创造力大爆发"[19] 的到来，类似的关于超自然世界的概念就已出现。该时代以不同社会的艺术、人体装饰、墓葬、精致的墓穴商品的同时出现为标志。复杂的技术也于同一时期出现。有专门用途的石片和骨制工具已是司空见惯。[20] 这一时期出现的超自然信仰的物质证据及非凡的技术进步都说明了一点：只有相信超自然世界的存在，相信死亡可以预先阻止并最终超越，我们祖先这种和意识相关的复杂认知能力才可以很好地发挥作用。

仪式：用行动表现的美好梦想

我们的祖先会相互支持以坚定信仰，但除此之外，他们依然需要一些有形的标志，证明那个看不见的世界的确存在。各种仪式、艺术、神话、宗教（所有已知文化都具有的这些特征）共同作用，使得构造、维系、将现实的超自然概念具体化成为可能。[21] 贝克尔解释说，通过将"不可信的"变成"可信的"，人类会"想象着他们牢牢控制住了这个物质世界"，因而"可以被高高举起，超越这个物质世界，超越物质的腐烂和死亡"。[22]

有些学者认为，先有仪式，而后才有了艺术、神话和宗教的发展。[23] 那么，仪式是如何演化的呢？在希腊语中，仪式对应的词是"dromenon"，意思是"做过的事"。[24] 如果某种资源是现成的，仪式就没有必要。口渴的人站在岸上，看着汩汩流淌的河水，就没有必要跳舞求雨，他们只要将身体前倾，就可以喝到水。食物充足的地区，人们只要从树上或灌木丛中伸手摘取果实，就可以饱腹。但是，自然并非一直如此随和。我们的祖先口渴难耐时，附近并非总有水源；饥肠辘辘时，食物也并非总是唾手可得，食肉动物随时都有可能发动袭击。面对自然的冷酷无情，我们深感无助的祖先必须采取行动增加生存的可能性。

古典主义学者简·艾伦·哈里森论述说，人类在极少情况下必须采取行动以缓解忧虑或悲伤，甚至会像动物一样拳打脚踢，大声嚎叫。这种无意识的古怪情绪反应很可能就是最早期仪式的基础。但是，要成为仪式，个人的爆发性表现就得正式化并被他人效仿。[25] 一位女性的配偶被敌对部落的一位男性杀死了，她可能会胡乱地伸出胳膊，攥紧拳头，用力往外推。她的朋友可能会模仿这一动作，并将其改进和修饰，用胳膊画出弧线，做清扫状。两位愤怒的女性会一起做出上述动作，相互回应。一开始单个女性表达深层情感的精神需求变成了两位女性的舞蹈；其他人被她们的情绪所感染，会加入跳舞的行列，竞相模仿，各自的跳舞欲望纷纷爆发。几声朗朗上口且具有抚慰作用的悲叹，被大家重复、拓展，并在最后加上了高音或低音进一步强调，于是，带有呜咽声的悲叹就变成了寻求复仇的歌曲。

一些舞蹈和歌曲的组合，进一步发展，可能就形成了最早的仪式。米森注意到，猴子用来平息冲突、表达情感的方式含有节奏感和旋律感。他提出，早期人类可能就是将这种习性加以改进，以强化无助的婴儿和母亲之间的纽带的。[26] 就像现代世界各地的人一样，我们的祖先也发现有节奏的运动、音乐，以及由协调一致的举动锻造出的社会团结性具有抚慰功能，哪怕运动、声音和突然事件没有直接联系或逻辑联系，抚慰功能依然存在。[27]

仪式不仅具有修复性，而且可以用来改变悲惨的境况，因为其实质就是"用行动表现的美好梦想"。我们会把希望发生的事情表演出来。大家都会很自然地这么做，比如十几岁的孩子驾车，加速朝停车标志冲去，如果这时我们坐在车里，脚就会做出踩刹车的动作；看到保龄球朝球道的边槽滚去，我们也会忍不住向球道中间倾身，试图将球引导过来。

进入 20 世纪后，魔舞在欧洲很常见。为了让大麻长高，特兰西瓦尼亚的农民会在田地里高高跳起。为了增加亚麻的长度，德国和奥地利的农民会跳一种舞或直接从桌子上往后跳。马其顿的农民在田地里播种完之后，会把铲子抛向空中，捡起之后，会大呼："愿铲子多高，庄稼就长多高。"[28]

还有一点几乎可以确定——过去的成功也会引发仪式。捕猎成果丰硕或赢得了战斗，骄傲且开心的猎手或战士就会将他们的经历重新表演给围在篝火周围欣赏他们的人群。但是，既然不是每次捕猎、每次战斗都会有良好的结局，为什么不在冒险开始前就用行动表现这样的美好梦想呢？于是，人们不再等着成功捕熊回来之后，像熊一样跳舞以示庆贺，而是在捕熊之前就像熊一样跳舞，以确保猎手们不会空手而归。

祭品和死亡仪式

唱歌、跳舞以及象征性的预设行动似乎对于让愿望成真有一定的帮助，但是，如果遇到更加困难的境况，有时候就得需要更加极端的行动了。考古学家提出，包含圣水、酒、多汁食物、神圣动物甚至人在内的各种有象征或者实际价值物体的祭祀仪式，即使不是全部，也可能是大部分早期文化的重要组成部分。如果猛烈的暴风雨或洪水毁掉了村庄，我们的祖先就会认为，诸神（他们想象的监管并控制着自然世界和超自然世界的人格化的存在）被他们惹生气了，他们做了错事。如果诸神生气了，就会让洪水暴发，惩罚他们，以避免更多人死亡。在古代，人们相信诸神和他们有着类似的愿望和感情，鉴于此，他们就会把有价值的物品献给诸神，以示道歉和谦卑。

祭祀从根本上来说是一场交易：如果诸神善心大发，让他们的捕猎大获成功，且给他们送来了健康的孩子，那么以善报善，同时增加以后获得诸神相助的可能性就是唯一妥当的行为。用大量有价值的物品做祭祀也象征着力量和权势，通过祭祀仪式履行和诸神交易中自己做出的承诺，人类因此获得了对生与死的控制感，他们会觉得，神灵不仅会保护他们的今生，还会在来生欢迎他们。"用活物做祭祀，"贝克尔解释说，"为生命之流增加了可视的生命力量……祭祀是和看不到的世界进行恳谈的一种方式，为力量之流画个圈，架座桥，让其能够通过。"[29] 祭祀是用少数人的死亡换取更多人的存活。

早期人类注意到，植物和动物会在一年中不同的时间出现和消失，因此，季节性的仪式应运而生，有些是为了迎接新生，有些是为了阻止死亡。比如，在信仰基督教之前，欧洲的五一节活动是为了庆祝来年的庄稼已经种好。小男孩或小女孩会把发满了芽的树枝带到村庄，为其注入盎然绿意和生命的灵魂。在德国中部的图林根州，有一种"赶走死亡"的仪式，按照传统，仪式会在 3 月 1 日举行。孩子会给做的稻草人穿上旧衣服，然后将其扔到河里。之后，他们回到村庄，就会得到鸡蛋以及其他食物奖励。在波西米亚，孩子也会将类似的稻草木偶带离村庄，然后用火烧掉。烧木偶的时候，孩子们会唱，"我们把死亡带走了，我们把生命带回来了"。[30] 这些仪式并非为了娱乐，而是关乎生存。

死亡仪式尤其重要。加纳的芳蒂人就是很好的例子。成年男性死亡，要由死者家族中母亲一方最年长的在世男性（abusuapanyin）正式宣布，然后他呈递给死者家族父亲一方的首领（supi）一杯"通告酒"。"supi"接过"通告酒"，召唤鼓手头领（kyerema）向群落全体成员宣布这一消息。死者家庭中父亲一方的所有男性聚集在一起，详述死者的成就，制定葬礼的细节。同时，在"abusuapanyin"的监督下，他们给尸体沐浴、更衣，整个过程在死者的家里郑重进行。然后，"kyerema"带领一队男性到死者家里，念悼词，在棺材上覆盖旗子。葬礼当天，有唱歌、跳舞、击鼓、奠酒等环节。葬礼结束八天后，确定之后附加仪式的具体日期，确保死者加入他们祖先的行列，成为宇宙原始力量和在世亲人之间和善的中间人。[31]

纵观历史，直至今日，通过这样的仪式，人类学会了忍受失去深爱之人的痛苦，并减缓了对自身死亡终将到来的恐惧，只有这样，日常生活才能继续下去。[32]

仪式是人类文化的行为根底，是人们用行动表现美好梦想的体现，它支撑着我们继续生活，赋予我们阻止死亡、控制宇宙的力量。它确保我们在爱和战争中获胜，并决定了我们的身份。如果没有通过仪式宣布成年，你就不算真正的成年人。仪式决定了具体的婚期。如果没有正式的仪式主持者（医生、验尸官或牧师）宣布，你就不算真正死亡。如果生活某一方面出了差错，我们也会有释放的出口：之所以出问题，是因为愿望或祈祷不知怎么回事被弄错了，偏离了正轨。在某些仪式上，我们一定有过不当行为，因此，我们需要在已有的仪式上增补一步，或另设新的仪式。因而，仪式通过取代自然过程，给了我们控制自然过程的幻觉，帮助我们克服了关于存在的恐惧。

艺术与超自然

1994 年 12 月的一个星期天，傍晚时分，三位周末洞穴勘探者兼业余考古学家——艾利特·布鲁内尔（Eliette Brunel）、克里斯蒂安·伊莱尔（Christian Hillaire）、让·马里·肖韦（Jean Marie Chauvet）在法国南部的阿尔代什峡谷勘探洞穴。他们碰巧发现了一个山洞的入口，然后开始在周围挖掘。突然，他们感到一股轻微的气流从山洞里涌出。借助烟雾，他们发现了有空气流出的小洞，然后慢慢将其挖开，让小个子女人布鲁内尔爬进去。布鲁内尔在地上发现了另一个更大的洞。男士们把岩石挪开，也爬到了洞里，和布鲁内尔一起把绳梯送进了更大洞穴的入口处。沿着绳梯往下爬了 9.14 米，他们发现洞里空间很大、很潮湿，洞顶是穹形，且有石笋垂下。他们拿着手电筒往四处照了照，结果，眼前的一切让他们惊呆了。

洞穴四壁全画满了漂亮的图案，图案上是奔腾的短鬃骏马。图案准确地应用了炭黑、棕黑和赭石色等色调，用手电筒一照，立刻有了三维立体效果。一群狮子在追捕一群惊慌逃跑的野牛。凸凹不平的石灰岩墙壁上，还有犀牛、熊、狮子、长毛象等各种恐怖的野兽在跳舞，一个个形象让人浮想联翩。在洞穴一角，画的似乎是一位女性，黑色的阴部裸露着，直接坐在了勃起的阴茎上。在地板上，他们发现了人类的赤脚脚印，以及现在已经灭绝的动物的残骸。

如今，该岩洞被称之为肖维岩洞，里面 300 幅左右绘制和雕刻的壁画，大约创作于距今 3 万～3.2 万年前，是世界上已知最古老的洞穴壁画。[33] 当时的艺术家熟练地运用墙壁的起伏，并将其体现在作品当中，因此，马匹以及其他动物看上去就像伸长了脖子，肌肉感十足。"深入研究，我就会觉得自己面对的是一位了不起的艺术家的作品，"法国史前艺术的权威人士让·克洛特（Jean Clottes）如是说，"感觉就像发现了一位大家不知晓的列昂纳多·达·芬奇的作品。"史前时代和我们今天一样，了不起的艺术家都是凤毛麟角。[34]

肖维岩洞给人一种极其壮观的感觉：我们是在借助最早的祖先的眼睛观察这一切，那个时候，有记载的人类历史远远没有到来。一些澳大利亚的土著参观者到达肖维岩洞观看洞内的艺术作品之后，认为这些艺术作品一定有非常重要的仪式功能。考古学家大卫·刘易斯－威廉姆斯（David Lewis-Williams）说，洞穴艺术总体上（即洞穴和洞穴内艺术一起）描绘了宇宙，由超自然的、超越死亡的空间构成，代表了人类意识的不同状态。[35]

和我们一样，我们的祖先也会发现，云有时候看起来像马、鸟、熊、兔子，而月亮上似乎有张脸。在仪式性的击鼓、吟唱和跳舞的帮助下，他们找到了新的感觉：拼命吟唱、跳舞，直到疲惫不堪，这时就会出现一种极度兴奋的状态。服下精神药物，他们会产生幻觉。在无法用科学做出解释的情况下，我们的祖先是如何理解这些异常的、神秘的、奇妙的、可怕的经历和感受的呢？为了寻求解释，他们只得向巫医求助。这些巫医很可能自身就是艺术家，或指挥着艺术家，就像教皇尤利乌斯二世指挥米开朗琪罗一样，绘制出了肖维岩洞或其他洞穴里的宇宙万物的形象。

在这些形象中，人们大多可以看到尘世的范围，绘制的往往是平常清醒意识状态下人们的经历。在这之下，还有一个漆黑的充满水的阴间，以突然消失、坠落的梦境或幻觉为基础。上方是神灵的天国，绘制着各种飞翔或者飘浮的形象。洞穴艺术会反复使用点、平行曲线，有不寻常的奇怪动物形象（比如一部分是人，一部分是动物的怪物），还有腾空而起或看上去就像从岩石表面跳跃而出的动物。墙壁上有祖先的手印，似乎在说，"我们曾经存在过"，鼓励着参观者跟随这些手印去另一边的精神国度。在洞穴中一路迂回前进，观看着醒目的壁画，有时还有歌唱或吟诵，刘易斯－威廉姆斯觉得，我们的祖先"将物质性赋予其中（即超自然），从宇宙的宏观角度将其准确定位，超自然绝不仅仅存在于人的思想和头脑之中"。[36] 参观这样的洞穴，人们可以在时间和宇宙空间"遨游"，可以体验超越死亡的超自然领域。

的确，最近的研究已经证实，类似的超自然的异常行为体验有助于控制有关存在的恐惧感。考虑到自身的死亡，人们会更多地幻想自己可以飞翔。不仅如此，如果被提醒死亡终至的人想象自己在葱翠的山上飞翔的情景，意识中死亡的阴影就会减少。[37]

和仪式一样，艺术通过向人们展示超自然世界的具体符号[38]，使"不可信的"成了"可信的"。乔治·萧伯纳（George Bernard Shaw）深思之后，曾这么说："没有艺术，现实的粗陋会使世界变得让人无法忍受。"[39] 用艺术描绘超自然，是所有已知文化的一个特征，也是构建并维系现实之超越死亡的超自然构想的根本。[40]

哥贝克力石阵的神秘之处

在绘制洞穴壁画几千年之后，人类又开始建造纪念性建筑。在已知的这些建筑中，最古老、最具吸引力的当属土耳其东南部的哥贝克力石阵。这在当时实属建筑领域的奇迹，且对古人而言，有着预示死亡和来世的重要内涵。大约在 1.2 万年前，狩猎采集者用石头在一座山上摆出了 7 个同心的圆圈。该地有一系列摆成圆形的雕塑石柱，和巨石阵很相似。20 根石灰岩石柱呈 T 形，每根的高度大约在 9 174 米，上面细致地雕刻着精美的立体动物形象，有野猪、狐狸、爬行动物、狮子、鳄鱼、秃鹰、昆虫、蜘蛛等。就时间而言，这些巨石结构比车轮和农业的发明还要早。

哥贝克力石阵的石柱

尽管考古学家并没有在哥贝克力石阵发现人类居住和开发的痕迹，但是，在秃鹰翅膀的遗骸中，他们确实发现了人骨（在雕塑的动物形象中，秃鹰尤其突出）。骨头上涂着一层赭石涂料，看上去像是葬礼仪式的残存物。挖掘者还发现了一幅裸体女性及一幅围绕着秃鹰的无头尸体的雕刻图。

每根雕刻的石柱重量在 10～20 吨，因此，考古学家认为，从劈砍、拖拽，到将石柱竖起，至少需要 500 位工人。他们是如何完成这一史前建筑的惊人壮举？人们为什么要建造哥贝克力石阵？如何动员这些人，如何给他们提供餐食？石柱和雕刻的动物是什么意思？我们该怎么理解这一奇怪的地方呢？

在对哥贝克力石阵进行研究并考虑到根本没有农业和居住者这一明显特征之后，德国考古学家克劳斯·施密特（Klaus Schmidt）提出，石阵是死亡祭仪的中心，死者被放在诸神和死后的灵魂中间，刻在石柱上的动物负责保护死者。"先有寺庙，而后才有城市"施密特总结说。在这之前，科学家也提出过假设，认为人类的发展进程建立在获取食物的基础之上——在从狩猎采集者进化成农民的过程中，人们不断对植物、动物进行驯化，而后在集体农场的周围建立了城镇和城市。哥贝克力石阵的发现对这一假设提出了质疑，表明促进建筑进步的是死亡这一问题，并非出于对实际问题的考虑。这些宗教古迹先于农业而出现，甚至对刺激农业的发展有一定的帮助。

另一处附近的考古遗址名叫恰塔霍裕克，可以进一步佐证这一观点。研究表明，9000 年前，即比本土农业的出现还早 1000 年，大约有 1 万人居住在这一地点。[41] 恰塔霍裕克的居民聚居在一起，他们的房子建造得精美别致，用的是泥土和砖，形似公寓，聚在一起呈蜂窝状。他们也有一些有趣的葬礼习俗。人类学家发现了无头的骷髅，头骨上也涂有赭石涂料。另一点很有趣的是，这一考古地点也有雕刻的秃鹰图案，即哥贝克力石阵最为显著的图案。

很明显，所有这些都与大家广为接纳的观点相违背——人类从小群体的半游牧狩猎采集者转变成大规模的永久性城镇居住者，是农业发展的结果。[42] 正如施密特所猜测的那样，事实很可能相反。在为仪式或因宗教目的而造的建筑物中或其附近居住，可能会鼓励人们学会耕种，如果继续更为流动的生活，耕种就不会那么容易出现。

还有一种可能，葬礼上的行为无意间促进和激发了农业的出现。按照这种解释，科普作家和小说家格兰特·艾伦（Grant Allen）于1897年在《神的观念之进化》（*The Evolution of the Idea of God*）一书中提出，挖掘坟墓起到了犁地的效果，杂草因此被锄掉了。把最好的谷物（还有其他陪葬品）与尸体一起埋在地下，就是最早的播种行为；尸体腐烂之后，或许碰巧成了谷物的肥料。第二年，坟地便会长出新的植物，人们可能会把这一好运归功于祖先或他们相信的诸神。最终，他们才明白，没有尸体，只有种子，也足以长出食物。[43]

现有的证据能够充分说明，围绕死亡和来世举行的仪式使人们大规模地聚集，同时也带来了骄人的技术发展，这既有利于耕作，也有利于更大规模定居和更少流动性生活方式基础上的其他文化进步。

神话和宗教

语言刚产生时，比较粗糙，具有一定的社会功能。随着演化和发展，我们的祖先开始用语言提出如下问题："我是谁？""我从哪儿来?""生命的意义是什么?""我到这儿之后要干什么?""我死后会怎么样?"这些问题只有具有自我意识的生物才会提出,也必将提出,因此,用叙述性的语言描述现实的超自然概念便成为可能和必需。和艺术及仪式一样,神话给灵魂或长生不老等抽象概念提供了具体形式。认知心理学家梅林·唐纳德(Merlin Donald)认为,复杂语言的原始功能,可能是创作神话,而非回答诸如"我该怎么给山羊挤奶"之类的实际问题。[44]的确,在所有人类社会中,即便最原始,技术最落后,它们也有关于宇宙结构、解释死后状况的复杂创世神话和观点。

美国新墨西哥州格兰德河流域的特瓦族印第安人就说,他们的祖先最初和神灵及动物一起住在北方桑迪湖的下面,那里很黑,且他们永远不会死亡。最初孕育特瓦族人生命的是两个神灵——近乎夏天的蓝色玉米女子和近乎冰的白色玉米少女。这两位神灵让一位男性到地面上来,为大家寻找出路,离开湖下的世界。这位男性来到"上面"之后,首先遭到了猛禽和猛兽的袭击,但很快,他就和猛禽、猛兽成了朋友,它们给了他武器、衣服,让他以首领的身份回到"下面"。

一回到"下面",他就设立了夏季首领(蓝玉米)和冬季首领(白玉米),并把人们分给了两位首领。特瓦族人分别在两位首领的带领下,来到了湖上,并沿着格兰德河两岸一路向南,到了他们的故乡。在这一史诗般的行程中,他们一共停下了12次,定期回到湖里以及周围神圣的山上做朝拜。死后,特瓦族人会回到神灵身边,快乐地生活在"永远有蝉鸣"的地方。[45]

神话为仪式提供了叙述性的正当理由,经艺术装饰之后,便形成了宗教,继而约束社会行为的方方面面。[46]宗教从目的和道德层面叙述了生命的概念，认为人的灵魂可以超越肉体的死亡而存在，并在此基础上描绘了人与人应该如何相处，如何对待彼此。借助宗教，我们的祖先（其实我们今天依然如此）获得了社群意识、共同的现实感、世界观，如果没有这些，大规模相互协调和配合的群体活动就很难，甚至不可能持续。

社会学家埃米尔·涂尔干（Emile Durkheim）和进化生物学家戴维·斯隆·威尔逊（David Sloan Wilson）提出，宗教之所以产生和发展，唯一的原因就是促进了社会的凝聚和协调。[47]科普作家尼古拉斯·韦德（Nicholas Wade）总结了这一观点，称"宗教行为一步步发展只有一个原因——推动人类社会的继续生存"。[48]宗教固然有助于支撑现有的社会结构和人际纽带，但我们相信，真正使它成为社会黏合剂的首先还是其精神上的吸引力。简言之，这些精神信仰体系之所以繁荣，是因为它们平息了和存在有关的恐惧感（在下一章我们会给出这一观点的论据）。

跨越"令人瞠目结舌的鸿沟"

仪式、艺术、神话和宗教很可能是相继产生的。不过，一旦产生，就会相互协同，同时起作用，至今仍然如此。神话为超自然提供了叙述性的解释；艺术和仪式将神话具体化，是神话的表演形式。综合来看，它们又是文化世界观发展以及成为人类生活核心特征的基本要素。

和目前对宗教的认可相比，过去仪式、艺术、神话和宗教在人类的各种事情中扮演的角色要重要得多。很多进化理论学家都认为，艺术和宗教不过是其他毫无适应意义和持久价值的认知适应的副产品，可有可无。[49] 这种观点显然不对。这些人类独创性和想象力的产品对于早期人类来说至关重要，他们可以借此应对人类独有的问题——对于死亡的意识。各种文化中都普遍存在的对于永生的追求阻止了恐惧和绝望。因此，人类的农业、技术和科学并非与仪式、艺术、神话、宗教无关，相反，正因为仪式、艺术、神话、宗教，人类才发展了农业、技术和科学。精神分析学家苏珊·艾萨克斯（Susan Isaacs）写道："现实思考和幻想思考发展到成熟阶段之后是完全不同的心理过程，没有幻想思考的相伴和支持，现实思考就无法运行"。[50] 不考虑为死者准备身故后使用的陪葬品，追求无极限思想的微积分就不会产生；没有牙仙子，可能也就没有牙科学。

认知能力让我们的祖先有了自我意识，大规模群居、想象并创造复杂的工具、计划并执行周密的狩猎和觅食行动自然也不在话下，同样，认知能力也让人对死亡的意识产生了潜在的麻痹感。思想中的这种麻痹感是应对灭亡的良方，因此，早期人类并没有屈服于关于存在的绝望感，而是将自己置于超凡、卓越且永恒的中心。心理上获得了仪式、艺术、神话、宗教给予的保护感和永恒感，我们的祖先才能充分利用其复杂的思维能力。[51] 他们充分调动思维能力，创造了最终将我们推向现代世界的信仰体系、技术和科学。

真实的永生：物理永生的追寻

历史的魅力和它神秘的发展历程在于：历经世
世代代，没有什么改变，然而一切又完全不同。[1]

——阿道司·赫胥黎，《卢丹的恶魔》

《吉尔伽美什史诗》的第 11 块泥板

世界上最早用文字写成的故事是被刻在泥板上的。它来源于古老的苏美尔人的一首叙事性史诗，讲述了人类对死亡的极度恐惧，以及由此产生的对永生的渴求。它的内容如下：

吉尔伽美什（Gilgamesh）是一位年轻而富有活力的国王，他统治着乌鲁克城（Uruk）——这个古老的城市距离哥贝克力石阵和恰塔霍裕克古城不远。他强壮、英俊、狂妄自大、充满激情，却凭借权势，抢男霸女，害得当地人民苦不堪言。苦难中的人们祈求天上诸神拯救自己，制裁这个肆意妄为的年轻国王。于是，天神就创造了一位狂放粗豪、身材魁梧、异常强壮的勇士恩启都（Enkidu）来与他搏斗，吉尔伽美什和恩启都陷入了激烈的争斗中。结果吉尔伽美什略胜一筹，但两人却又惺惺相惜，都佩服对方的勇敢和技巧，于是这两人迅速结为好友。

随后，吉尔伽美什和恩启都一起踏上了冒险的旅程。在冒险途中，吉尔伽美什拒绝了象征爱与美的女神伊师塔（Ishtar）的求爱。伊师塔恼羞成怒，派天牛去实施报复。两人公然违反天神的法律，杀害了这只神圣的灵物，还对女神大放厥词、肆意辱骂。天上的众神为了惩罚他们，裁定恩启都必须死。在逝世之前，恩启都身心都遭受了巨大的痛苦。拥有不逊于自己的力量甚至有可能胜过自己的朋友死去了，这给吉尔伽美什带来了毁灭性的打击，在某种程度上，他意识到自己的命运也是如此。他在沙漠里到处游走，哀伤痛哭："我如何才能安心？我怎样才能平静下来？我的心里满是绝望。我兄弟现在的样子，就是我将来

死去时的样子……我害怕死亡。"²

对死亡的恐惧让他痴迷于追求永生。于是，吉尔伽美什开始寻找不死神乌塔那匹兹姆（Utnapishtim），乌塔那匹兹姆曾经在远古的一次大洪水之后被诸神赋予了永生的能力。历经千辛万苦，吉尔伽美什终于找到了乌塔那匹兹姆，他承诺如果吉尔伽美什可以连续六天七夜都保持清醒，他就说出关于永生的秘密。可惜的是，历经一路艰辛，吉尔伽美什精疲力竭，最终他昏睡了过去，没有达到乌塔那匹兹姆的要求。然而，他又从乌塔那匹兹姆那里了解到：有一种生长在海底的仙草可以使人重获青春，于是他毫不犹豫地跳进大海里，最终找到了这个长生不老的灵药。他决定将灵药带回乌鲁克城，跟城里的老人们分享。但是在途中，当吉尔伽美什在冷水泉中洗澡时，他千辛万苦找到的仙草被一条贪婪的蛇吃掉了。于是，他的冒险旅程一无所获，又回到了原点。

有些旧石器时代的墓葬设计十分精巧，而且带有奢侈的陪葬品。这表明我们最古老的先祖就满怀着死而复生的愿望。《吉尔伽美什史诗》至少可以追溯到 5000 年前，据说它对《圣经》的旧约部分产生了重要的影响。在 16 世纪中国画家唐寅（唐伯虎）的名画《梦仙草堂图》中，一位贤士昏睡在桌前，在梦中幻想着自己成为了仙人，在大地之上飞行。21 世纪的"永生研究所"（Immortality Institute）宣称：该机构建立的宗旨就是要"战胜自然死亡"。

当谈到"超越死亡"的方法时，我们发现过去的 4 万多年里，人类在这一点上几乎没有发生什么太大的变化。"超越死亡"的愿望世世代代都在困扰着人们——无论是智者还是凡人，是大人物还是小人物。人们想出了许多天才的方法来谋求永生，此类方法不断产生，并延续了下来，还有一些甚至是近现代人发明的新办法。所有这些尝试都只是为了一个目的：否认死亡是不可避免的，或否认死亡是我们存在的终结，以此来减少人们对死亡的恐惧。

从历史角度来看，一直以来，人们都在用两种常常相互重叠的方式来追求永生。一种是"真实的永生"，这种"永生"试图让人们相信：人们可以在生理上长生不老或者人死后身体和灵魂中的某些重要部分还可以延续下去。人们可以通过精神途径来追求"真实的永生"，即相信死后的来世和灵魂不灭等。同时，人们还可以通过科学途径来追求"真实的永生"，最初是古代的炼丹术，后来则有现代的"时光逆转"和"死后重生"等方面的技术，比如人体冷冻术等。

另一种实现"永生"的途径则强调：人的死亡是不可避免的，生命是不可延续的，但是在人死亡之后，他的身份和名誉或者是生命中留下的精神和物质财富，都将继续存在于这个世界上——这就是"象征性的永生"。它可以给人以希望，让我们相信在最后一次呼吸结束后，我们留在这个世界上象征性的残余物会成为永恒存在的一部分。[3]

为了充分了解21世纪的人们应对生存焦虑和死亡恐惧的方法，我们首先要简单回顾一下人类历史上追求永生的最早方式，看看这些方式是如何随着时间逐步发展的，一直到我们现在"超越死亡"的方式。

视死如视生

无论在任何时代、任何国家的文化中，人们一直都相信自己有可能欺骗死亡，并希望通过各种非常手段来达到"死后继续活着"的目的。中国的贵族们深信着"视死如视生"的原则，在他们死后，他们的仆人、工匠、妻妾和士卒都要陪葬。[4] 这种传统在秦始皇统治时期一直延续着（公元前 221 年—公元前 210 年），这位帝王是第一位统一中国的皇帝，也是万里长城的建造者。秦始皇一生都致力于追求永生和永久的统治。为了达到这个目的，他费尽心思设计和修建了一个规模异常宏大的墓穴。整个秦始皇陵建于一座高山般的封土堆下，这座巨大的地下宫殿体系动用了 70 多万劳工，修建了整整 36 年。比起早期的贵族们，秦始皇则显得更仁慈些，他并没有用活人殉葬，但是他却在地下埋了整整一支真人大小的陶俑军队来保护他——里面既有士兵俑，也有战马俑——这就是著名的秦始皇陵兵马俑。整支陶俑军队被精确地安放、排列在一个个不同的陪葬坑里，来保护整个陵墓。陶俑士兵们驾乘着战车，配备着弓、箭、矛、刀等武器装备。除了军队以外，陶瓦制成的仆人和官员等也一同被埋葬进去，来辅助秦始皇在地下继续处理国政，还有杂技演员和乐师供皇帝娱乐，亦有赏心悦目的花园和水鸟来取悦他。[5]

众所周知，古埃及的法老们都曾经狂热地追求"死而复生"的梦想，这种痴迷的追求从大约公元前 3000 年到公元纪元的开始，一直持续了 3000 年左右。古埃及人对重生的信仰与正义女神玛特（Maat）有着很大的关系，玛特可以让太阳每天东升西落，还能控制尼罗河洪水每年定期泛滥，河水带来的泥沙可以让埃及的土地变得更加肥沃。玛特可以使死去的人在另一个世界获得重生。然而，日出日落、洪水泛滥和退去、死亡和重生，这些循环都必须通过善良的天神、古埃及国王及其臣民们的共同努力才能维持下去。每一次日落都象征着太阳神的一次死亡，然后他会在一场没有尽头的旅行中走向一个黑暗的地下世界。如果他能够克服一路上的种种艰辛，第二天，伴随着冉冉升起的太阳，他便会获得重生。再一次黑夜的旅程成就了又一次的新生。

秦始皇陵中的兵马俑景观

为了完成他们的再生之旅，古埃及的王公贵族们死后会被埋进我们所熟知的高大金字塔之中，一同被埋葬的通常还有跟真船一样大小的木船——据说这是具有魔力的交通工具，可以供墓主人在阴间往来使用。此外，还有衣物、家具、梳妆用品、食物，尤其是提供营养的饮品和神圣的器物（包括男神和女神的雕像以及有庇佑之用的珠宝等），还有一本被称为《亡灵之书》(*Book of the Dead*) 的葬礼典籍，它描述了阴间世界的格局、潜藏在这里的恶魔以及驱逐恶魔的方法。[6]

通往冥界的旅程首先要在审判大厅停留。在那里，生前遵守正义之神玛特所制定的法则的人将会得到永生，而其他人则会在毁灭之地被巨蛇似火一样的呼吸所焚化。法老佩皮一世（King Pepi I）（公元前

2300 年左右）坟墓的铭文里描述了如何成功地通过考验到达永生的境界，其中有一段文字这样写道："站起来，你还没有死去，你的生命力将会永远存在于你的身上。""我以一个活着的灵魂的模样在白日现身。我内心渴望着永远生活在活人的土地上。"[7]

上述古苏美尔人、古埃及人和古代中国人的做法都是长久以来人类追求永生历程的缩影。然而桑义赫群岛（Sangir）上远古墓葬的陪葬品和哥贝克力石阵的纪念碑却表明：我们更早一些的远古祖先们一直都在追求"超越死亡"。我们已经清楚地发现：自从人类发明了文字之后，人们才开始非常执着于追求"永生"。

尼采曾经宣布"上帝死了"，但是他的这个著名宣言对于 21 世纪的美国人来说却仍然为时尚早。2007 年，"皮尤宗教和公共生活论坛"（Pew Forum on Religion and Public Life）发起了一项调查，超过 35 000 名美国人参与了此次调查。调查结果显示：超过 92% 的人相信上帝的存在。2/3 的人认为他们信仰的宗教典籍就是上帝的话语。74% 的人相信天堂和来世。超过 2/3（约 68%）的人认为天使和魔鬼仍然在这个世界活动着。79% 的人相信现代社会像古时候一样，奇迹仍会降临。[8]

宗教信仰的确能够起到减轻人们死亡焦虑的作用。对上帝的坚定信仰往往可以促进精神健康，并减少死亡恐惧。[9]此外，在意识到死亡的必然性之后，人们往往变得更加虔诚，也更加坚定地信仰上帝。死亡命运的警醒让人们更加坚信上帝的存在，并且相信上帝会对我们的祈祷做出回应。这也使人们对超自然现象更加感兴趣，也更愿意相信超自然现象[10]（这种现象对无神论者来说也同样成立。实验结果表明：在想到自己必然死亡的命运之后，无神论者也更愿意把"真实"这个词语跟"上帝、天堂、天使、奇迹"等词语联系在一起。心理学家使用这种测试手段来测试人们潜意识的宗教信仰）。[11] 此外，当虔诚的人们想到自己的宗教信仰，他们思考关于死亡的问题时往往不会激发各种心理上的防御机制。[12]

灵魂简史

在人类历史上，所有追求"真实永生"的信仰体系和理论系统中，最为普遍的一个概念就是"灵魂"。奥托·兰克提出：灵魂是人类最早、同时也是最富有智慧的发明之一，它让人们认为自己不仅仅是一种肉体的存在，借助于灵魂的永生就可能避开肉体的死亡。兰克作品的译者这样说："'灵魂'这一概念的产生是不可抗拒的心理力量猛烈碰撞的结果，它是由我们渴求永生的愿望与我们不可避免的生物学死亡之间的碰撞和矛盾催生的。"[13] 灵魂的存在不受肉体生命的限制，所以它不仅是人们可以想象到的，同时也比"死亡毁灭一切"的思想更受人们的欢迎。纵观历史，无论何时何地，人们大多相信灵魂的存在——只不过在不同时代和不同地区，人们对灵魂特性的认识差异很大罢了。

对于一些人来说，灵魂的本质是物质性的，它有大小、有重量，也许是一个真人大小的影子，也许是一个按比例缩小的人像。对于其他人来说，灵魂是非物质性的，但也是完全真实的。在一些文化中，只有人类才能拥有灵魂。而在另外一些文化中，人类和所有生物都具有灵魂。还有一些文化认为一切生物和矿物都有灵魂。在一些文化和宗教信仰中，灵魂可以完全独立于肉体而存在，它们来去自如，并经常在梦里以仪式的形式出现，给人以特定的精神体验。而在另外一些文化中，灵魂在某种程度上是与肉体相联系的。当肉体死去时，灵魂也随之分离——要么是完全分离，要么是部分离开肉体——这取决于不同文化对肉体与灵魂之间关系的解释。在一些文化中，人们认为灵魂可以成为独立的超物质存在，另外一些文化则认为灵魂会汇集到祖先的"灵魂之海"中去，还有一些文化则认为灵魂可以转生为其他形式的生命，亦有别的文化认为灵魂会和它原来的肉体重新结合在一起，并获得新生。[14]但是，无论各种文化对灵魂的描述如何不同，所有这些关于灵魂的概念似乎都让"永生不死"的梦想在理论上变得可能，因为根据这些宗教文化理论的观点，灵魂是可以跟人的肉体分开的。

在人类的历史上，一些杰出的智者曾经尝试用逻辑和推理（而不是宗教信仰）来让自己和别人相信灵魂是永恒的。例如，苏格拉底给世人留下了关于灵魂永恒的四个非常合理的论点：

1. 一切事物的产生都依赖于它的对立面。热的东西冷却下来就成了冷的，冷的东西加热之后就成了热的。这也就暗示了死来源于生，而生源于死。死去的人之前曾经活着，同样的道理，活着的人之前也死去过。这就表明灵魂先于人的出生而存在。

2. 婴儿出生时，在没有任何先前经验的情况下就拥有一定的知识和本领。这就证明婴儿在出生之前就已经有了灵魂，而灵魂向这个新生命传达了必要的知识和信息。

3. 世界上有两种独立存在的实体：有形的和无形的。任何可以看得见的有形事物都是容易腐朽的，并且会随着时间的推移而改变，但是无形的事物却是纯粹和不可改变的。肉体是可以看见的有形实体，因此它会随着时间的流逝而渐渐衰老并死去，而灵魂是看不到的，所以它必定是不可改变和永恒的。

4. 世界上的一切事物都是由我们触摸不到的、静止的"理念形式"产生的。这种理念形式以前一直存在，将来还会一直存在下去。譬如，轮子是"圆形"这个理念形式的具体体现，四是"偶数"这个理念形式的具体体现。世界上有各种各样的轮子和数字，但是"圆形"和"偶数"这两个理念形式却永恒地存在着。与之同理，我们身体的活动是由灵魂主宰的。作为生命之源，灵魂在肉体死后仍然存在着。

17 世纪欧洲著名的科学家、数学家和哲学家笛卡尔在几千年后也进行了同样的思考。1641 年，他的《第一哲学沉思录》首次出版的时候，为了避免人们对此书的意图产生疑惑，他把这本书的副标题叫作"上帝存在和灵魂永恒的证明"。

在此书的一开始，笛卡尔就声明，唯有确定无疑的观点，他才认为可能是正确的。任何存疑的观点，不管是什么，他都会当成形而上学的垃圾抛弃掉。为了得出最终的结论，他进行了一系列论证，来质疑人们通常所理解的"现实"这一概念的真实性。

笛卡尔特别提到，外在的世界看起来似乎是真实存在的，但是我们在梦境里也会看见各种生动的场景，然而清醒后才会意识到那些只不过是幻象而已。那么，我们怎样才能知道：在我们清醒的时候，我们所观察到的世界是真实的，而梦境里的景象则不是真实的呢？也许，笛卡尔的言下之意是说：世界上不存在客观的"现实"。由于现实的概念未必是真的，那么它也要被扔进垃圾堆里。

同时，笛卡尔还提到，我们的身体看起来似乎是真实存在的实体，但是被截肢者还常常会感到自己四肢传来的感觉，尽管他们的肢体早已经被切除。考虑到这些证据，人类又怎么能够确定他们的身体是真实存在的呢？或许身体也只是一种幻象。拥有身体的这种想法也未必是真的，所以他也抛弃掉了这种观点。

在此基础上，笛卡尔意识到，他唯一能够确定无疑的事情就是他"正在怀疑"。如果要怀疑的话，人必须首先进行思考，要进行思考，那么首先必须有会思考的人存在。所以，思考让人类变得真实——这就是所谓的"我思故我在"（I think, therefore I am）。但是，思考的过程不一定需要肉体，因为肉体的真实性在上述推断中已经被质疑和推翻。思考的确需要借助于某些东西，但是一个脱离肉体的思想或者灵魂就可以进行思考。因此，笛卡尔总结道："肉体的腐烂并不意味着思想的毁灭。"[15] 所以，灵魂会永远存在——至少对他来说是如此。

不仅对于笛卡尔是这样的，对于灵魂的信仰一直以来都在世界各地普遍存在着。在 21 世纪，几乎 3/4 的美国人都坚信：在某种程度上，他们拥有着一个永生不灭的灵魂。

祈求长生的炼丹术

除了灵魂之类的精神信仰以外，古代人也试图通过世俗的途径追求永生。很多地方的人们都有这样一种观念：他们相信世界上有某个地方可以让人类获得永生，或者至少能够活很长一段时间。对希腊人来说，这个地方就是神话中的"幸福岛"（Isles of the Blest），它位于大西洋，上面居住着一个半神的种族，岛上的居民从来不知道悲伤和痛苦。波斯人渴望找到"伊玛之地"（Land of Yima），据说这块令人长生不老的土地在北方和地下。欧洲古代的日耳曼人则认为，在他们领土的北方，有一块"活人之地"（The Land of Living Men），居住着一个长生不老的巨人种族。除了这些"永生仙境"之外，人们还试图寻找可以让人长生不老的东西，比如说仙果或有魔法的植物种子等。古代印度传说中有一棵神奇的衍卜树（Jambu），树上的果实给幸运而又神秘的北俱芦州人（Uttarakurus）带来了永远的青春，让他们远离疾病与衰老。而西欧的古凯尔特人则认为食用施了魔法食物，或是使用在"青春之地"（Land of Youth）找到的神器，就可以使人免于死亡和衰老。

此外，世上还有很多关于神奇水域的故事。日本传说中的"蓬莱仙岛"（Horaisan）上，有一股永恒之泉，可以让疾病、衰老和死亡消失殆尽。古印度关于"青春之水"（Pool of Youth）的传说至少可以追溯到公元前 700 年，然后还有希伯来人传说中的"永生之河"（River of Immortality）等。古希腊的亚历山大大帝一直在探寻"生命之泉"（Fountain of Life）。在阿拉伯民间故事中，海德尔（el Khidr）发现了"生命之井"（Well of the Water of Life）。庞塞·德莱昂（Ponce de León）为寻找"青春之泉"（Fountain of Youth）无意间来到了今天的佛罗里达州。古希腊人认为，诸神的佳肴和琼浆可以无限延长人类的寿命。对于古代印度人和波斯人来说，肉珊瑚汁水做成的饮料也有同样的功效。古代墨西哥人和秘鲁人则认为用龙舌兰汁液调制的酒水可以延年益寿。

有些人走遍了整个地球去寻找那些能够使人永生的圣地和秘方，而有些人则希望通过炼丹术或炼金术，来创造自己通往永恒的道路。公元前 522 年，中国春秋时代的齐景公曾经感叹道："如果自古就没有死亡，那将是多么幸福啊！"中国古代的方士（巫师）们则负责向贵族们提议，告诉他们如何养成"长生之道"，以及去哪里寻找拥有"不死药"的仙人。[16] 秦始皇手下的炼丹术士们则在给他开出的药方里掺进了水银和黄金。

中国人通过道教巧妙地把宗教和追求永生结合在一起。道教主张人应该与"道"和谐相处，而所谓的"道"是一种可以统治一切的、不可言喻的神秘精神力量。道士们历来都在竭尽全力地为延长寿命而做出各种尝试。除了追求永生之外，道教还主张人可以通过修炼各种长生之术"成仙"，即成为永生不灭的强大灵魂（据说"仙人"能够以非凡的速度在人世间行走，变幻成各种动物的样貌，或者隐形）。通过严格坚持一定的呼吸、饮食、运动乃至性爱方面的练习，道家的人希望以此延长人的寿命。尤其是呼吸，被认为是沟通人类和神灵之间的桥梁。因为空气可以上达于天，所以被认为比人体更加纯洁、更加活跃。道家认为，通过适当地调整呼吸，人们就能够与天上和天上长生不老的神仙们建立直接联系。

通过在呼吸、饮食、运动和性活动方面的强化，道家能够把注意力集中到用黄金等物炼制长生不老药的工作上。公元 4 世纪，中国方士葛洪总结了道教长生不老的方法，他认为"食仙药，守天道"，可以与天齐寿；"修身，养气"可以无限延长自己的生命。[17] 由于黄金是一种耐腐蚀的金属，性质稳定且不会轻易发生化学反应，因此它常常被人与"永恒"联系在一起。故长生不老药里通常都混有些许黄金，这就不足为奇了。那么，东方的方士和西方的炼金士所面临的挑战就是要找到足够的黄金，于是古代中国和埃及的术士们就试图把比较便宜的金属炼成黄金。

古代东方和西方的方士、术士、道士、炼金术士们是"真实永生"的积极追求者。他们追求的是永生不死，所以他们不需要有天堂、来世、复活、转世和灵魂等的存在，同时也避免了这些虚无缥缈的概念带来的不确定性。

现代的永生主义者

我们现代人也延续了古代炼金术士和方士、道士们追求永生的热情，但是我们没有像他们那样热衷于炼丹配药。现代的"永生主义者"（immortalist）[18]试图采用最前沿的科学技术来延缓人类的死亡，并且最终消灭死亡。实际上，他们的确很认真地对待他们所做的事情。

在利用科学方法延长人类生命的领域里，笛卡尔或许应该算得上是早期的先驱者之一。他预见到了现代医疗科技发展的前景——他当时所预见的医疗技术大部分现在已经普遍使用。笛卡尔深信人的身体可以被看作一台"土做的机器"[19]，如果这台"机器"的某一部分坏了的话，找到损坏的部分，对其进行修理或者进行替换应该是可能的，也许将来甚至是很简单的。对于循环系统的问题，他认为可以通过输入新的血液来解决；呼吸系统的问题能够通过换一个新的肺来解决。事实上，在笛卡尔的时代，输血和器官移植都是不可能实现的，不过这些问题没有让笛卡尔感到困扰。笛卡尔与其同时代的启蒙主义者们都认为进步是不可阻挡的。他们认为人类社会在未来会发生巨大的变化：

> 跟我们未知的东西相比……我们现在所知道的东西几乎算不上什么……也许将来某一天，我们能够让自己免受各种各样身心疾病的困扰，或许也可以摆脱衰老现象，但

前提是我们得知道这些疾病和问题的起因，以及大自然提供给我们的所有治疗方法。[20]

笛卡尔对于长生不老非常热衷。他相信通过研究医学就可以为自己延长一个世纪的寿命。他给自己设计了一种特殊的素食餐，热量很低，而且强调少吃多餐。他深信这样自己就可以多活 500 年。在最后的日子里，笛卡尔待在了瑞典，他希望在那里可以延长他的生命，或者最好永远活下去。然而，他在 54 岁的时候就死在了瑞典。[21]

到了 17 世纪末，输血已经在狗、马以及人的身上有所实践。尽管效果时好时坏，但是偶尔的成功还是给了研究者们些许希望，让他们深信科学技术可以使人恢复活力甚至延缓和逆转衰老过程，并且这种技术将会不断地发展进步。到了 18 世纪，人们把细菌、苍蝇和鱼等生物进行干燥或冷冻处理，然后再试图把它们复活，但都徒劳无功。到了 18 世纪末，在科学上颇有造诣的美国早期政治家本杰明·富兰克林曾经后悔自己出生太早，不能见证科技上的巨大进步。他认为科技进步会带来农业产量的指数级增长，悬浮交通工具的巨大发展，并能使人预防和治疗所有疾病，"甚至可以治疗由年老造成的疾病"。[22]

不单单是本杰明·富兰克林有这样的想法。自从启蒙时代开始，众多世界级的科学家就开始梦想着永生不死。到了 20 世纪，人类征服死亡的梦想似乎变得更有希望了。法国医生和诺贝尔奖获得者亚历克西·卡雷尔（Alexis Carrel）博士因发明血管缝合技术而广为人知，而这项技术也使器官移植成为可能。卡雷尔博士毕生致力于延长人类寿命的研究。他已经开始保存活体组织，以供器官移植实验使用。他曾将生物体组织浸入生理盐水，或用石油膏覆盖，结果这些组织在稍高于零度的气温下保存了两个多月。后来，他从鸡胚胎的心脏里取出一些细胞，并试图将它们养在培养皿中。其中一个细胞株在培养皿中存活了长达 34 年。3 个月后，他宣布了他的发现，"该试验的目的是……确定活体组织在生物体之外需要什么条件才可能无限生存下去"。[23] 他的结论是，"衰老和死亡是一种偶然的现象，而不是必然的"。[24]

查尔斯·林德伯格（Charles Lindbergh）曾经在 1927 年首次完成了从纽约到巴黎横跨大西洋的飞行，因而驰名世界。1930 年，林德伯格找到卡雷尔，希望卡雷尔设法修复或替换他嫂嫂有缺陷的心脏瓣膜。林德伯格是一个专业的机械师，他像笛卡尔一样，把人体看作一台机器，原则上能够通过修复或更换故障部件而永远地维持下去。在这些问题上，林德伯格也有自己的考虑。当他还是一个孩子的时候，就很热衷于思考与死亡相关的问题。"当上帝第一次出现在我的记忆中时，它便和死亡联系在了一起。"林德伯格回忆道，"如果上帝真的那么好，它怎么会让人死去呢？它为什么不让人们一直活下去呢？死亡没有任何好处，其实是很可怕的。"[25]

林德伯格和卡雷尔共同设计了一种灌注泵，用来维持从动物体内取出的心脏、肺、胃、小肠和肾脏等器官的活性。1935 年，他们利用这个灌注泵将猫的甲状腺保存了 18 天，并且维持了器官的活性。后来，《纽约美国人报》(*New York American*) 用《离永生更近一步》[26] 作为标题发表文章，来庆祝这个伟大的成就。

尽管目前看来实现永生的前景还有些黯淡，但一些主流科学家们却仍然在狂热地研究可以使人永生或重生的技术，试图将死亡从人类的生活中彻底驱逐出去，就像中国古代道教的方士们所期望的那样。

在这些"永生主义者"中间，有一名叫奥布里·德格雷（Aubrey de Grey）的生物学家，他曾经是一名计算机科学家。德格雷现在是剑桥大学的一名生物基因学家，领导着该校的"延缓衰老工程研究基金会"（SENS Research Foundation）。该基金会致力于通过研究衰老的主要罪魁祸首——新陈代谢过程，来根除由衰老引起的疾病。德格雷和其他科学家都认为新陈代谢的过程具有两面性：一方面，快速的新陈代谢有助于脂肪和热量的燃烧，另一方面，它也导致了我们的衰老，因为它加速了我们身体的损耗过程，这就好像开车时每天都行驶100多公里对汽车造成的损害。他们认为：细胞代谢产生的有毒废物导致了我们的衰老，但是人体却离不开细胞代谢过程，因为它是一个将食物转化为能量的过程。因此，德格雷和其他一些参与实验的科学家都认为：最关键的事情就是要减缓人体新陈代谢过程，并清除细胞在此过程中产生的废物。道家每天吃一次浆果和植物的根来实现长生，这样做可能会有点作用，因为人们所摄入的热量越少，新陈代谢的过程就越慢。现代"永生主义者"的研究表明：与那些任意吃食的小白鼠相比，那些每天少摄入30%卡路里的小白鼠寿命要长40%。

德格雷认为："人类这个物种为摆脱大自然的束缚做出了很多努力，有的成功了，有的失败了。而衰老可以说是人类这些努力中最大的失败。"德格雷还说："如果我们能够重新恢复青春，我们的身体就可能在有生之年得到最有效的修复。"[27] 他预言说：如果在30年之内，人类医学科技有了长足的发展，就可以使50岁的人恢复青春活力，并且有可能让他们活到130岁。为了鼓励这种研究，"玛士撒拉基金会"（Methuselah Foundation）（该基金会也致力于延长人类寿命的研究，德格雷是该协会的创立者之一）给迄今为止实验室内存活最久的一只小白鼠颁发了"长寿奖",并为经过人工干预而活得很久的另外一只小白鼠颁发了"返老还童奖"。

2004年,德格雷博士宣称:如果实验室内小白鼠寿命延长的工作取得巨大成功,被用于实验的小白鼠寿命得到极大延长,那么延长人类寿命的研究事业就会引起公众关注,公众就会认识到延长人类寿命的大好前景。这样一来,人类消灭衰老的战争就会大大加速。他预测:在不久的将来,科学家就能发明切实可行的寿命延长的方法,并将其提供给大众,但是"只有相对富裕的人才能负担得起"。[28] 当然,德格雷博士指的是钱的问题。在享受科学成果的问题上,那些拥有巨大财富的人往往比常人拥有更多的机会。他们不仅能负担得起最好的医疗服务,而且也能够利用先进的复生技术。

譬如说,位于美国亚利桑那州斯科茨代尔市的"阿尔科生命延续基金会"(Alcor Life Extension Foundation),在其巨大的方形灰色建筑内部,竖立着一个个2.74米高的筒状容器,容器下面还安装着滚动轴。它们像一排不锈钢哨兵,守护着这个建筑。每一个容器上都安装着一个温度计。每周一次,工作人员都会往容器内部灌装液氮,以保持容器内部稳定在零下196摄氏度(华氏负321度)的恒温状态。这些容器可算得上是地球上最冷的棺材。

当"阿尔科生命延续基金会"的一个成员死去的时候,他们的工作人员就立即开始行动了。医生将尸体放在冰水里,置于心肺复苏器上,并插入静脉点滴来保持血压和保护大脑,然后将身体冷却到不需要氧气就可以维持器官活性的程度。接着,身体被注入一种保存溶液并被深度冷却,最后将身体头朝下放置于容器内,在那里他们至少可以冷冻保存几十年到上百年。阿尔科公司中的工作人员会在将来分子纳米技术可以将身体修复的时候，把身体解冻，并让顾客复生。而费用是多少呢？大约每个人20万美元。

然而，对于财力不是十分雄厚的人来说，"神经保留术"（即冷冻人的头和脑子）似乎更加划算一些，最低费用只要8万美元。这是阿尔科公司数百位成员大多数人的选择。就像阿尔科公司网站上所宣传的那样：对于他们来说，"没有必要保存大量衰老、病变的身体组织，而且在复生的过程中这些器官和组织很可能被新的器官和组织替换掉"。阿尔科公司的董事会成员之一，索尔·肯特（Saul Kent）冷冻保存了他母亲的头颅，希望有一天有人会给它配上一个新的身体。肯特想象在将来复生技术发达的某一天，当他和他的妈妈同时被解冻，并获得重生时，他们将会在精神上和肉体上拥有相同的年龄。他说："如果将来有一天，我还能见到她，我会对她说：'妈妈，现在我们一起在天堂里！这技术真的管用！'"[29]

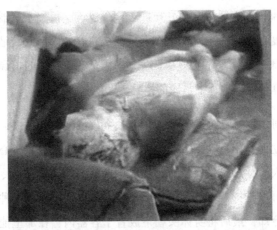

位于亚利桑那州斯科茨代尔地区的"阿尔科生命延续基金会"里冷冻保存的一具尸体

保存索尔·肯特母亲的脑袋需要采用"头部隔离技术"，就是在头颅以下的第六节颈椎进行分离和切除，并且通过火化手段处理掉肯特夫人的"非冷冻部分"。目前，阿尔科公司最著名的"神经保留"顾客是前棒球明星泰德·威廉斯（Ted Williams），他于 2002 年因病去世。像阿尔科公司所说的那样，"在我们现在称为死亡的事件"发生之后，威廉斯的尸体被运送到公司的下属机构。[30] 公司将其身体与头部分离，然后他的头和身体就在公司里保存到现在，而且还要一直保存到治愈衰老的可行方法出现之后，才进行解冻和复活。肯特还认为：一旦人类掌握了"人体冷冻术"，并且能够使人解冻重生，"我们到那时将会得到比超人还要强大的力量，你就可以像换衣服那样替换你自己的身体。在将来，你将会拥有不止一个身体，你的大脑也不必一直待在自己的身体里。你可以适当地调整自己的身体，比如说暂时换一个小一点的身体等。也许，21 世纪末的人类跟我们今天人类的差距比我们现在跟猿猴的差距还要大，到那时，人类甚至会成为一个全新的物种。[31]

我们还可以利用其他什么高科技手段使我们的生命持续下去？雷·库兹韦尔（Raymond Kurzweil）是一位作家、发明家和未来主义者，他每天服用 250 颗维生素来保持年轻。雷预测说："到 2030 年，人类的智慧将会因为计算机的辅助而得到大大提高。"他认为：到那时将会有一种纳米袖珍机器人控制人体的循环系统和消化系统。另外一种纳米机器人将会作为体内细胞废物的微型收集器，来代替肠子的功能。[32] 对于与他专业相关的部分，德格雷期待在不久的将来会出现一种"非侵入性静止上传"（non-invasive static uploading）技术，能够将人脑的信息转化为电脑的备份。这种技术可以在科学家们对人体进行维护和修复时，防止人脑记忆的丢失（包括防止自我意识的损失）。[33]社会学家威廉·班布里奇博士（William Bainbridge）又对此做了更深人的思考，他认为没有必要把人类头脑中的信息知识和自我身份意识再次恢复到人体上。为什么不能完全抛弃肉体，而把人脑中的信息全部转移到一个更为持久的机器人身上，或者把它保存到一个外部存储设备里呢？[34]

如果一个人死了，他留在闪存盘上或电脑云网络里的数据还算得上是一个真正意义上的"人"吗？当"你"本身都变成了Facebook网站上的一个网页，而不是你把自己的恶作剧图片发布在Facebook网页上，人类的生活将会变成什么样子？"作为网页的你"跟真实世界的活人应该如何互动？他们会如何跟你对话？如何在网络上找到你？如果这种情况真的可以实现的话，这种"网页人"的地位到底应该是怎样的呢？这种社会的人际互动关系应该是怎样的呢？我们只能把这些问题留给哲学家们去思考了。与此同时，一些科学家表示愿意义无反顾地放弃自己的肉体，来保持一个永恒的"自我"。这种想法似乎跟宗教上灵魂永生的概念有些相似。然而，只有你相信人类生命中有一些本质的东西能够脱离肉体而存在，这种"数字化的自我"才有意义。如果真的有不依赖于肉体而存在的"生命本质"，不是灵魂，那会是什么呢？

早在1798年，著名人类学家托马斯·马尔萨斯（Thomas Malthus）就发现：在对永生的追求上，宗教信仰和科学观念居然令人惊讶地不谋而合。托马斯·马尔萨斯的著名论断在于：他认为人口增长的速度远远超过了维持人类生存的必需品增长的速度（这个观点对于维护达尔文的进化论理论是至关重要的）。马尔萨斯还指出：科学家"拒绝基督中上帝给予的关于永恒来世的启示，同时也拒绝承认自然信仰中灵魂永生的概念。然而，关于永恒的想法是如此投合人类的思想，以至于科学家们根本无法完全把它排斥在科学研究体系之外"。[35]

自从人类这个物种在地球上诞生之后，我们就一直在追求"真实的永生"。尽管到目前为止，我们还没有取得成功，但至少我们的努力对人类的发展、技术的进步以及科学的探索做出了很大贡献。当毕达哥拉斯试图找到生活中的不变因素来证实"灵魂在人死后会从一个身体迁移到另一个身体"的时候，复杂数学就在古希腊出现了。构建的巨大的哥贝克力石阵和古埃及金字塔需要极其高超的工程技术，而这些建筑技术都是为与死亡有关的宗教活动服务的。为了寻找"青春之泉"，人们长途跋涉到异国的土地，跨越遥远的海域航行，让我们的地理学知识越来越精确。炼金术士对于金属反应的观察使物理和化学慢慢发展起来，他们的实验促进了今天净化水技术、现代药物生产和塑料合成技术的发展。近现代"永生主义者"在医学和营养学方面的贡献，使第一世界国家人均寿命翻了一倍。

我们无法得知中国古代的秦始皇或古埃及法老佩皮一世是否已经顺利到达了他们所期望的来世，或者他们的灵魂是否还在永恒的迷雾中徘徊。事实上，他们在现代社会的知名度甚至比生前还要高。这样一来，他们至少也获得了些许"象征性的永生"。正如埃及人喜欢说的那样："说起死者的名字，就是让他们再活一次。"人类始终都在使用"尽可能的手段"来追求永恒。为此，自古以来，人们不仅在尽力逃避着肉体的死亡、追求着"真实的永生"，而且还一直充满着对"象征性永生"的渴望。

第 6 章

象征性永生：死后依然活着

当死亡变换身份，当死亡不期而至，当我们渴望生存，将生死置之度外，当我们忘记死亡，不因人生终究是一场空而苦恼，死亡的力量才是最强大且最富有创造性的。[1]

——齐格蒙特·鲍曼，《死亡、永生及其他人生之道》

这座坟墓中，

埋葬着一位年轻的英国诗人。

他曾在病榻上，

因仇敌的权势和凶恶而满心愁苦。

他期望在自己的墓碑上，

镌刻这样一句话：

"此地长眠者，

声名水上书。"

1821 年 2 月 24 日

这是英国伟大诗人约翰·济慈的墓志铭。济慈是一位浪漫主义诗人，25 岁时他在罗马，远离家人和朋友，因肺结核而慢慢窒息死去，死前他还在为自己没有获得应有的荣誉而感到痛苦不堪。因此，他要求在墓志铭上写上"此地长眠者，声名水上书"（他的朋友加上了后面的内容）。如果你拜访过罗马的新教徒公墓，肯定不知道济慈就埋葬于此，除非你非常熟悉这段悲伤的往事。

济慈的故事尤其令人动容。他的父亲以出租马车为生，在济慈 8 岁时，便因骑马发生事故而死。济慈的母亲和弟弟患有肺结核，他们临死前一直是由济慈在照料。后来济慈考取了药剂师资格证，尽管父母留下的遗产微薄，但还是足够他不为生计发愁，而一心扑到诗歌创作中。他投稿的诗歌全部被拒绝，还遭到冷嘲热讽。"做个吃不饱的药材商都比做个填不饱肚子的诗人强"，《布莱克伍德杂志》在审稿时这样评论，"所以还是回到店铺里去吧，约翰先生，回到药膏、药片盒子中去吧"。[2]

但济慈并没有放弃。在短短五年中，他创造了大量诗歌，其中包括脍炙人口的《希腊古瓮颂》以及《夜莺颂》。在他身染重病前，一直坚信死后作品仍会流传，尽管得到了一些糟糕的评论。他曾预言："我死后会跻身英国伟大诗人之列。"而事实也的确如此，济慈一直沉迷于死亡的臆想中，这是他创作的不竭灵感。21 岁时，济慈便一直幻想自己躺在坟墓里的样子。他在诗歌《睡与诗》中写道："如果我倒下了，至少我要躺下；在柏杨树荫的一片静谧下，我墓前的青草会修剪得整齐；一块纪念的墓碑会被树立。"

但他当时幻想过的墓碑可不是后来的样子。他的生命之旅过于短暂，他的作品寥寥数篇，还不够成熟。他对爱情的体验转瞬即逝，他的女友不足以为他孕育一个孩子，冠上他的姓氏。他当时病得非常厉害，觉得自己的人生毫无意义。他的自尊饱受挫折，甚至要求匿名埋葬。

临终前，他不再相信自己死后作品还会继续流传，像所有凡人一样，他最终也向自己提出了那个永恒的问题："生命会轮回吗？"他在最后一封家书中提到这个问题："我会醒来然后发现这一切只是一场梦吗？"最后，他相信一定有来世，因为"人生不会只为遭受磨难"。[3]

但他的确永世长存，至少在他的诗歌中，他终于加入了英国伟大诗人的行列。死后的 200 年里，他仍通过自己的艺术作品向读者表达心声。

约翰·济慈的墓碑，位于意大利罗马新教徒公墓寂静的一角

追求真正的永生，帮助我们战胜死亡带来的恐惧。但人们仍渴望成为不朽文化的一部分，延续过去，承接未来，即"象征性的永垂不朽"。符号具有象征意义：尽管济慈的诗歌不是有血有肉的人，但却代表着济慈独特的遐想。和他一样，我们也都渴望死后留下痕迹：我们希望自己死后仍精神不死，否则我们也同样面临声名水上书的命运。

欧内斯特·贝克尔观察发现："现代人不愿承认他们和古代埃及法老一样对永生一筹莫展，但整个人类都在对此孜孜不倦地追求，且花样繁多。尽管大家缄口，但都认为只要去追求就能获得永生。"[4] 从济慈的诗歌中不难发现，他蔑视死亡，但希望超越死亡，他在自己的作品中将此表现得淋漓尽致。我们中的很多人从孩提时代，便渴望获得丰功伟绩，就像过去的济慈，如今的勒布朗·詹姆斯（LeBron James）。然而，我们大部分人最终还是明白，即使采用最低调、微妙且不为人知的巧计，我们也无法做到永垂不朽。

让我们细细品读这些永生之法，探寻背后的深层含义。

家族才是永恒

纵观历史文化，个人的身份是由血统决定的。对先祖的了解使过去获得生命，如果已死去的人还能与我们在一起，那么我们也能如他们一样，活在子孙后代的心中。这也是很多人尽管已死，但在人类文明中仍占有一席之地的原因。近期的考古挖掘发现了耶利哥古城一些家族先祖的头骨，且都经过精心装饰。当今，在很多日本家庭，你经常能发现佛坛或家族祭坛，上面摆放着刻有先祖姓名的牌位。很多美国人花费巨资在网站上寻找远亲，来补充家谱。我们不得不感谢 DNA 测序技术，只要在杯中吐口水，就能检测出你是否为成吉思汗的后代，是否为托马斯·杰斐逊的后代，甚至是无名的尼安德特人的后代。

通过子孙后代，以及他们对我们的记忆，家族使我们死后仍活在他们的心中。

作为家长，无论什么身份辈分，只要亲属称赞他的孩子遗传了"母亲的歌喉"或是遗传了"父亲的幽默感"，他们都会感到异常自豪。这种喜悦无论表现为欢乐的爱抚，还是闪烁的目光，都反映出你希望自己的某一特点能够遗传给孩子。你可能还未入土或化成灰烬，但只要把你的双眼或歌喉遗传到孩子身上，这些相貌特征或特殊习惯便会一直深藏在你们的血液中。

只要我们不是最后一代人，就能更好地接受人生苦短，因为通过子子孙孙，我们的生命可以得到延续。世界各地的调查证实，由于存在死亡，人类更希望通过孩子，以象征性的方式延续生命，超越死亡。与身处困境的人相比，德国人在想到自己的死亡时写下的第一句话，显示出他们对拥有儿女表现出更强烈的愿望，并希望越早越好。[5] 美国人表示更愿意按照自己的名字给孩子取名。[6] 一想到会有孩子延续生命，以色列人在完成我们的词干任务时所写下的有关死亡含义的希伯来语词汇相对较少，说明一想到子孙满堂，死亡就不那么令人困扰了。[7]

但孩子可不仅只是父母的肉体混合物。我们将自己珍视的信仰和价值观传授给他们，希望被他们牢牢记住，然后再传给下一代。我们的一个朋友，尽管他的儿子是一位成功的律师，也是位居家好男人，但他还是抱怨儿子没有像他一样，喜欢瓦格纳的歌剧和卡夫卡的小说。我们不仅希望孩子可以遗传自己的基因，还希望他们将我们的信仰、价值观和家族荣誉传承给子孙后代。有一则新闻，关于一位马来西亚的父亲在看到儿子回家吃午饭时带着支持反对党的徽章时，大吼道："我要和你脱离父子关系。"事实上，一些家长因为孩子背离自己的信仰而断绝关系或将他们抛弃，甚至是杀害他们，都说明将我们珍视的意志传给孩子，比将基因遗传给他们更重要。

声名远扬

济慈死后才得到生前不断追求的名望，但和我们很多人一样，他肯定更希望生前便得到。的确，人类对名望的追求最早可追溯到吉尔伽美什。在无法获得生命的不朽后，吉尔伽美什专注于获得声望，他开始做"全世界都会记住的事"，以期获得"身后名"。[8] 他相信他的所作所为和取得的成就会让他死后仍被人们记住，并以此作为慰藉，而事实也的确如此。

纵观历史，所有在军事、政治、经济、科技、体育、文学或技术方面有所建树并声名远扬的人，无论在所处时代还是死后，对于他们中的大部分人来说，通过成就获得功名都是他们人生的重要目标。举个例子，亚历山大大帝在参加军事运动期间，都会手持荷马史诗《伊利亚特》。这部史诗记录着战争中因英勇事迹而获得不朽声名的英雄。[9] 他创造丰功伟绩时还不忘带着记录员，记下他所取得的空前绝后的军事成就。

"fame"这个词出自罗马女神 Fama，她是流言蜚语的化身。Fama

不断重复着自己听到的消息，开始是向他人私语几句，然后声音越来越大，直到整个天堂和地狱都知道。因此，这个词可不是用来形容优秀的人，连好人都不能用。那些缺乏才能、本事或神勇，无法获得伟大功勋被万世记住的人才用"fama"自称，或用其他方式来标榜自己的成就。

比如，中国晋朝有一位著名的低级官员名叫葛洪（公元 283—公元 343 年）。他找到了让自己死后声名远扬的方法，那就是给自己写自传。他非常尊崇道教，特别热衷研制由黄金制成的长生不老药。他认为如果人们证实了长生不老药没什么用，那么获得声名就是达到真正永生的可行替代方案。尽管肉体会没入尘土化为灰烬，但世人对伟人的赞美仍将继续流传而被铭记。毕竟，尽管历经千秋万代，人们还是会记住伟人的丰功伟绩。[10]

但是，葛洪悲哀地发现，他不可能吸引史学家的注意。因此，他为自己写了一部传记，希望后世能够记住他（我们在此处提到他，是因为他获得永生的努力没有白费）。葛洪这个不必靠任何丰功伟业就能留名千古的想法超越了所处时代数千年。到 16 世纪，随着印刷术问世，以及肖像画越来越受欢迎，越来越多人将自己的人生故事和样貌保留下来，以供后代瞻仰。

20 世纪 60 年代，安迪·沃霍尔（Andy Warhol）曾预测："未来人人都能出名 15 分钟。"尽管不被世人熟知，但他更有先见之明的预言是 10 年后的一个猜想："15 分钟内，人人都能声名远扬。"[11]

这是对 21 世纪多么完美的诠释。公元前 334 年，亚历山大大帝花费 10 年时间征服世界，赢取万世功名。2009 年，巨口乔伊·切斯纳特（Joey Chestnut）10 分钟内吞食 68 个汉堡，一举成名。[12] 现在，任何人只要有手机，并用上面的相机记录下自己醉后神志不清、跌跌撞撞的傻样，然后上传到 YouTube，就能获得一片笑骂，尽管这种出名只是昙花一现。视频内容越愚蠢可笑，关注度就越高：一位名叫贾斯汀·艾萨瑞克（Justine Ezarik）的金发碧眼性感美女，又称"活得精彩"（lifecaster），她曾在 YouTube 上传过 1700 多条视频。她非常受欢迎，拍摄的内容无非是关于怎么在时髦的餐厅订个汉堡（没什么内涵，但她芭比娃娃般的脸庞美艳动人），但还是在一周内便获得 60 万的点击量，使她一夜成为明星，还常常客座电视节目。

名人还会对他人产生鼓舞人心的心理作用。来看看下面这项心理实验：

一天早上你登上一架从纽约前往伦敦的飞机，你所持有的是经济舱的坐票。头等舱的旅客已登机完毕，正在喝着咖啡或橘子汁，当你从他们身边走过时，你嫉妒地打量着他们。其中，有一位方下巴的旅客，戴着太阳镜，棒球帽拉得很低，正在读报纸。很显然，他并不想被认出来，但他却看起来有点眼熟，你知道以前肯定见过他。飞机平稳起飞，很快乘务员便开始为旅客提供饮料。不久后，广播系统传来飞行员的声音："旅客们，我们可能会遇到强湍流。请回到自己的座位上，系好安全带。"

你有点紧张地系好安全带。几分钟过后，飞机右翼开始剧烈颠簸，接着开始有点冲跳，又慢慢恢复平稳，感觉像是飞机底部已经坠落。你慢慢平静下来，但他人开始尖叫，孩子们大声啼哭。坐在你旁边的女士脸色发白，不停地用手指抚摸脖子上的十字架。一个预感出现在你脑海里——飞机要在亚特兰大坠落了。你想起那些乘坐美国航空公司航班的人，当飞机冲向双子塔前，他们纷纷给爱人打电话道别。你开始给自己的至亲打电话，然后又想了想。"坚持住"，你告诉自己，"深呼吸"。

你不断地深呼吸，飞机慢慢停止了坠落，但开始像赛马一样上蹿下跳。不幸中的万幸，飞机慢慢停止了波动，开始平稳地飞行。你和飞机上的其他人一起暗自庆幸，深深地舒了口气。"很抱歉，"飞行员说，"刚才颠簸得很厉害。我们会不断提升飞行高度，希望可以避免再次颠簸。"

你周围的人开始交谈。坐在你后面的人说："哇，你们知道乔治·克鲁尼也在这架飞机上吗? 他坐在头等舱，可能这就是我们没有掉下去的原因。"

这听起来很迷信，也的确是非常迷信，但调查显示，人们的确相信如果名人也坐在飞机上，那发生坠机的概率会比较低，因为离名人较近，便会给自己带来逃离灾祸的神奇力量。[13]

死亡在潜意识中也会增加人们对名人的崇拜感，因为人们相信名人拥有永生的力量。由于死亡暗示萦绕在人们的心头，美国人在欣赏抽象画时，与相对不知名的艺术家相比，约翰尼·德普的作品更受欢迎。[14] 死亡增加了人们对名人的尊重，因为他们证实了被"永远"铭记是可以实现的。

让我们继续这项心理实验，想象你刚到伦敦，在下榻的酒店安顿好。你仍然慌乱不已，无法将临近死亡的恐惧感驱赶出心头。你给自己的配偶打电话，向他诉说此事，还有坐你后面的旅客提到的，电影明星也在此架飞机上的事。

然后你打开电视，心不在焉地换台。然后不经意间打开一个名叫Namestar.net的网站，上面称只要非常低廉的价格——28.95美元，你就能给他人取一个明星的名字。"正在寻找一份独特且个性化的礼物吗？"旁白说道，"将明星的名字送给他吧，不要让这个可以使某人获得永生的机会白白溜掉！现在就为那位特殊的朋友购买一份'拥有明星姓名'的礼包吧！无论如何这都是一份完美的礼物。""这是个多么棒的主意啊，"你会觉得，"我需要给自己起个明星的名字。"

我们的一项研究证实了这则奇闻轶事的真实性。该研究向参与者播放"YourStar.com"的广告，目前这项网络服务已被停闭。通过这项服务，人们可以给自己取个明星的名字。YourStar.com称与一家名为全明星委员会（Universal Star Council）的机构合作，确保每个明星的名字只有一个人注册，使普通人能够永久性"拥有"明星的名字。一想到死亡，很多人都希望可以拥有明星的名字，也愿意花这个钱。[15]

总之，如果你无法成为明星，至少你可以永久性拥有明星的名字。如果你非常绝望或精神不稳定，也可以因犯下骇人听闻的罪行而臭名昭著。在20世纪90年代所做的一项特殊秘密服务项目中，心理学家对83位曾经袭击或威胁过知名官员、名人的犯罪者的案例进行了回顾。[16]堪萨斯州威奇托的一名杀人犯于1978年写道："我得杀多少人，才能被世人记住或者得到举国关注？"[17]济慈和恶贯满盈的杀人犯没有任何相同之处，但对达到人生顶峰、威名流传万世的渴望是一样的。

很多名人在好莱坞星光大道上拥有自己的星星，然而，就像永生的所有象征性形式一样，随着时间的推移，都会失去往日的光彩

富裕生活：财富的诱惑

如果你无法步入天堂，无法等到科学战胜死亡，那么传宗接代或是成为名人都能帮你克服恐惧，而金钱和财富是通往不朽的另一条道路。财富带来的可不只是舒适和美感，财富使人感到与众不同，摆脱常人的束缚。

传统经济学家认为，无论是过去还是现在，金钱都只是为了交换货物和服务。正如诺贝尔经济学奖获得者保罗·克鲁格曼提到的："假设经济人知道自己要什么，那他的选择都是在合理计算内的。无论消费者选择玉米片还是小麦片，无论投资者决定购买股票还是债券，道理都是如此。"[18] 这样来看，所有的经济活动和个人行为都源于对当前选择成本和收益的博弈（虽然人们有时候是无意识的）[19]，然后指向最佳选择，也就是说，最有效的选择。然而，我们人类只是偶尔才像个理性人，且这种对金钱和消费的理性认识不是万能的，因为金钱在人类的宗教仪式和信仰中发挥着原型作用，帮助人们超越死亡。

数千年前，金钱是作为预示永生的神圣代币从宗教仪式中衍生而来的。在古希腊，家族为纪念伟大祖先而举办盛宴。他们相信祖先拥有永生之神的能力，可以为自己的子孙提供保护、启示和引导。因此，子孙会杀牛，然后放在烤架上烤制牛肉。他们把肉分给每位出席的宾客，将烤架上"剩余"的肉放在火上燃尽，以此纪念英雄般的先祖。[20]

烤架上"剩余"的肉品被称为"obelos"或"钱币"［与单词"职责"（obligation）有关］。obelos 由肉做成，承载着先祖的个人形象。外族人可用这些代币加入盛宴。人们热切希望通过交换货物获得这些具有极高价值的代币。由于先祖向这些钱币赋予了神奇的力量，人们开始崇拜它们。人们通常将这些钱币作为护身符，因为这类钱币被沉浸于英雄般先祖的光辉中[21]而获得特别的力量。[22]通过这种方式，祭祀盛宴中使用的钱币能够保留先祖的神圣力量。杀牛并将剩余的部分献给先祖，是对过去的致敬。分享祭祀先祖剩余的祭品可使后代获得超自然的能力，确保家族的繁荣。

最初，人们并不想用金钱购买货物，而是想通过交换货物而获得金钱。[23]金钱是超自然力量的有形资产，而现在仍是如此。在斐济，金钱被称为"tambua"，衍生自"tambu"，意为"神圣"。[24]在新几内亚，伊里安查亚的 Wodani 人使用贝壳作为钱币，每个贝壳都各不相同，分别代表一位不朽的人物。[25]纵观历史和各国文化，黄金一直被视作代表永生的宗教象征，并具有很高的价值。让我们再看下美元的背面：完全是我们信仰的上帝。美元背面的左侧为金字塔，最上方镶嵌着启迪之眼。根据约瑟夫·坎贝尔（Joseph Campbell）的解释，这象征着上帝之眼在金字塔上方开启，为跃居顶端的人授予永生的权利。[26]

尽管早期人类看重金钱和财富，但他们对辛苦劳作才能获得金钱的行为是不屑的。圣经故事《创世纪乐园》中，亚当和夏娃过着田园诗般的安闲生活，直到他们因获惩罚而被逐出伊甸园："你必须汗流满面才得糊口，直到你归了土，因为你是自土而出的。你本是尘土，仍要归于尘土。"[27]《圣经》明确地将劳作等同于罪恶和死亡。在古希腊，上流社会将体力劳动视作辱没尊严。柏拉图和亚里士多德强调，大多数人劳作"是为了支持少数人，即精英阶层从事脑力劳动——哲学和政治"。[28]

金钱和声望一样，都能赋予济慈所追求的桂冠，这是世人所重视的。在《道德情操论》（斯密巨作《国富论》的补充本，知名度稍逊）这本书中，作者发现人们追求财富不是为了"满足基本的生存需要"，而是为了获得"额外的财富"，满足自己被他人尊重的基本心理欲望，"人们渴望的不是财富，而是财富所带来的尊重和赞美"。[29]

我们死后无法带走生前积攒下来的物质财富，但通过血缘关系，一些幸运者还能继承到金钱和物质财富。积聚财富预示着从相对平等的半游牧采集狩猎社会向农业和工业社会转变的开始，在前一个社会中，人们依靠实际能力而获得尊重，而在后一个社会中，人们则较少考量个人成就，更看重威望，而威望主要依靠获取和展示财富来衡量。

对于土著居民来说，捍卫权利的一个方式就是庆祝节日时互赠礼品，该节日被称为"冬季赠礼节"，是一种奢侈的节日庆祝聚会。正如人类学家 Sergei Kan 所描述的，庆祝"冬日赠礼节"的主要目的就是"制造出一种拥有源源不断财富的假象"。[30] 数世纪以来，太平洋沿岸——从俄勒冈州到阿拉斯加州，美洲原住民部落成员一直在特殊场合下庆祝"冬日赠礼节"来彰显财富，展露自己的优越性。随着数月或数年来不断积攒财富，最富有的家庭就会举办节日庆祝会，载歌载舞，演讲朗诵，还会举办丰盛的宴会。随后，举办庆祝会的家族还会向宾客赠送礼物，包括鱼、肉、浆果、兽皮、毯子、奴隶及铜币，这个赠送礼物的过程会持续数日。宾客们在主人的甜言蜜语下，总会接受很多礼物，还会品尝很多美食。在欣赏过邻居的财富后，这些宾客不得不举办自己的赠礼节庆祝活动，并馈赠给邻居更多礼物，以此来炫耀富有。这是一场竞争性的炫耀。

在较大的国家，财产和物质财富的积累还是王权和特权的象征。在美国，"炫耀性消费"是镀金时代杜撰出的词汇，用来描述诸如洛克菲勒家族、卡内基家族和范德比尔特家族等富有家族穷奢极欲的生活方式。19 世纪 90 年代，当全国 92% 的美国人每年收入不足 1200 美元时（平均收入为 380 美元），新港社交名媛玛米·菲什（Mamie Fish）为自己的爱犬举行了一场奢靡的晚宴，她给自己的狗带上了一条价值 15 000 美元的钻石颈圈。为了不被比下去，特里萨·奥尔里克斯（Theresa Oelrichs）用鲜花和天鹅装饰自己的庄园，还雇用小型白色船队停泊在岸边。格雷斯·范德比尔特（Grace Vanderbilt）还将广受欢迎的百老汇歌剧带到了新港，在她专门在自家庄园内建造的剧院上演。[31]

在经济下滑引发衰退前，《罗博报告：2007 年圣诞终极礼物指南》

提到过139.9米高的6层巨型油轮，价值2.5亿美元。300克拉的钻石项链价值1600万美元，带有古董台球桌的"男士私人空间"价值140万美元，还带有2台古董弹球机和巨屏等离子电视。[32] 在新加坡，售价高达1200美元的周仰杰鞋和850 000美元的兰博基尼跑车都非常热销。富有的澳大利亚人愿意支付高达200万美元的费用购买特别的汽车牌照，牌号为一位、两位或三位数，数字越少，价格越高。[33] 在俄罗斯举办的第二届百万富翁年度展览会上，"普通的"瑞士钻石手机价格从18 000 ～ 150 000美元不等；放在白金盒子中带饰板的镶钻手机价格高达127万美元，是全世界最昂贵的手机。沙特王子瓦利德·本·塔拉勒（Alwaleed Bin Talal）已经拥有一架波音747，还定制了一架空中巴士A-380，这架巴士装修前的基本标价为3.2亿美元，带有一间卧室、一间酒吧和一间健身房。[34]

过度消费不仅限于富人，因为我们都喜欢富有的感觉，至少是一瞬间。2007年，感恩节过后的三天里，1.47亿美国人，几乎为总人口的半数（比2004年参加总统选举的人数还要多），共花费了164亿美元购买用品，大部分是用很快就打了水漂的住房抵押款支付。[35]

但是，需要记住的是，对于很多人来说，财富和永生的关系主要存在于宗教信仰内。就像古希腊人，美国的早期新教徒，尤其是加尔文教徒，他们将追求财富视作上帝对他们仁慈眷顾的示意。那些未被上帝选中的人（在很多加尔文教徒心中现在仍然持有这样的观点）往往是因罪恶而贫穷。

今天，那些参加五旬节派宗教运动的人仍认可"成功神学"，也称为"信心之道""健康与财富"或是"有求而必得"。他们追求财富，也挥霍无度，因为他们相信是上帝希望他们变得富有。伊迪斯·布卢姆霍费尔（Edith Blumhofer）是惠顿学院研究所的主管，主要研究美国福音派，"你不用放弃美国梦，只需将此看作上帝的'眷顾'"。比如，乔治·亚当斯是一位汽车推销员，他相信这个理论，他卖出的汽车是真皮内饰的福特 F-150 敞篷小型载货汽车。"这是上帝赐予我的全新一天！"他喊道，"我即将拥有 6 位数的收入啦！"[36] 长久以来，其深层含义就是富有是上帝对我们的特别眷顾（如果不是因为上帝，那我们本身就是上帝）。

我们中的一人和朋友前往西雅图和华盛顿州斯波坎市参加会议时，就意识到了这点。他们本来准备在西雅图机场租辆福特 Taurus，这和他们自己的车——道奇捷龙以及雪佛兰骑士的低调风格是一致的。但幸运的是，他们在租车处获悉，每天只要 5 美元就能租一辆 SUV 或者一辆凯迪拉克。

他们看了看对方，然后同时脱口而出："凯迪拉克。"在这 7 天的美好时光里，他们得到了贵宾般的待遇。当他们开着崭新的全皮座椅战车来到酒店和饭店时，人们都想目睹他们的尊荣。无论走到哪里，他们都因自己的"座驾"而受到赞美。但当交还凯迪拉克的钥匙时，他们陷入了深深的悲伤。他们感到降低了身份，就像是被专享俱乐部赶了出去；开着凯迪拉克，他们觉得自己是"大人物"，但当交还时，他们觉得自己又回到了以前的普通身份，只是个凡人。

虽然他们中任何一人都不是特别拜金或特别喜欢车，但那周的体验的确让他们感到自己像个帝王，而不只是普通人。如果你能负担起昂贵的物品，人们就会关注你，你就会觉得自己与众不同。自尊心抗击死亡恐惧的关键壁垒就会被抬得更高。

但对金钱和财物的渴望与死亡带来的恐惧到底有多密切呢？

假如调查人员请你完成一个有关绝望的调查问卷，将问题设为"我在夜晚有睡眠障碍"，或让你完成一项关于死亡的调查，问题为"死亡后无法进行思考的想法吓到了自己"。然后你再仔细了解下面的印刷广告：

　　一辆崭新的凌志 RX300 SUV 被描述为"异常强大，比任何普通座驾都要结实"，"牵引力达 3500 镑……全世界没有任何汽车可与它相媲美"。

　　一桶品客薯片上印着豆豆人在开心地吃薯片，顶端还写着"一旦开始，便无法停止"。

　　城市天际线前的高速公路上出现一辆小巧的节能雪佛兰 Geo Metro。"虽然外形娇小，"广告上写道，"但 Geo Metro 在全美国拥有最高里程，非常智能。Geo 理解美元的价值，它非常结实。从保险杠到保险杠升级保险，可保证 Geo 3 年内跑 80 467 千米而不用更换配件。"

　　粉金色的劳力士手表以"蚝式恒动星期日历型"为卖点。

　　你如何评价这些广告？宣传效果如何？看过这些广告后你有多大兴趣购买这些商品，你购买凌志、品客薯片、雪佛兰 Geo Metro 或劳力士的兴趣有多大？

　　开展这项实验的研究人员发现，在参加这项研究的成员思考过死亡后，不会改变他们对品客薯片或是雪佛兰的看法。但他们对象征较高社会地位，能够提升自尊感的凌志汽车和劳力士手表更感兴趣。[37]其他研究还表明，越是害怕死亡的人，对拥有代表较高社会地位的商品越感兴趣，尤其当他们本身就不太自信时。[38]在想到死亡时，人们便会预测自己将来能够赚到更多钱，可以花更多钱购买奢侈品，如衣服和娱乐产品。[39] 死亡暗示也会刺激那些自尊心较低的人想要举办奢侈的聚会。想到[40]死亡会让波兰人过于关注硬币和纸币的实际尺寸，也导致他们只去数钱的张数，而不管要浪费多少张相同尺寸的白纸，以此来削减对死亡的恐惧。[41]

如果人们只是根据理性思考来做出经济决策，那这些实验结果会让人感到莫名其妙。然而，这些实验结果证实了如果能够控制对死亡的恐惧，就能控制住对金钱和物质的贪得无厌。这与田纳西·威廉斯（Tennessee Williams）对"热铁皮屋顶上的猫"进行观察后得出的结论是一致的："人类是一种会死亡的野兽，如果他能得到钱，就会一直买一直买一直买。我认为人类把能买到的东西都买来，是因为在他的意识里有一种疯狂的希望，即只要能不停购物，生命就能不断延续下去。"[42]

英雄民族主义和魅力型领导者

当人们觉得自己是某项英雄使命或不败民族的一员时，就会更加信仰象征性永生。荷马的英雄史诗以及修昔底德对伯罗奔尼撒战争的描述都提到，人们的优越感来自对某一强大部落、伟大城市或某一欣欣向荣帝国的归属感。认同自己是埃及人、墨西哥人、尼日利亚人或美国人，使这些人意识到自己来自由相同背景、相同世界观和共同命运组成的稳定群体。

当成员认为自己是因一某特性而成为"上帝的选民"或是居住在充满英雄色彩以及无限潜能的神圣土地上时，群体认同感就会增强，与此同时，民族自豪感也会更加神圣。而那些为国捐躯的人，会在歌中被传唱，在故事中被流传，世人用典礼和纪念碑纪念他们，从而永垂不朽。罗马雄辩家西塞罗称："如果不是为了获得永生，没有人愿意为国捐躯"（Nemo unquam sine magna spe immortalitatis se pro patria offerret ad mortem）。[43] 奥托·兰克称："个人对不朽的狂热表现在成为民族英雄、宗教英雄和艺术英雄的追求上。"[44] 此外，根据伟大的德国社会学家马克斯·韦伯（Max Weber）的观点，魅力型领袖被追随者视作拥有"某种非同寻常的个性特征"，借此不同于常人，被赋予某种超自然、超人类或至少是与众不同的力量或特质，这类人经常在乱世中出现。[45]《拒斥死亡》中提到："人们施展的魔法——无自由的联结。"贝克尔对人们能在乱世中发掘出魅力型领袖的原因做出了有力的心理动机分析，更重要的是，这类人为何或如何利用人们的这一倾向性从而权倾一时，或改变历史进程。

贝克尔发现，魅力型领袖在获得追随者的狂热追随前很少会单方面宣称自己的权利。他们持有的这种论调，我们现在非常熟悉，即在获得权威者的认可后才能获得心理上的平静：最初是从我们的父母那里获得平静，随着我们成长，最后是从整个文化背景那里获得平静。但当久久无法摆脱困境，或出现严重危机时，当作物歉收，猎人空手而归，战事失败时，当人们饱受经济困境的折磨，国内动荡，昔日的文化体制无法提供可靠的保证，人们无法获得安全感或无法肯定自己的价值时，他们会到别处寻求对这种需求的满足。

在这种情况下，人们会转向效忠个人，那些人格无缺陷的人，他们非常勇敢和自信，能够描绘出伟大宏图，使人们觉得可重新加入某一项崇高的事业。此外，贝克尔还指出，这位魅力型领袖一定会做出引人注目的初始行动，将人们的目光聚焦在自己身上，使他看起来高大伟岸，迷倒众生，让追随者愿意肝脑涂地。带着崇敬之情，希望重燃生命的意义，人们纷纷加入到这位领袖的伟大事业中去，希望实现全人类的价值和意义。因民族主义以及对魅力领袖崇敬之情和对他们的认同感，人们在这时便会制定出"集体永生"的头衔，来满足自己要战胜死亡的病态需求。

贝克尔的分析充分解释了阿道夫·希特勒崛起的原因，他是20世纪最臭名昭著的魅力型领袖。德国饱受第一次世界大战战败和《凡尔赛条约》带来的折磨和羞辱，民族自尊心变得支离破碎，民众对领导者的信任也不复存在。希特勒的初始行动是发起一场失败的"啤酒店暴动"，该阴谋旨在推翻魏玛共和国政府。1923年11月8日，在慕尼黑的一家啤酒店，政府三巨头作为嘉宾出席了3000名商人组织的聚会，希特勒却将这三名领袖绑架了。当时，希特勒带领纳粹党突击队员闯入啤酒店，向天花板上开了一枪，并向受惊的人群大喊："安静！""民族革命就此拉开序幕！"希特勒宣布，"巴伐利亚和德意志政府已被推翻，临时国民政府现在成立……我一定会实现我的诺言……直到不法之徒被打倒，直到将德国的破败废墟踩在脚下，当德国实现伟大的民族复兴，获得自由和强大后，我才能够得到安宁与平静"。

令人震惊的是，啤酒店中的人群一片欢呼，并唱起了"德国至上"。来自慕尼黑大学的卡尔·亚历山大（Karl Alexander）教授当时也参加了那场会议，他后来回忆："在我有生之年不曾见过人群在短短几分钟内就突然转变了态度，几乎可以说是几秒钟。只说了几句话，希特勒就把他们的态度完全转变了，就像把手套内里翻过来，这一切就像是在变戏法。"虽然这场暴动很快被镇压下去，但希特勒在因叛国罪接受公开审判时还是得到举国关注。富有同情心的德国法庭给他判了相对较轻的监狱刑罚。关押期间，希特勒在《我的奋斗》一书中不断美化和重申他那宏伟的世界观，声称自己是德国选出的神圣救世主，是优等民族雅利安人的领袖。

经济大萧条前，纳粹党一直为边缘势力，但随着民众的政治不满和经济恐慌不断加剧，纳粹党在德意志共和国国民议会获得了230个席位，并于1933年，与总统兴登堡达成协议，使希特勒成为联合政府的总理，纳粹党的权力从此开始跃升顶峰。得到权力后，随着世界经济形势有所好转，民众对他的支持不断提高，希特勒开始全面控制德国。

而他慷慨激昂的言辞清楚明了地显示出纳粹世界观对安抚死亡恐惧，给人们带来信心超越死亡所具备的核心意义。希特勒要求德国民众将对上帝的信仰转向对德国的崇拜，并于1923年宣布："我们不需要信仰上帝，我们只需要崇拜德国。"[46]党卫军和其他政党组织据此重新制定了宗教秩序，他们的礼堂看起来像修道院建筑。纳粹党人建立了自己的民族节日。比如，1月30日要庆祝希特勒于1933年开始掌权。纳粹仪式逐渐将基督教的洗礼、婚礼和葬礼仪式排挤了出去。此后，希特勒平稳的个性在他气势恢宏的演讲中表现得淋漓尽致，他不时安抚仰慕和称赞他的人群，对恢复德国国力和军事实力持有诚服和坚定的态度。

纳粹分子敬畏死亡。的确，和其他法西斯运动一样，纳粹分子对死亡有着病态的情感。"死亡万岁"是著名的纳粹标语。然而，他们认为"死去的人并不是真正死亡"，生者诚挚的箴言可将死去的人复活。在《我的奋斗》中希特勒写到，战争中死去的人们可以被复活："普通人的坟墓不会被再次开启，但那些带着信仰在祖国的土地上一去不复返的人呢？他们的坟墓是否会再次开启，将满身是血与泥的英雄作为复仇亡灵送回祖国呢？"1935年，希特勒在演讲中悼念了16位因参与1923年暴动而死去的追随者[47]，并反复重申他们在精神上永垂不朽："他们在德国民众心目中永垂不朽，对于我们来说，他们一直活在我们的心中，纳粹德国万岁！人民万岁！愿今日为了我们的运动，为了德国和民众死去的人获得永生！"

为在实验中证实，当死亡暗示出现或令人厌恶的控制话题出现时，人们便会对现实的担忧加重，但他们的领导会因此更具吸引力，我们让实验参与者阅读了三位虚拟州长候选人的竞选宣言。第一位候选人是以任务为导向，强调完成工作的能力："任何工作，我都能出色完成。我非常擅长根据任务目标制定详细的蓝图，绝对不会含糊。"第二位竞选者以团结为导向，强调分担职责，维护团结协作的重要性："我鼓励所有公民都参与到改善国家现状中去，发挥自己的作用，我知道每个人都能改变现状。"第三位候选人魅力超凡，大胆而自信，他强调群体的伟大："你们不只是普通的公民，你们是一个伟大国家和民族不可或缺的一员。"然后让参与者选出理想的候选人。投票结果令人震惊，在控制条件下，一共有95位参与者，其中只有4位投给了魅力型领导者，剩下的票数平均投给了以任务和以团结为导向的领导者。[48]然而，当暗示参与者存在死亡威胁时，投给魅力型领袖的票数几乎翻了8倍（在下一章中，我们会看到，在总统实际选举中，这点也是真实存在的）。

欧内斯特·贝克尔曾总结："我们可将历史视为一系列有关永生的意识形态。"[49]在动荡时代，对部落或民族热切献身，对魅力型领袖坚定效忠，可向我们输入自豪感和力量，确保我们的群体能够永远生存下去，从而缓解对现实的恐惧。

"只要我们无法确保获得永生，我们便将无法获得安宁"[50]

古埃及人渡船而行。现在，长生不老者只要能够长生，便更愿意待在尘世。不同地点、不同时代的人对永生的描述都不相同，但追求永生的潜在欲望仍然是强劲、持久且完整的。我们不仅渴望真正的永生，也渴望象征意义的永生。如果不得不选择的话，大多数人可能会同意伍迪·艾伦（Woody Allen）的看法——我们更渴望真正的永生："我不想通过自己的丰功伟业而获得象征性的永生。我希望获得真正的长生不老。"人生之旅如同赌博，我们都喜欢孤注一掷，但当赌博是否永生时，我们总会去选择能够把握的存在。只有不死，才能确保真正的永生。

永远都是这样，在《伊利亚特》描述的战役中[51]，赫克托耳的盟友萨尔珀冬告诉自己的表哥 Glaukos："如果我们能长生不老，我一定不会再踏入沙场，也不会为了荣誉而送你过去！"但是当人们存在如获得永生般迫切的愿望时，就会不择手段，只要一个人的名字不会"水上书"。

我们已见证，恐惧如何使人丧失斗志，削弱不断增强的意志。这种恐惧迫使我们放弃祖先创下的丰功伟绩而变得默默无闻，除非能创造出超越现实的非自然空间，在这个空间内死亡无论在现实中还是象征意义中都是可以避免的。意识成为了精神构造中具有生命力的一种形式，释放无限的想象力和创造力，给人类带来无限的发明和创造。得益于恐惧管理，人们相信个体是这个有意义的宇宙中不可或缺的一员，从整体上看，生命对于我们很多人来说是快乐且丰富的，甚至是崇高和富有英雄色彩的。

然而，我们人类用来战胜现实恐惧的超自然文化体系，最终不过是对现实的防御性曲解和混淆，以此来消除潜意识中对死亡必然性的认可。正如欧内斯特·贝克尔所解释的，这一有关现实本质的"善意谎言"总是引发人与人之间的冲突，在精神和肉体上破坏我们的健康。下一章我们将探讨出现这些并发症的原因和方法。

The Worm
at the Core

第三部分

现代的死亡

第 7 章

人类毁灭本性的解析：
文化差异为何带来攻击

> 也许我们的困境，乃至于整个人类所有困难都
> 源于我们牺牲了生命中所有美好的事物，这将会把
> 我们禁锢在图腾中，文化或宗教的禁忌中，十字架
> 中，血祭中，教堂的尖塔中，清真寺中，以及各种
> 比赛和战争中，甚至于国旗和民族里，而这一切只
> 是为了否认死亡的事实。[1]
>
> ——詹姆斯·鲍德温（James baldwin），
> 《下一次将是烈火》（*The Fire Next Time*）

根据恐惧管理理论，我们人类有最基本的生物自卫本能，同时也有复杂的认知能力。这二者的结合使人类可以认识到我们不可改变的脆弱性和不可避免的死亡，这就有可能导致人类产生可怕的死亡恐惧。但是，我们的文化世界观和自尊却可以帮助我们应对这些死亡恐惧，因为它们会让我们相信：我们是有灵魂和个体身份的特殊生物，并且我们将真实地或象征性地超越生理死亡而继续存在下去。因此，我们大多数人十分注意在各自的社会文化价值体系内建立并保持自己的自信心，并使自己符合与之相关的文化价值标准。但是，当我们遇到持有不同信仰的人时，我们有时就难以保持对自己文化世界观的坚定信

念和自己的自信心了。这样一来，邪恶的阴谋几乎就要不可避免地发生了。

16世纪，荷兰和英国的定居者来到了哈德逊河谷的下游，他们对这个"新世界"的奇妙美景和丰富自然资源感到惊讶不已，对当地土著印第安人也非常感兴趣。德拉瓦人（Lenapes）已经在这片土地上生活了数千年，他们幸福快乐，爱好和平，热情好客，并且渴望用自己打猎获得的皮毛换得白人的毛毯和工具。此外，荷兰定居者记录的第一手资料上说，德拉瓦人是"非常时尚的种族，他们体格强健，营养充足，体型毫无缺点，一些人甚至可以活到100多岁，并且他们中没有傻子、疯子或精神病患者——这跟我们欧洲人不同"。[2]

然而，与此同时，欧洲人却发现这些德拉瓦人让他们感到十分不安。他们住在公有的长房子里，房子大得足够十几个家庭一起居住。他们随季节迁徙，通过母系血统来追溯亲缘关系，女性在处理公共事务时有相当大的权力。他们之间分成几个氏族部落，用一些动物，如狼、乌龟以及火鸡等作为部落的象征。他们禁止过度狩猎，因为他们的宗教信仰强调任何生命都是相互联系、相互依存的。当他们的基本生活条件得到满足时，他们也并不奢求过分的富裕。

最终，欧洲殖民者认为他们必须做一些事情，去对付这些"最残暴"的野蛮人。因此，荷兰和英国的定居者开始清除德拉瓦人和其他美洲土著部落。他们甚至把这一行为视为一大乐趣。1644年，"新尼德兰"（荷兰人曾经在美洲建立的殖民地）的首领威廉·基夫特（Willem Kieft），看见他的士兵在村子里虐待、屠杀德拉瓦人的场景时，不禁"开怀大笑"。一旦士兵们抓到一个土著俘虏，"就会把他狠狠摔在地上，割掉他的私处，然后趁着俘虏还活着的时候，把割掉的私处塞进俘虏的嘴里。之后，士兵们会把俘虏放在磨石上，把他的脑袋敲掉"。[3]
而来自荷兰的女性定居者们则会把受害土著的头当作足球一样踢，并以此作为一种娱乐方式。

也许人们更倾向于认为欧洲人屠杀德拉瓦人是出于一种心理上的扭曲现象，但是他们的做法却与漫长的人类野蛮暴行史是一致的。人类历史上不断交替发生着各种残忍的种族灭绝、种族清洗以及对国内弱势群体的野蛮欺凌。在中亚地区，古代亚述人在公元前1100年左右雕刻的浮雕描绘了城破之后敌方百姓被活生生地插在木桩上的悲惨情景，木桩从他们的腹股沟下刺入，从他们的肩膀上穿出。亚述的历代国王们喜欢炫耀他们的征服业绩，而且都想做出超越前人的暴行。亚述巴尼拔（亚述末代国王）在公元前668年到公元前627年的统治期间，得意地描述了他对一位被俘国王的虐待："我在战争中把他生俘，因为我要在我的首都，慢慢扒他的皮。"[4]

残暴的古罗马皇帝卡利古拉、俄国沙皇"恐怖伊凡"、西班牙暴君佩德罗一世、法国大革命时的独裁者罗伯斯庇尔、阿道夫·希特勒、海地独裁者弗朗索瓦·杜瓦利埃、乌干达独裁者伊迪·阿明、伊拉克独裁者萨达姆·侯赛因等，这样的例子不胜枚举，但是这些独裁者不应单独为这些恶毒的仇恨和种族灭绝的暴行负责。应该为此负责的还有那些"正常人"——正是那些认为自己在"为上帝工作"、自己在尽"爱国义务"、在"服从命令"的"正常"民众直接参加了这些暴行，他们打开了奥斯维辛集中营里的毒气阀门。

从某种程度上来说，人类的憎恨和暴行是从我们还是灵长目动物时流传下来的残余。黑猩猩在保卫和扩展他们领地的时候非常具有攻击性，它们会经常杀掉其他种群的黑猩猩，就像家常便饭一样。[5] 显然，早在三万年前，以狩猎和采集为生的原始人就开始发动战争，而且也是出于类似的目的：为了保护或者增加自己部族在某地区内的影响力，以占据更多的生存资源，如食物、水和配偶等。[6] 然而，只有人类相互仇恨和残杀的时候才会充满各种义正词严的借口，也只有人类会为了象征性的矛盾而相互仇杀。这些"象征性矛盾"有很多，比如敬拜不同的神灵、向不同的旗帜致敬等。虽然我们延缓死亡的技术正在不断向前发展，但是这并不能让我们对人类这个物种的未来充满信心。

> 如果那些人的奇怪的胡子和可笑的帽子是可以接受的，那么我在什么地方比他们优越呢？难道他们也敢奢求获得永生吗？也许那样的话，他们可能会把我从天堂里挤出去。我可不想那样。我所知道的就是：如果他是对的，那么我就是错的。他的样子是多么怪异和滑稽啊！我认为他想用狡猾的手段愚弄上帝。让我们揭露他的真面目吧。他也不是那么强壮。首先，让我们看看，如果我挑衅他一下，他会怎么办吧。[7]
>
> ——艾伦·哈灵顿（Alan Harrington），
> 《永生主义者》(*The Immortalist*)

我们都渴望超越死亡，但是这种渴望引燃了彼此之间的残杀和暴行。我们的社会文化体系帮助我们暂时抵御了死亡恐惧对我们心灵的侵蚀，但是其他人另有一套完全不同的信仰体系来帮助他们管理自己的死亡恐惧。如果我们承认别人的信仰体系是"真理"，那么我们自己的信仰体系将不可避免地受到质疑。有时候我们不得不相信只有自己的信仰才是所谓的"真理"，因为只有坚持这种似是而非的观点，我们才能坚信自己的生命是有意义的，才能坚信我们自己是重要的、可以永生的存在。"一种文化总是另外一种文化的潜在威胁，"贝克尔说，"因为别人的文化价值观是一个活生生的例子，能够证明人类可以在另外一种完全不同的文化价值和信仰体系之内活得很好。"[8]有些非洲土著人相信他们的祖先原来是蜥蜴，然后被施了魔法，才变成了人类。如果他们的神话传说是真实可信的，那么基督教中关于"上帝在六天之内创造了整个世界，并根据自己的形象创造了亚当"的说法必然受到广泛怀疑。

不同信仰体系之间相互构成的威胁远比那些互相矛盾的创世故事更加深刻。我们的生活方式、我们所信仰的一切以及我们为之奋斗的一切，都可能被另外一种世界观体系所挑战。

当我们的基本信仰受到质疑时，我们就会感到非常困惑。如果把所有意义和目的都从我们的人生中去掉，并且把它们说成是幼稚的、无用的或邪恶的，那剩下的就只是我们脆弱的物质生命。因为我们的现实文化观念体系对死亡恐惧有一定的压制作用，所以如果我们承认与我们相反的信仰体系具有合理性，那么就会把被压制的死亡恐惧释放出来。为了避免这种情况的发生，我们必须贬低和否认别人的不同生活方式和价值观，或者强迫别人接受我们的信仰并把他们的文化纳入我们的文化体系，或者完全忽视、消灭他们。

此外，人生的意义与价值体系并不能完全缓解人们对死亡的恐惧。象征与意义符号的力量是非常强大的。事实上，它们是人类想象力、创造力和改造现实能力的基础。但是，单靠象征和语义符号并不能完全克服对死亡的恐惧。我们心中总有一些残存的死亡焦虑。这样一来，我们就会把自己的恐慌投射到与我们具有文化差异的他人身上，并且把他人当作所有邪恶的集合体。[9]当一种文化体系中的人们为了维持自己的心理安全，把自己的意志强加给另外一个文化体系中的"他人"，或者向他人发泄自己的仇恨时，而另外一个文化体系中的"他者"往往也会采取同样的策略进行反击，这就导致了一种仇恨的恶性循环。

贬低与非人化

为了对付那些现实观念与我们不同的"他者"，我们的第一道心理防线是贬低或污蔑他们，以减少他们的信仰体系对我们的信仰体系的威胁。我们会认为他们是"无知的野蛮人""魔鬼的仆人"，他们"被邪恶的主人洗脑"，很可能"已经不是人类了"。纳粹把犹太人说成老鼠。在北极圈内的因纽特语、非洲赤道地区的姆布蒂语、奥罗卡瓦语、南美洲土著的雅诺马马语（Yanomamo）以及新几内亚的卡利利语中，代表自己部族的词就是"人"或者"人类"[10]，这就意味着其他部落的人在这些文化中不被当作人类看待。来自沙特阿拉伯中部省份内志地区的传统阿拉伯人更是直言不讳，他们称所有的外来者为"tarsh al bahr"，意思就是"海上来的垃圾"。[11]

美国人也常常不把其他文化中的"他者"当作人类看待。例如，在第一次海湾战争期间，美军的诺曼·施瓦茨科普夫（Norman Schwarzkopf）将军就曾经宣布：伊拉克人"不属于我们人类中的成员"。美军中流传的宣传品也曾经把伊拉克人比作蚂蚁和蟑螂。[12]与此同时，在国内，美国人也在汽车保险杠上贴出"我不为伊拉克人刹车"[13]之类的贴纸。

这种贬低他人的倾向往往在人们想到自己死亡的问题之后会表现得尤为显著。相关研究结果已经证明：思考过自己的死亡之后，基督教徒会诋毁犹太人，保守派会谴责自由派，意大利人会鄙视德国人，以色列小孩会厌恶俄罗斯孩子，世界各地的人们都会嘲笑外来的移民。想到死亡会让我们不把其他文化信仰体系中的人看作同类，而把他们当作动物。[14] 遗憾的是，这种策略是有效的。当人们蔑视与自己不同的"他者"时[15]，可以很轻易地处理掉自己内心和死亡有关的思考。

文化的同化与吸收

除了贬低和污蔑那些跟我们存在文化信仰差异的人群之外，我们还可以给这些"无知""被误导"或"有罪"的人指出一条"光明大道"，从而把他们也吸收进我们的世界观体系之内，让他们也接受我们的文化。把其他文化体系中的人转变过来，让他们接受我们的思维方式，难道还有什么比这样能更好地证明我们世界观的优越性吗？例如，苏格兰人戴维·博格（David Bogue）生于 1750 年，因其传教热忱而著名。作为"伦敦传道会"（London Missionary Society）的始祖，博格劝勉信徒们分头奔赴遥远的地方，去消灭"异教徒"的"错误信仰"：

> 上帝命令我们"爱我们的邻居如爱我们自己"，并且它教导我们每个人都是我们的邻居。从前你们是异教徒，生活在残酷可憎的偶像崇拜之中。耶稣的臣仆们从远方来，在你们中间传福音。此后，你们就有了救赎的知识。为了回报他们的善心，难道你们不应该派遣使者，去那些与你们从前情况类似的异教国家，恳求他们脱离愚蠢的偶像崇拜，去侍奉永生的上帝，并且等候神子从天上降临吗？[16]

早在基督诞生前的几个世纪[17]，佛教的传教士们就开始四处传播他们的教义，劝人们信仰他们的宗教。伊斯兰传教士遵循安拉的命令去"召唤"信徒："用智慧和公正的劝告，把人们叫到真主的路上来，与他们更好地讲理。"[18] 今天，全世界摩门教的传教士们也在做着同样的事情。

在世俗领域，也有很多类似的劝导者。无神论者们举办讲座、派发传单，就是为了从世界上消灭各种宗教。素食主义者向小学生展示屠宰场的景象，希望小学生像他们一样食用豆腐，而不是肉类。

为什么会是这样呢？答案其实很简单：一种文化世界观的力量大小取决于参与其中的人数。信仰是人们抵御生存恐慌的有效保障，所以人们在追随某种信仰之前，必须完全确定其有效性。我们有赖于一些核心信仰来获得自己的心理安全感，但是大多数的核心信仰都是建立在"相信"，而不是"事实"的基础上，所以它们很难被证明是正确无误的。因此，只要我们的信仰被越来越多的人所接受，我们就越来越相信自己的信仰是正确的。如果世界上只有一个人相信上帝曾经以一束燃烧着的灌木的形式与摩西对话，那么这个可怜的家伙就需要抗精神类药物来缓解他那过于丰富的幻觉了。但是如果数百万、上千万人都相信这个传说，这种信仰就成了"不容置疑的真理"。

我们自以为高于其他动物，因为其他动物都是必死的，而我们则有可能"超越"死亡。我们的信仰，即我们自己认为的"不容置疑的真理"，就是这种优越感的基础。因此，每当我们想到死亡时，就特别希望自己的信仰被证明是正确的。关于死亡的想法会让基督教徒更加努力地去说服无神论者接受福音，也会使进化论者决心去说服神创论者接受达尔文的理论。此外，相关研究成果还表明：劝服他人接受我们的文化体系还可以预防自己产生死亡恐惧。如果我知道你接受了我的信仰，那么我会觉得自己的信仰似乎变得更加可靠和有效了，因此也就不会过分担心死亡了。[19]

除了试图说服别人接受我们自己的风俗和信仰之外，我们也可以"驯化"别人的文化信仰体系。虽然另外一种文化信仰体系对我们自己的文化体系具有一定的威胁性，但是我们可以把其他文化体系中比较优秀的方面吸纳进我们自己的文化世界观之中。这就是所谓的"文化吸收"——人们正在改变自己的世界观体系，来吸收其他世界观体系中比较吸引人的地方，但是同时又不破坏自己世界观体系中最珍贵的价值与核心的信仰。让我们思考一下美国 20 世纪 60 年代的"反文化运动"。那时的年轻人支持黑人"民权运动"，反对不断升级的越南战争，"嬉皮士"们试图反抗军事工业寡头，反对贪婪、物质主义、性别歧视、种族歧视和性压抑。他们呼吁尊重其他文化、尊重少数民族、尊重妇女和环境，呼吁人们采取更简单、更和平的生活方式。

年轻人也拒绝他们的父母和长辈们那种干净整洁的"奥齐与哈丽雅特"（美国 50 年代著名电视剧人物）式装扮。他们身穿蓝色牛仔裤，以示同情伍迪·格思里（Woody Guthrie）的工人们。他们开始不吃肉，而吃燕麦片和其他天然健康食品。性、毒品、摇滚乐是他们生活中的文化支柱。当时，他们的这些行为被视为严重威胁美国的传统价值观，到处被社会上的"良好公民"所鄙视。时任加利福尼亚州州长的罗纳德·里根（Ronald Reagan）打趣道："嬉皮士就是看起来像人猿泰山，走路像简，闻起东西来像猎豹的那些人。"

然而，当里根当上总统的时候，嬉皮士"爱与和平"的价值观已经演变成了可乐广告词："我想教全世界完美、和谐地唱歌，我想给这个世界买一杯可乐，陪着它一起喝。"当商业主义与一年一度的"伍德斯托克摇滚音乐节"（Woodstock）发生碰撞之后，嬉皮士们的叛逆价值观逐渐演变成了商人们的赚钱手段。高档牛仔裤的售价高达100美元，杂货店里出售的巧克力燕麦棒有50种成分，60年代的经典抗议歌曲变成了电梯里播放的轻音乐，还在牙医诊所候诊室里播放。60年代"反文化运动"的这些方面都被当代美国主流世界观体系吸纳了。人们可以享受漂亮的牛仔裤、可口的燕麦和好听的音乐，而不会被嬉皮士们的叛逆世界观所干扰，而且也不在乎他们对"更简单、更健康、更和平、无阶级意识生活方式"的追求。

如果我们能把那些跟我们文化不同的人纳入一个个人为的分类之中，我们对他们的恐惧也会消失。这样一来，他们就成了各种文化角色的刻板代表，比如喜爱运动和说唱的黑人，以家庭为重的和蔼墨西哥人，聪明、勤奋的亚洲人，喜欢参加圣战的愤怒阿拉伯人，喜欢喝灰皮诺葡萄酒的美国东北部孱弱知识分子，一手握枪一手握《圣经》的美国南方乡下人。事实上，当死亡的想法接近我们的意识的时候，人们更喜欢把别人归入各种简单刻板的群体中。例如，研究证明，当美国人想到死亡的问题之后，他们往往会认为所有德国人都应该思维有条理，所有的男同性恋都是娘娘腔，所有男人外出吃饭时都要负责买单，而所有的女人都应该帮邻居照看孩子。[20]

在一定程度上，这种对他人的刻板印象和成见是我们文化世界观体系的一部分。如果与我们文化不同的人符合了这种刻板的印象和成见，那么他们也就证明了我们文化世界观的正确性；如果与我们文化不同的人违背了这种刻板的印象和成见（例如，我们认为黑人就应该喜欢说唱和运动，但有些黑人并非如此），那么他们就威胁到了我们文化世界观的正确性。因此，当我们需要加强对自己文化世界观的信心时，我们可能会更喜欢那些与我们自己文化世界观体系差别较大的群体，而不喜欢那些与我们文化较为相近的群体。这就可以解释为什么21世纪的美国白人喜欢一些虚构的人物，如"先知安迪"（美国戏剧中的黑人角色）、杰克·本尼（Jack Benny）（美国喜剧演员）的搭档——罗切斯特，还有一些外国裔的演员，如斯特平·费奇特（Stepin Fetchit）等。这也可以解释为什么那些恐惧和厌恶黑人的种族主义者仍然会崇拜一些著名的黑人运动员、音乐家和艺人。

在一项实验中，我们首先让一些美国白人学生想到自己的死亡，然后我们发现他们更加倾向于把一个非裔美国人看作"黑帮成员"，而不是一个严肃、认真的黑人。在另外一项实验中，我们安排一些美国白人大学生跟迈克尔见面。迈克尔是一位非裔美国男性，他在此项实验中冒充一名普通的实验参与者。在两次会面的场合中，迈克尔的衣着和举动首先符合白人对非裔美国男性的刻板印象，然后违背这种刻板的印象。在"符合刻板印象"的场合里，迈克尔穿着一条宽松的短裤，朝后戴着亚特兰大勇士队的棒球帽。在"违反刻板印象"的场合里，他穿着卡其布裤子，衬衫的扣子扣得整整齐齐，还穿着一件运动外套。

然后，我们把迈克尔送进了实验室，让他跟白人大学生们相互认识。我们提醒一部分白人学生想到自己的死亡，而让另外一部分白人学生想到一个中性话题。然后，我们安排他们与迈克尔交换了论文，论文主题是关于他们在暑假都做了些什么。在"符合刻板印象"的场合里，当迈克尔穿着他的"黑帮"服装出现时，他的文章是关于"和兄弟在一起玩儿""喝40度的酒""打群架"和"寻找小妞"等。但是，在"违反刻板印象"的场合里，当迈克尔打扮得像参加严肃的求职面试时，写的是关于"上计算机课"以获得商务专业学位、"阅读经典小说"和"下国际象棋"等。

然后，实验参与者对迈克尔的形象进行了评价。当他们想到跟死亡无关的中性话题时，白人学生们更喜欢勤奋好学的迈克尔（虽然这个形象违背了白人对黑人的刻板印象），而不喜欢"打架"的迈克尔。然而，那些想到死亡的白人学生则更喜欢的是"黑帮"迈克尔，而不是"穿戴整齐"的非裔美国人。[21] 因此，当生存恐惧被唤醒的时候，要巩固我们自己的文化世界观，就必须让那些与我们文化不同的人来符合我们社会认可的千篇一律的刻板印象和固定模式。

妖魔化与毁灭

当贬低、同化和吸收别人的文化信仰体系都不足以让我们自己获得心理上的宁静与安全时，我们心理上的不安就会变成身体上的行动。这样一来，"强力"就变成了"正义"，我们就会依靠自己的暴力消除威胁到自己心理安全的其他文化体系。这在一定程度上是因为我们对死亡的象征性解决方案永远不会让我们获得心理上的安宁与满足。文化世界观体现在强大的信仰、象征性的符号和标志中，比如各种旗帜和十字架等。然而，死亡是一个非常现实的生理问题，人们心中总有挥之不去的死亡焦虑，而我们总是把这种焦虑投射到其他文化群体的人们身上，并且把我们认为是"邪恶"的东西摧毁。

在古代，人们经常把自己的死亡焦虑具体化到某些动物的身上。例如，在古代希伯来人的"赎罪日"，人们会抽签选择两只山羊。第一只山羊被称为"主的山羊"，作为鲜血的祭奠奉献给上帝，以换取上帝对以色列人罪孽的宽恕。第二只山羊被称为"阿撒泻勒"（Azazel）或"替罪羊"，身上承载着人们的罪孽，被驱逐到旷野中。在古希腊，"替罪羊"不是动物，而是一个人。当某一个地区传染病或饥荒肆虐的时候，"法耳玛科斯"（pharmakos），即当"替罪羊"的人会遭到全村里人的鄙视和谩骂。法耳玛科斯通常是身份卑微的人，可能是罪犯、奴隶或跛子。他有时还会被殴打或被人用石头砸，直到最后被赶出城邦。

纵观整个人类历史，无论是个人，还是整个群体，都曾经被当作死亡焦虑的"心理避雷针"，被别人当作发泄死亡焦虑的替罪羊。通常，只有那些"罪大恶极"的人才会被所有人都毫无疑问地认为是"邪恶"的。匈奴王阿提拉和阿道夫·希特勒在每个人心中都能排到"史上最邪恶人物"中的前十名。然而，有时候"邪恶"与否往往取决于观察者的立场。贝拉克·奥巴马和沃尔玛都受到其反对者的诋毁，但同时也受到其支持者的赞誉。即使那些表面上与世无争的群体，如素食主义者、乡村音乐爱好者和"纽约扬基棒球队"的球迷们，在一些人的眼里也可能成为"邪恶的化身"。

饥荒、瘟疫、经济动荡、政局不稳、教育缺陷、停电、文盲、青春期叛逆等，只要你能说出来的问题，就都是"他们"的错。"我们"自己是好人、是纯洁的、是正确的，我们是按照上帝的形象被创造出来的，我们的脸上闪耀着神的光辉。"他们"是一切问题的根源，我们对付"他们"的解决方案也很清楚：我们可以贬低他们，把他们非人化和妖魔化，并且最终把他们毁灭。我们必须"铲除所有恶人""净化整个世界""证明上帝站在我们这边""让地上的生命像天堂里一样纯洁"等。

但是，这里还有一点会令人感到十分不安。因为我们需要一些具体的、潜在可控的原因和目标来发泄自己残余的死亡焦虑，我们就会

"寻找"或"创造"一些不同于我们的"他者"去服务于这个目的。人们就会这样想:"如果我们能除掉那些(恐怖分子或者其他什么人群),然后我们的所有问题就都解决了!"

虽然发现和迫害"邪恶他者"给我们提供了一个消除残存死亡焦虑的办法,但是这种策略通常会适得其反,只能增加"他者"对我们的实际威胁。如果我们试图铲除这些"邪恶"的"他者",就会点燃我们与他们之间冲突的火焰,让那些我们认为是"邪恶他者"的群体产生死亡焦虑,因为我们的行为不仅直接威胁到他们的生存,而且也会对他们造成心理上的羞辱,让他们感到被轻视和被非人化对待。如果别人的国土被我们占领,我们强迫他们放弃传统信仰而采用外来的生活方式,那么他们怎么可能会认为这个世界是有意义的,而且自己是这个世界的重要贡献者呢?当目睹自己宝贵的文化传统和珍贵文物被主流文化贬低并吞并时,当发现自己的文化变成了一种可笑的漫画时,当自己的种族被视为动物时,人们怎么可能会不受到死亡焦虑的威胁呢?如果我们这样对待文化世界观体系跟我们不同的人,怎能不跟他们发生冲突呢?

羞辱会剥夺人的自尊,把人贬低为脆弱的动物,而不是有意义的世界中的重要人物。索马里有句谚语这么说:"屈辱比死亡更糟糕,在战争时期,言语羞辱比子弹伤害更大。"[22] 子弹杀伤你的身体,而羞辱则会破坏那些使你超越死亡的人生意义和自尊,而人生意义和自尊就像是盾牌一样保护着你,让你不会因为生命短暂而过度恐慌。人类历史上充满了为修复受伤的自尊而爆发的报复性战争。特洛伊战争(在《伊利亚特》中有具体的描述)就是因为斯巴达国王墨涅拉俄斯的妻子海伦被特洛伊王子帕里斯诱拐而发生的。墨涅拉俄斯因此受到了极大的侮辱。为了雪耻,他和盟友的军队围攻特洛伊城长达十年之久,城破之后烧毁了大部分建筑，杀光了所有的男人，强奸或奴役了所有的妇女和儿童。

在现代，我们的历史中仍然不缺少努力报仇雪恨的故事，但是大多以悲剧收场。20世纪上半叶，希特勒因为向国民承诺"洗刷《凡尔赛条约》的耻辱"而当选德国总理。在二战中，日本神风特攻队的飞行员们宁愿牺牲自己，也要减轻战败的羞辱，这种自杀式行动随着日本在战争中的损失不断增大而越来越频繁。1965年，美国国防部的备忘录中指出：当时美国在越南战争中的主要战略目的是"避免可耻的失败"。[23]21世纪，在访问了基地组织的支持者和美国右翼基督教民兵组织成员之后，社会学家马克·尤尔根斯迈耶（Mark Juergensmeyer）说："几乎每个支持或参与宗教暴力的人都会说，他们曾经感到过巨大的挫折感和羞辱感。"[24]虽然这些事例相互之间差别很大，发生在不同的历史文化背景之下，但是它们都涉及了强烈的羞辱感，而且羞辱感都导致了过激的暴力行为。

能够引起致命暴力行为的羞辱往往源于过去很久以来一直没有得到解决的冲突。这就会让人们产生受迫害感，并需要英雄行为进行救赎。例如，20世纪90年代在科索沃和波斯尼亚地区发生的血腥冲突，部分原因就是为了替塞尔维亚人在1389年科索沃战役中的失利复仇。[25]

被羞辱的人常常试图通过指责和消灭侮辱他们的人来恢复自己的骄傲和尊严。"当受到羞辱的心灵反省自己的毁灭时，"埃费林·林德纳博士（Evelin Lindner）写道，"它可能会相信只有给侮辱者施加更大的痛苦，才能洗刷自己的耻辱。这样就开始了一个恶性循环：一方施加暴力侮辱，而另一方则以暴力反抗，双方都认为必须这样循环往复地进行下去。没有任何一方可以打破这个循环，因为第一个宣布退出的将会受到进一步的羞辱，所以施加侮辱的一方与被侮辱的一方都被困在一个相互迫害与谋杀的恶性循环中永远不可自拔。"[26]

2001 年 9 月 11 日：攻击与反击

2001 年 9 月 11 日，基地组织袭击了美国国防部五角大楼和纽约世贸中心"双子塔"。这些恐怖袭击和随后的事件尖锐地说明了：死亡恐惧挑起了人与人之间的相互仇恨和暴力复仇的恶性循环，让人们以为自己在"英勇"地与邪恶的"他者"作战。

20 世纪 80 年代，乌萨马·本·拉登的目标主要还是政治上的。他先是要把苏联军队从阿富汗赶走，随后又要把美国军队从沙特阿拉伯境内穆罕默德的"圣地"驱逐出去。然而，本·拉登在 1998 年加入了激进的伊斯兰教神职人员团体，并宣布对美国发动"圣战"。他这一举动的部分原因是为了报复 11 世纪欧洲基督教徒对中东伊斯兰教徒发动的"十字军东征"，以及 1918 年奥斯曼土耳其帝国的解体给伊斯兰教徒带来的耻辱。以下是他的话：

> 一直以来，美国人占据着伊斯兰教最神圣的地方——阿拉伯半岛。他们掠夺财富，控制国家统治者，羞辱当地人民，还恐吓邻近国家。美国已经把它在阿拉伯半岛上的基地变成一个攻击邻近穆斯林国家的矛头。因此，我们呼吁每一个希望得到真主奖赏的穆斯林，遵从真主的命令，去杀死美国人，并掠夺他们的钱财。我们也呼吁穆斯林宗教领袖、政府领导人、青年和士兵，对魔鬼撒旦领导下的美军和这些魔鬼的同盟者进行袭击。[27]

本·拉登一开始的具体政治目标（将外国军队赶出阿拉伯半岛）后来已经演变成了由屈辱感推动的神圣宗教职责——消灭魔鬼的使者。如果要给美国和中东伊斯兰国家之间的矛盾煽风点火、赋予它重大的意义，并且吸引信徒们甘愿为之牺牲，那么有什么方式比发动一场反美圣战更好呢？

"9·11"事件让美国人经历了一次强大的死亡威胁的打击。[28]第一，他们目睹了恐怖的死亡景象。亲眼看到纽约"世贸双塔"轰然倒塌，令数百万人感到惊恐不已。更加令他们震惊的是美国国防部五角大楼也被飞机碰撞起火，而另一架飞机坠毁在宾夕法尼亚州的境内。第二，除了给美国民众造成了巨大的伤亡之外，这次袭击还对美国文化体系中的三个最重要的象征性标志构成了威胁和破坏，因此令美国人感到十分耻辱。"世贸双塔"象征着美国的金融和商业繁荣，它现在完全被摧毁了；五角大楼象征着美国在世界各地的全球军事力量，它受到严重损坏。第三个破坏目标，也许是白宫或国会，因为它们标志着美国的民主。

在"9·11"事件刚刚发生后，美国人表现出了不同寻常的同情和效率。来自全国各地的警察和消防队员大批涌入纽约市。血库和粮库立即充溢起来。人们纷纷行动起来，为这场灾难尽自己的一份力，美利坚民族似乎恢复了自己的民族自豪感和凝聚力。为了应对存在危机，人们重新肯定了自己的价值观和祖国的价值观。

但挥之不去的死亡恐惧也加剧了美国人去贬损、非人化、妖魔化、同化和毁灭"邪恶他者"的冲动。美国国防部副部长帮办威廉·博伊金（William Boykin）中将把美国与伊斯兰激进分子的冲突描绘成跟"魔鬼"进行的斗争："我们的敌人是精神上的敌人。他叫'黑暗之主'，也可以叫作撒旦。"[29] 美国前国务卿劳伦斯·伊格尔伯格（Lawrence Eagleburger）说："你必须杀一些这种人，即使他们并没有直接参与，但是他们需要被我们打击，才能老老实实。"[30]

美国国家领导人也参与到这些贬损"邪恶他者"的行动和言论之中，来满足灾难之中的美国人对"英雄"的需要。2001年9月17日，美国总统乔治·布什（George W. Bush）发表讲话说："这是一种新的邪恶。我们理解，美国人民也开始明白：这个斗争将要持续很长一段时间。我们将会替整个世界清除那些作恶多端的人。"副总统迪克·切尼说，凡是不愿意加入这场"新十字军东征"的国家将会面临美国的"愤怒"。[31]

在"9·11"事件之前，布什总统在任期间的表现往往被看作"没有什么能力"和"十分平庸"，甚至许多共和党支持者也这么认为。然而，"9·11"事件几周之后，布什总统的支持率却达到了史无前例的高度。布什如此受欢迎，在一定程度上是由于这次恐怖袭击突然引起了美国人对死亡的恐惧，并让他们感到生命的脆弱。这种现象已经被我们在2002年和2003年的实验所证实。当美国人想到自己的死亡之后，他们会更加支持布什总统和他在伊拉克的政策。[32] 作为现任总统，布什自信地向全美民众发布着具有感召力的消息："上帝赋予我们神圣的责任，去战胜邪恶力量。"这样一来，布什就满足了美国人对"恐惧管理"的需求，因此在2004年的总统选举时，他的支持率比他的竞争对手参议员约翰·克里（John Kerry）要高得多。[33] 在我们的实验中，我们先让一些实验参与者想到了剧烈的疼痛。在这种条件下，参与实验的美国人对克里参议员的评价比对布什的评价高得多。但是，我们又让一些美国人想到自己的死亡，结果他们对布什的评价比对克里的评价更好。在 2004 年大选的前六周，想到疼痛的实验参与者们选择克里参议员和选择布什总统的人数比例达到 4 ∶ 1。但是，在想到死亡的那组参与者中间，选择布什和克里的人数比例几乎是 3 ∶ 1。[34]

布什的"恐惧管理"价值很可能会因为他 2001 年在阿富汗和 2003 年在伊拉克发动的军事行动而得到提升。萨达姆·侯赛因在很短时间内就被干掉了，而塔利班也及时受到了重大的打击。这些事件为基督教传教士涌入这两个国家铺平了道路，这些传教士觉得自己有责任去"纠正"伊拉克和阿富汗两国内那些宗教和政治信仰"受到误导"的人。基督教原教旨主义者前往伊拉克和阿富汗建造教堂、分发《圣经》，谩骂伊斯兰教，丝毫不顾当地穆斯林的强烈反对。这些传教士偶尔也会遇到暴力抵抗，但他们认为即使被打死，也会死得其所。"我们的活动可能会导致一些人死亡，"基督教传教组织"殉道者之声"的媒体主任托德·内特尔顿（Todd Nettleton）说，"但是死后上天堂永远与上帝在一起，比永远待在地狱里要好得多。"[35] 与此同时，政治和经济领域的美国"传教士"们也承担起 2002 年《美国国家安全战略》中规定的使命，前往伊拉克和阿富汗"把自由的好处扩展到全球各地"，并宣扬民主的资本主义制度才是"国家能够成功的唯一可持续模式"。[36]

"9·11"事件刚刚过去不久，大多数穆斯林都对此事件迅速表示谴责，他们把袭击者称为歪曲伊斯兰教教义的宗教狂热分子。然而，此后不久，穆斯林却遭到了美国人的侮辱和诋毁。首先是一些美国人对伊斯兰世界总体的笼统谴责，然后是有人试图强迫他们在宗教和政治上转变信仰，最后布什总统也宣布进行一次新的"十字军东征"，来铲除世界上的"邪恶势力"，紧随其后的是美军入侵阿富汗和伊拉克。美军在中东地区开展的"震慑战略"（shock and awe）中，成千上万的无辜受害者在美军袭击中丧生，而美国则仅仅把这称为对平民的"附带性损害"。对巴格达的洗劫和屈辱的阿布格莱布监狱虐囚事件让全世界的穆斯林想到了真实和象征性的死亡，激起了他们的死亡恐惧，就像"9·11"事件对美国人造成的心灵创伤一样，挥之不去的死亡恐惧可能会加剧他们的狂热，让他们产生贬低、非人化、妖魔化、同化和摧毁他人的欲望。在美国，一些倍感屈辱的伊斯兰教徒利用广播和互联网进行反美宣传，发泄他们对美国人的恐惧和愤怒。在穆斯林群体中间开展的民意调查也显示：他们对西方的敌意正在日益增长，这真是一个人令人心寒的故事。几乎 1/3 的土耳其受访者，1/2 的巴基斯坦受访者，3/4 的摩洛哥和约旦受访者都表示：他们认为针对以色列人、美国人和在伊拉克的欧洲人进行的自杀式爆炸袭击是"理所应当"的。[37] 许多穆斯林儿童都渴望成为"圣战烈士"。在加沙地区的贾巴利亚难民营（Jabalia refugee camp），一个 8 岁的男孩给记者看了一张"他全家的照片"，照片里他握着一把 AK-47 步枪。他还告诉记者说，他的哥哥是一个烈士，然后他摇了摇头，又承认说他哥哥还活着，不是烈士，他哥哥也从来没有做过那么"伟大"的事情。[38] 在约旦河西岸的杰宁难民营（Jenin camp），一个 13 岁的女孩说，尽管她的父亲希望她成为一名医生，但是她喜欢研究核物理，这样她就可以炸掉整个美国。[39]

除此之外，美国对伊斯兰世界的攻击还引起了致命的反击。2002年 1 月，《华尔街日报》的美籍犹太裔记者丹尼尔·珀尔（Daniel Pearl）在巴基斯坦被绑架，随后被砍头。恐怖分子把砍头时的可怕景象录了下来，并广泛传播到世界各地。2002 年 10 月，一枚汽车炸弹在印度尼西亚巴厘岛一家颇受欢迎的旅游夜总会门外爆炸，造成 200多名平民死亡，100 多人受伤。2004 年 3 月 11 日，一系列的蓄谋已久的爆炸案发生在西班牙首都马德里的通勤列车上，造成将近200人死亡，将近2000人受伤。2005年7月7日，伦敦的列车和公共汽车上也发生了类似的袭击，共有52名平民丧生，另有4名自杀式爆炸袭击者死亡，700多人受伤。

与此同时，由沙特阿拉伯资助的穆斯林传教组织开始在欧洲和亚洲更加活跃，他们信奉瓦哈比派的教义，试图在欧洲和亚洲寻找新的皈依者，使更多人信奉他们的宗教激进主义。[40]

现在，"9·11"事件已经过去了10年多，美国与一些伊斯兰教极端分子的攻击和反击仍然在继续，双方都在相互诋毁、相互羞辱、相互妖魔化，并且都试图摧毁对方。

在大多数伊斯兰国家，反美和反以色列的情绪仍然高涨。在美国和欧洲，针对伊斯兰世界的仇恨和暴力也仍然存在。很多美国人十分反对在他们自己住宅附近修建清真寺，在想到死亡的问题之后，他们的反对意见将会变得更加强烈。[41]

实验室里的"奇爱博士"（核武器科学怪人）

爱尔兰剧作家萧伯纳曾经说过："当死亡天使吹响号角时，人类各种虚伪的文明都会像帽子一样被一阵风吹到泥里。"[42]不幸的是，当人类生存的螺丝稍微轻轻扭动一下，就足以让人们这样做了。对死亡的恐惧点燃了我们对不同信仰人群的暴力和仇恨，尤其是那些被我们认为"邪恶"的人。

为了说明人类的这种倾向，我们根据1995年的"辣酱攻击事件"

做了一个实验。1995 年 2 月，新罕布什尔州黎巴嫩地区"丹尼快餐厅"的一个早餐厨子想和两名来自佛蒙特州的州警开个小玩笑。这两名警察是专门去吃早餐的，而这个厨师却十分不喜欢警察。于是，厨师在警察的早餐里面放了大量的辣椒酱，结果警察们很不高兴，就说早餐里的鸡蛋烫到了他们的嘴，还让其中一名警察胃疼。黎巴嫩地区的警督肯·拉里（Ken Lary）说："竟敢对我们的食物胡闹，实在是受够了。"几周之后，这名厨师以"袭击他人"的罪名被警察逮捕，等待他的是 2 年的监禁和 2000 美元的罚款。但是，这并不是一个孤立事件。十几岁的青少年在打闹时也会把辣椒酱倒进别人的喉咙里，而有些父母也曾经因为强迫孩子喝辣椒酱而被以"虐待儿童"的罪名起诉。[43]

受到上述事例的启发，我们分别邀请了一些政治倾向上偏向保守和偏向自由的学生进入我们的实验室，参加一项"性格与食物偏好测试"。我们让他们其中的一部分人做我们的标准问卷，思考死亡问题，而另外一部分人思考即将到来的下次考试。然后，他们要写下自己的背景、兴趣、食物喜好。我们假意告诉他们：他们写的这些资料要跟旁边小隔间的实验参与者进行互换；在食物偏好实验中，他们会跟隔壁小隔间的一名参与者成为相互合作的伙伴；一对伙伴两人在政治上可能都是自由主义者，或者都是保守主义者，也可能是自由主义者跟保守主义者的混合搭配。（实际上，交换给实验参与者的"资料"都是我们伪造的，他们根本就没有所谓的"合作伙伴"。）我们虚构的"合作伙伴"资料上都写着这样的句子"自由主义者（或保守主义者）最好还是不要让我看见"。"自由主义者（或保守主义者）是这个国家很多问题的根源，这可不是开玩笑的"。然后，我们把这些伪造的"资料"随机分发给实验参与者，作为他们"合作伙伴"的资料。我们伪造的"资料"上还写明：他们的"合作伙伴"非常不喜欢辣味食物。

我们让实验参与者往杯子里面倒一些非常辣的萨尔萨辣酱，并且告诉他们："你隔壁的合作伙伴在对食物做出评价之前，必须首先喝完这杯辣酱。"那么，当他们知道自己的合作伙伴不喜欢辣椒，但是必须喝完这些辣酱的时候，他们会往杯子里面倒多少辣酱呢？结果我们发现：那些在实验开始之前考虑自己下次考试的学生并不在乎他们"合作伙伴"的政治信仰。无论是自由还是保守，他们都给虚构的"合作伙伴"倒了一点点辣酱，让对方去喝。至于那些想到自己死亡的学生，当他们虚构的"合作伙伴"与他们的政治立场一致时，他们也同样倒了一点点辣酱让"合作伙伴"去喝，但是，当我们伪造的"资料"上显示"合作伙伴"的政治信仰与想到死亡的实验参与者的政治信仰不一致时，这些实验参与者给他们的"伙伴"倾倒了平均两倍多的辣酱（还经常倒满满一杯）。

这是我们获得的第一份直接证据，可以证明：死亡恐惧会放大我们对那些信仰不同者的仇恨，让我们试图在肉体上伤害那些挑战和侮辱我们信仰的人。但是，这并不是最后一份实验证据。在2006年的一次实验中，我们发现，当美国的一些保守主义者想到自己的死亡或者"9·11"事件之后，他们更加支持对那些直接威胁美国安全的国家进行先发制人的核武器和化学武器打击。他们还认为，为了抓住或杀死本·拉登，即使杀伤成千上万的无辜人也是值得的。[44]另外一项实验还表明：当美国人想到自己的死亡之后，他们更愿意接受美国情报机构对外国嫌疑犯采取野蛮和侮辱性的审讯和折磨手段。[45]在以色列进行的类似实验也证明：对死亡的思考会让那些在政治上比较保守的以色列人认为针对巴勒斯坦人的暴力行为是正当的。他们也会更加支持对伊朗采取先发制人的核打击。[46] 在另外一项实验中，伊朗的大学生们在想到死亡的问题之后，更加支持对美国进行自杀式袭击，他们也更愿意亲自充当自杀式爆炸袭击者。[47]

最后，在一项特别可怕的实验中，杰夫·席梅尔（Jeff Schimel）和他在加拿大阿尔伯塔大学（University of Alberta）的同事们让一些非常虔诚的基督徒分别读了两篇文章。其中一些人读的是关于北极光的文章，而另外一些人读的则是一篇有关伊斯兰教徒占据耶稣故乡的文章。后一篇文章是根据真实新闻报道改编的，目的是对这些基督徒造成心理上的威胁。文章是这样写的：

> 在耶稣的诞生地——古城拿撒勒，当地的主要伊斯兰教政党"伊斯兰运动党"（Islamic Movement）的领袖们雄赳赳气昂昂地走在大街上，而成千上万的居民则在一旁围观。虽然这次游行被称为一次"庆祝活动"，但是其中充满了火药味儿。这似乎更像一次"力量展示"，而不是"街头派对"。穆斯林教徒们身穿军装，敲锣打鼓，挥舞着他们党派的绿色旗帜，同时还有一个人用扩音器不断高喊"安拉至大！安拉至大"。数百名该党的活动分子在街上昂首阔步，高喊口号："伊斯兰教是唯一的真理！""伊斯兰教统治一切！"

此外，一半的实验参与者还要额外阅读一篇文章，描写的是一次坠机事件："据新闻报道，117名虔诚的穆斯林教徒今天在前往拿撒勒参加宰牲节的路上不幸遭遇坠机事件，据称没有发现生还者。"然后，每个参与实验的人还要参加一个"词根组词"练习，来检测他们是否会很轻易地想到死亡。在这个练习中，实验参与者要把一些字母片段补充完整，以组成完整的单词，但是这些片段既可以组成与死亡无关的中性词语，也可以组成跟死亡相关的词语。实验参与者组成跟死亡有关的词语越多，就说明他们越容易想到死亡。

毫无悬念，读了关于伊斯兰教徒占据耶稣故乡的基督徒比那些读了关于北极光文章的基督徒更容易想到死亡。这表明伊斯兰教徒占据基督教圣地会在基督徒心中造成死亡的阴影。然而，还有更可怕的地方：那些读了关于伊斯兰教徒占据耶稣故乡之后，又读了关于穆斯林空难丧生文章的基督徒想到死亡的概率跟那些看了北极光文章的基督徒一样低。这是因为：他们把占据基督教圣地的伊斯兰教徒视为"作恶者"，而"作恶者"的死亡会减少他们的死亡恐惧。[48]

太阳底下没有什么新鲜事

我们现在已经明白了：人们之所以会对别人进行"非人虐待"，往往是因为他们不能包容具有不同文化世界观的其他人，而且人们常常还会对具有不同文化的"他人"进行侮辱。更糟糕的是，为了消除自己身上残存的死亡焦虑，人们还要把"罪恶"的恶名强加到"他人"身上。当然，关于领土的争端和对稀缺物资的争夺也是人类不合的主要原因。但是这些实际利益的争端也包含着象征性的心理因素。当一个族群宣布自己拥有某种上帝赋予的权力时，另外一个族群却把他们的这种做法看成一种侮辱和不公；当一个族群认为自己在正义地抵抗着侮辱和不公时，在另一个族群看来，他们却在进行着贪婪的侵略行为。

因为冲突的双方都想占领道德的高地，而且都在宣扬对方给己方造成的耻辱，那么双方之间的暴力冲突不仅是"理所应当"的，而且似乎是"势在必行"的了。其他族群"奇特"的信仰、价值观、风俗习惯，甚至外表都有可能会让我们认为他们是"错误"的，而且是"心怀恶意"的。物质上的争夺很快就上升到了"正义与邪恶"之战的高度——当然，"正义"的一方永远是"我们"，而邪恶的一方永远是"他们"。这样一来，人们似乎不是为了获得通商道路或水源而战，而是为了"罗马帝国的荣耀"，为了"把异教徒从圣地赶走"。

具有讽刺意味的是：世界上很大一部分的邪恶事件都是因为人们想要"消灭邪恶"而发生的。正如欧内斯特·贝克尔所说的那样："我们都具有天生的、不可抑制的冲动，想要否认死亡，并树立自己的英雄形象。但是，这恰恰是人类邪恶的根本原因。"[49]2500 年前，古希腊伟大的历史学家修昔底德也得出了十分相似的结论。他仔细研究了伯罗奔尼撒战争的过程，目的是"根据人类的本性[50]，考察已经发生过的事情以及将来还要发生的事情，并且发现其中隐藏着的真理"。他发现：除了保卫自己的生命和财产之外，人们还会为保护自己的精神原则和意识形态而战。有些人会特别狂热地投身于某项事业，宁愿为之而死，但是他们通常是受到强烈的复仇愿望所驱使的，而且这样常常会导致不断升级的野蛮和残暴行径。

那些愿意为信仰而死的人非常相信自己的信仰是绝对正确的，所以任何威胁到他们信仰的暴力行为和挑衅必须得到惩罚和报复。确实，根据修昔底德的说法："如果一个人能够为自己受到的屈辱和不公向敌人复仇，那么他就会比那些从来没有遭受过屈辱和不公的人要强得多。"[51]但是，如果为了羞辱而报复比从来没有受过羞辱更好，那么人们就不再是仅仅为土地、自我保护或者真正的公平和正义而战了。

那么，他们到底为何而战呢？修昔底德认为：人们试图通过战争反抗"自己必死的结局"。政治科学家彼得·阿仁斯多夫（Peter Ahrensdorf）也写道："通过在战争中保卫自己的城市、获得荣耀或者进入来世等，人们希望自己可以在死后继续'生存'下去；人们还可以在战争中获得众神的青睐，通过在战斗中表现自己的高贵、虔诚或者正义的品质等。"[52] 因此，人们就会英勇作战，愿意甚至期望为某项事业战死，以获得本国人民赋予的荣耀，或得到众神的青睐，以追求"象征性"或"真实性"的"永生"。一旦战争打响，人们就会很容易想到死亡。想到死亡会让他们更加热切地激烈作战，以获得"永恒的光荣"。同时，人们对"永生"的追求将会永不停歇，因为这种追求永远达不到目标。

人类处于危险境地？

"生命，"生物学家史蒂芬·杰伊·古尔德（Stephen Jay Gould）写道，"像是一丛枝繁叶茂的灌木，时常受到物种灭绝的威胁，它的发展演化史并不是像阶梯一样可以预见的过程。"[53] 除了人类之外，所有生物都要屈服于环境变化，或者其他物种竞争的影响，而我们人类却是唯一可以从"生命之树"上把自己给"裁剪"下来的物种。

虽然我们人类的智力高度发达，拥有了象征化的思维方式，产生了自我意识，并且有能力把我们的想象转化成为现实。这对我们人类的发展有着至关重要的作用，但是这也使我们能够意识到自己生命的短暂和脆弱以及我们必然死亡的命运。然而，对一定文化世界观的信仰和对自我价值的信心可以帮助我们赶走对死亡的恐惧。但是，当某些"不同"的人挑战我们的核心信仰或者核心价值观的时候，我们就想要对他们进行贬损、非人化、同化、妖魔化、侮辱，直到最后将其毁灭。也许人类之所以能活到今天，唯一的原因就是我们现在还没有足够的技术手段来灭绝我们自己。

进入 21 世纪，大规模杀伤性武器已经发展到可以制造出难以估量的灾难，并杀死无数人。再配上像电子游戏一样简单的远程武器控制系统，人类之间的相互杀戮就变得前所未有地容易，而且不会让人产生面对面杀人时的内心愧疚。因为很多国家和民族都愿意使用任何武器和科技来保卫自己的世俗传统和宗教信条——无论是为了"让世界变得更加和平与民主"，还是要"替这个世界扫除邪恶"，都只能让人类的处境变得更加危险。也许，人类很可能真的会成为地球上第一个自我毁灭的物种。

但是，在人类的历史上，我们曾经不断战胜过看似根本无法战胜的困难。只要我们能够发现背后的原因，问题就会迎刃而解。历史上的各种传染病曾经夺去了数百万人的生命，直到我们发现这些疾病是由细菌和病毒传播引起的，而不是因为"恶灵"作祟，传染病的问题才得到较好的解决。这直接导致了抗生素的发现和现代医学的诞生。也许，在将来的某一天，当我们完全理解了死亡恐惧在人生中的作用时，人类的聪明才智将会找到一些行之有效的办法，来消除死亡恐惧给我们带来的破坏性影响。

身体与心灵：死亡恐惧与对肉体的疏远

> 我们自己的身体是我们可以接触到的、距离我们最近的现实，而我们却常常怀有一种逃离肉体的欲望：正如很多宗教的基础完全建立在"摆脱肉体束缚"之类的教义上，这是因为肉体必然会死亡，而且还会导致人们对死亡的恐惧。如果你接受肉体是现实的一部分，那么你就要接受人必然会死亡的现实，但是很多人都害怕接受这个现实……[1]
>
> ——大卫·柯南伯格

东非查加部落的村庄坐落在乞力马扎罗山的山坡上，部落里的男性成年之后往往会一直带着肛塞，他们似乎在假装自己已经封闭了肛门，而且从此之后都不会再排泄大便一样。[2]肯尼亚的基库尤族人认为男人和女人都有很强的性欲，而且性对于人们保持健康的体魄和正常的精神状态都是必不可少的。[3]

这些仅仅是当地的一些奇特风俗吗？恐怕不是的。任何生活在文明社会中的人类都会不遗余力地否认自己是动物，并且规范自己与肉体本性有关的活动。我们大多数时候会根据最新的流行时尚改变和装饰自己的身体，并锻炼身体以尽可能地接近理想体型；我们还会拼命擦洗我们的身体，以消除身上的体味，最后让自己的身上只剩下从香水瓶或喷雾器中喷洒出来的人造香味；我们去"休息室"里小心地排泄体内的废物；当我们看见动物交配的时候，要么恐惧地畏缩，要么自大地嘲笑，而我们自己却热烈地以爱的名义寻欢作乐。这一切到底是为什么呢？

人类的肉体本能和动物本性随时都在提醒和威胁着我们自己：我们也是肉体凡胎，而且也都会死。为了控制自己对死亡的恐惧，我们必须超越自身的肉体本能和动物性。很多不同文化中的世界观都有一个重要的功能：那就是防止我们的肉体本能危害到我们虚构的意义和价值观体系。这样一来，我们就把身体变成了力与美的象征。我们要么隐藏了肉体的本能活动，要么把肉体活动转化成了一种"文化仪式"。在本书下面的内容中，我们将要探讨人类是如何不遗余力地与自身的肉体本能划清界限，并且宣布自己并不属于动物的。

人类把自己与动物区别开来并且蔑视动物

动物到处流口水，随地大小便，肉体需要时就会进行交配，而且动物都会死。秃鹰会在动物残破的尸体上啄食，它们的内脏会散落在道路旁边，这使它们的死亡显得更加触目惊心。对于人类来说，每当想到自己的肉体生命跟动物一样都是有限的，我们就会感到极度恐慌。我们常常看见：人类会把自己当作了不起的存在，认为自己死后还会象征性地或真实地存在。人类正是试图通过这种想法来抑制自己对死亡的恐惧。但是，当我们意识到自己的"动物性"之后，就会发现死亡的想法是不会这么轻易就被驱逐的。于是，我们就必须尽力把自己与动物区分开来。

当我们想到死亡的时候，这种倾向就会被放大。为了验证这一点，有人按照通常的方式做了第一个实验：首先让参加实验的人们思考一下死亡或拔牙的痛苦，然后再让他们读一篇文章，文章的题目叫《我所知道的关于人类本性的最重要的事情》。这篇文章有两个版本：第一个版本主张人类与其他动物非常相似[4]："人类与动物之间的鸿沟并不像多数人想象的那么大……人类的行为从表面上看来似乎是复杂思想和自由意志的结果，但实际上只是生物基因编程和简单学习经验形成的。"这篇文章的另外一个版本则强调人类与其他动物之间差异巨大："虽然我们人类与其他动物有一些相似之处，但人类却是独一无二的……我们不是纯粹由饥饿和欲望驱动的自私动物，而是拥有自由意志的复杂个体，我们可以做出自己的选择，并且改变自己的命运。"

然后，每个参与者都被要求对文章及其作者做出评价。在思考过肉体的痛苦之后，参与者们认为这两篇文章同样优秀。然而，在研究人员提醒他们，让他们想到人人都面临死亡的威胁后，参与者大多倾向于喜欢那篇强调人类独特性的文章。对于死亡的思考也让人们竭力避免那些会让他们想起自己动物本性的活动。想到了人类必然死亡的结局之后，男性和女性都不再花很多时间进行足部按摩[5]，而女性则不愿意进行乳房的自我检查。[6]

此外，人们希望通过跟动物划清界限来拒绝承认人类与动物一样都难逃必死的命运，这种希望往往是通过贬低动物的方式来实现的。实验也证明的确如此：那些想到死亡以及动物与人之间相似性的人，往往会蔑视动物，甚至厌恶他们没有养过的宠物。当人们想到自己必然死亡的命运时，还会更加倾向于支持对动物的杀戮，这也许是出于各种目的或借口，比如控制动物种群数量，用于产品实验或者开展医学研究等。[7] 当人们读到一篇文章说海豚比人类更加聪明 [8] 时，有时也许还会产生死亡的念头。

这种拒绝承认自己是动物的倾向还会导致人类产生一种十分强烈的感觉，那就是厌恶和恶心。"恶心"这种感觉很可能是我们的祖先在进化过程中形成的，它可以让我们的祖先远离腐烂的肉块以及其他携带致命病菌的有机物，因为吃了这些食物很可能会真的导致他们的死亡。[9] 但是，随着人类死亡意识的萌发，恶心这种感觉的范围扩大了，一切会让我们想起自身动物本性的东西，比如肠子、内脏、骨头、血液以及身体的排泄物等，都会让我们产生恶心的感觉。事实证明：当人们想起死亡的时候，他们会觉得尿液、黏液、粪便、呕吐物以及血液都变得更加令人感到恶心。反之亦然，当人们想到恶心的身体分泌物，比如黏液的时候 [10]，人们也更容易联想到死亡，而且想到死亡之后，人们也会用更加委婉的词汇来描述身体的生理过程，比如一些人常常把排泄粪便称为"去二号"。[11]

为了"超越死亡"，人类都在尽力使自己与其他动物以及大自然区别开来。在这个问题上，全世界范围内，自从不可胜记的时代开始，我们人类采取的方式都惊人地相似。

肉体的死亡

我们人类往往都持有某种精神信仰，这些信仰让我们觉得自己与其他生物不同，并且高于其他一切生命体。此类信仰最著名的例证就是犹太—基督教世界观。

> 　　上帝说，我们要照着我们的形象，按着我们的
> 样式造人，使他们管理海里的鱼、空中的鸟、地上
> 的牲畜和土地，以及地上所爬的一切昆虫。于是，
> 神就照着自己的形象造人，乃是照着他的形象造男
> 造女。[12]
>
> 　　　　　　　　　　　　——《圣经·创世纪》

　　按照这种说法，在所有生物中，只有人是按照上帝的形象被创造出来的。对于持有这种宗教信仰的人们来说，能够成为上帝的使者，并代表上帝管理整个世界，就足以让他们感觉十分良好。而更让他们高兴的是，他们信仰的上帝亘古不变、无所不在、无所不知、无所不能且永生不死。无处不在、无所不知、无所不能、永生不死正是这些信仰上帝的人心中之理想，这些人相信自己是按照上帝的形象被创造出来的，所以他们感觉自己也可以像神一样超越死亡。

　　但是即使我们这些"神一样的人类"统治了其他所有动物，我们仍然难以抗拒自己肉体本能的要求。17世纪著名的清教徒牧师科顿·马瑟（Cotton Mather）曾经在审理"塞勒姆女巫案"中起到了重要作用，但是却像狗一样在墙边撒尿。这让他有所感悟，于是写道：

> 我感到我们这些人类的孩子
> 是多么卑劣和低贱啊！
> 自然本性让我们变得低下
> 几乎与狗相差无几……
> 因此，我决定
> 无论我走到哪里

都要满足自己本性的需要。

这也许是一个机会

可以让我在头脑中形成一些神圣、高贵的想法。[13]

人类还常用所谓"鞭打净化"的方式把自己与其他动物区别开来。很多世纪以来，人类就把鞭打自己和相互鞭打作为一种惩罚和净化的仪式。古埃及人祭祀伊希斯（古埃及丰收女神）的时候要殴打自己的躯体。后来，在基督教的仪式中，鞭子最终成为了克服人类肉体本性缺点的重要工具。基督教的教义认为：如果一个人想要获得精神上的净化，那么他首先要像制服野兽一样，征服和惩罚自己腐朽堕落的身体。他们认为人只有通过痛苦和惩罚才能获得拯救。正如圣保罗在《罗马书》（《圣经·新约》中的一卷）第8章第13节中所写的那样："你们若顺从肉体活着，将来必要死去；你们若靠着圣灵治死身体的恶行，将来必要活着。"

为了美，我们必须承受痛苦

从历史的角度看，为了与其他动物划清界限，人类还承受着另外一种痛苦。这种痛苦之所以产生，不是因为我们要惩罚自己的肉体，而是因为我们要修饰和美化它。在历史上所有人类创造的文明中，人们都试图改变自己原本的样貌来掩盖我们与动物之间的联系。通过这样的做法，我们试图表明自己属于"文明的世界"，而不是"自然的世界"。[14]人类对自身的一些美化和修饰也的确是为了让自己变得更吸引人、更受人尊重。但这种外貌的美化和修饰往往总是倾向于减少人类与其他动物之间的相似性，而这并不是一种巧合。同样可以说明问题的是：人们往往喜欢自己文化中增加自身吸引力的方法，而认为其他文化中修饰身体的办法太过古怪且令人生厌。另外一种相似的情况是：任何一种文化中的青年人往往都会发展出他们自己独特的潮流和审美观，也许这是为了让他们自己与老年人加以区别，因为老年群体更接近死亡的威胁。

在大多数文化中，没有任何遮盖和修饰的人类肉体，就像让人联想到死亡的动物躯体一样，往往会被认为太过"自然"，因此也就常常令人感到潜在的不安。《圣经》中亚当和夏娃的故事非常有力地说明了这一点。亚当和夏娃吃了智慧树上的果实，象征着人类产生了最早的知识。由于智慧的萌发，他们发现了"果核中的虫子"，即人类的"死亡意识"。这种死亡意识让人们认为裸露的人体是丑陋而可耻的。于是，《圣经》绘画中常常出现的无花果叶子就成了他们身体最早的装饰物。

化妆品和护肤品很快也出现了。埃及艳后克娄巴特拉（Cleopatra）曾经用山羊奶、蜂蜜和杏仁的提取物洗澡，以让自己的皮肤变得柔滑。古埃及人把香料、蜡、橄榄油、柏木以及鲜奶制成的混合物贴在脸上长达六天之久，据说可以预防皱纹。古希腊和古罗马人仍然保持着这个传统，但是增加了一些他们自己发明的配方。他们喜欢洗蒸汽浴和桑拿，还会用无花果混合着香蕉、燕麦和玫瑰香水制作面膜。他们会用碳酸铅给面部皮肤增白，用硫化汞让脸颊看起来红润、有光泽。为了延缓衰老，他们用芦笋根、野茴香、百合球茎、山羊奶和粪便混合在一起，进行浸泡和过滤，再跟软面包搅拌在一起，往面部敷用。

在古罗马帝国覆灭之后，化妆品在古代欧洲世界仍然流行了很长一段时间。"十字军东征"期间，随军的欧洲妇女从中东返回的时候带回了一种叫作"kohl"的化妆品,因为她们在中东地区常常见到阿拉伯妇女在眼上使用这种东西(今天我们把这种化妆品叫作"眼线")。17 世纪的英国妇女会戴红色的假发,还会用一种由红甲虫(胭脂虫)分泌物干燥之后制成的染料来涂抹自己的乳头,以符合当时社会"美"的理想标准。[15]

在当今的 21 世纪,化妆品对人们保持"良好的形象"仍然非常重要。每年全世界女性在化妆品和护肤品上花的钱比联合国所有机构和基金的开销还要多。[16]各种各样的新化妆品、新潮流、新时尚来了又去,但是人们发明种种新时尚的原因至少部分地是由于人类对本身肉体自然状态的厌恶,而这种厌恶是古已有之的。

但是,美丽的代价从来都是很高的。让自己变得美丽或者保持自己的美,不仅会带来身体上的痛苦,还要花费很多的钱。在所有文化中,毛发历来都被人们所重视。虽然从总体上看,现代人的毛发也是较为浓密的,但是我们的毛发却根本不能和远古时期的原始人相比。尽管如此,我们仍然非常痛恨自身的毛发。人们常常把毛发发达与野蛮、不开化、品德败坏或者变态的兽性相联系。[17]

请你在谷歌中搜索"体毛",你会得到超过 3350 万条相关信息,但是这些信息大多数是关于如何剃除体毛的。在历史上所有人类创造的文明中,对面部、眉毛、腋下、腿部以及耻部毛发的剃除或者修整,都是一种历史悠久并且广为流传的做法。古埃及人曾经使用剃刀、火山浮石以及脱毛霜来去除体毛。裘利斯·凯撒喜欢用镊子去除自己面部的毛发,还会用剃刀给全身刮毛。古罗马诗人奥维德在他的《爱的艺术》中向青年妇女们建议道:"不要让野蛮的山羊闯进你们的怀里,不要让你们的双腿长满刷子一样的粗毛。"[18]现在,巴西蜜蜡式脱毛以及其他各种除毛方式已经成为很多进入社交场合的青年男女所必需的。

发型和化妆品可以让人类与其他动物区别开来，但是这些只是暂时性的措施。头发总会不受控制地乱长出来，而化妆品也会褪色或消失。因此，人类还对自己的身体进行了一些更剧烈的、更长期的改变。例如，美国的一些青少年总是喜欢在自己身上穿刺或者镶嵌一些金属饰钉。去机场乘坐飞机时，他们甚至需要用棘轮扳手把这些金属钉子卸下来，才能通过安检。他们的父母大多数情况下都会为此感到丢脸，但是这其实也没什么可耻的，因为人类身体穿刺的做法不仅历史悠久，而且广为流传。在中东地区，人们发现了4000年前古人佩戴的耳环和鼻环。古埃及的法老们总喜欢在自己的肚脐上穿孔。古罗马士兵则喜欢在自己的乳头上穿钉子。阿兹特克人和玛雅人喜欢在舌头上带环。在生殖器上穿刺和带环的做法过去曾经在男人和女人中间都非常流行。"阿尔伯特亲王式"是今天最流行的生殖器穿刺方式，之所以这么称呼是因为英国维多利亚女王的丈夫喜欢这么做。[19]

在人类文明的历史上，文身的习俗与身体穿刺的做法同样古老，二者在当代也同样流行。从本质上来说，文身也就是在我们身体上增加一些各种各样的符号和图案，以传递和表达一些特定的意义和内容。通过这种方式，我们人类可以强调自己与其他一般动物的区别。文身的习俗至少可以上溯到古埃及时期，当时通常用来表示人们在各种生活圈子中的地位和社会身份。在公元前五世纪，古希腊历史学家希罗多德（Herodotus）发现，古代色雷斯人（当时是一个很强大的民族）"在皮肤上刺青是一种贵族的象征，而身体上没有这种文身则是出身低微的表现"。[20]

在很多文化中，人们相信文身或者刺青可以给人带来好运气，避免人们出现意外，还可以吸引异性，让人保持青春活力，使人身体健康，甚至让人"长生不老"。[21] 在日本，无论是过去还是现在，不少男人和女人都会把他们的全身用文身图案覆盖，这在日本叫作"irezumi"。这么做似乎也是为了抹去自身所有动物性的迹象，同时也符合"裸体无魅力"的审美观。[22] 今天，如果按照全部人口来算，美国有 1/4 的人身上有刺青 [23]，40 岁以下的美国人则几乎一半人身上都有刺青。[24]

除了上述的穿刺和文身之外，人们还会对身体进行一些其他永久性的改变。其中一种做法在非洲很流行，就是所谓的"切皮"，即把皮肤切开，并且在切口处塞进一些异物，比如小珠子等，或者用木炭和泥土揉搓切口，以阻止切口的愈合。此外，还有一些其他做法，如把牙齿磨平或者给嘴唇戴上"唇盘"等。非洲还有一些部落，喜欢给脖子套上层层叠叠的装饰性项圈，以达到让脖子变长的目的。人们还试图改变脑袋的形状。古埃及人喜欢长脑袋，而今天非洲中部的芒贝图人（Mangbetu）也以此为美。为了让脑袋变长，他们会用两块木片夹住婴儿的脑袋，或者把婴儿的脑袋用布料缠紧。为了塑造所谓的"完美体型"，女人（而且还有一些男人）会把身体塞进很窄的束身衣里。16 世纪，法国的凯瑟琳王后发明了一种非常折磨人的紧身束腰，里面带着铁箍，目的是要把腰围缩小到当时认为最为理想的 33 厘米。[25] 上千年以来，中国古代的妇女们会用布紧紧裹住自己的双脚，以阻止脚部的正常生长发育，并让脚部变成所谓的"莲花"造型，而中国古代妇女小脚的理想长度应该不超过三寸。[26] 这种"裹脚"的风俗要求女孩在五岁时就要把双脚缠紧，随着她们身体的生长发育，她们的脚趾就会永久变形，并且在足弓下弯曲，这样一来脚就会变小，但是大脚趾却不受影响。裹脚布绑得越紧，她们的脚就会变得越小，按照当时的审美标准，她们就会被人认为越有魅力。[27] 但是，裹脚的妇女却几乎难以行走。

今天，一些美国女性为了能够穿上窄小、尖头的高跟鞋，而选择做了"脚趾切除整形手术"。做过这种手术后，女性再穿其他的鞋走路就会很困难，因为穿一般的鞋走路在一定程度上都要用脚趾头维持平衡，而高跟鞋的鞋背往往都很坚硬。但是，正如一个时尚评论员所说的那样："那又能怎么样？一个真正的淑女从来不会穿着难看的鞋子出现在人们的面前。这种对高跟鞋的迷恋和执着，其实正是时尚界的适者生存现象。"[28]

在当今社会，人们对身体和脚部整形的热衷仍然方兴未艾。根据美国整形外科学会报道：2012 年，他们共计进行了 1460 多万例医疗美容整形手术，绝大部分接受整形手术的人都是女性。人们进行的美容手术主要包括：小腿、下巴和脸颊整形、唇扩增、胸部收缩（主要是男性）、鼻部重塑、腹部抽脂减肥、双眼皮手术、腹壁整形手术、肉毒杆菌疗法、隆臀手术、耳部整形、毛发移植、隆胸等，而面部、胸部、臀部、前额、大腿和上臂都是目前最流行动手术的地方。在美国，十几岁的少女、各种年龄阶段的男性，老年男女做整形手术的人都比以前多了。在老年人看来，维持自己较为年轻的外表非常重要。正如《今日美国》的一篇头条报道中所说的那样："一些（老年人）说，他们宁可死，也不愿意变得老态龙钟。"[29]

总而言之，人们往往通过剪短头发、脱毛、穿刺、文身等各种手段来改变自己身体原来的状态，他们这么做是为了来强调自己与其他动物的区别。我们就像是流动的艺术品，用我们的身体来展示着自己独特的文化价值。

"性与死亡是孪生子"[30]

虽然让自己看起来具有魅力可以帮助我们否认自身的动物本性，但是这么做也还有一个更加明显的实用目的——在酒吧里可以吸引邻座的异性，也许可以让对方跟自己交往。为什么不呢？小鸟会吸引异性，蜜蜂也会，我们人类也要吸引异性。这种最古老、最频繁而且似乎也是最快乐的活动保证了人类物种的持续存在。

性事能给人以极大的满足感，人们往往会不遗余力地追求性满足，这是确定无疑的。的确，"交合的冲动"一直是人类历史发展的一种强大动力。为了满足自己的性欲，人们不惜发动惨烈的战争或者荒废掉整个帝国。当下的大众媒体中也充满了这些内容。正如讽刺作家戴夫·巴里（Dave Barry）所说的那样："暴力和淫秽的内容在广播电视中到处都是。你一打开电视就可以看见这些东西，虽然有时候你还要费心去找一找。"但是，我们对性的态度也相当模糊，我们觉得性爱既是令人兴奋的，同时也是令人恐慌的。例如，巴西中部的缅纳库人（Mehinaku），即使他们也认为性事会阻碍身体发育，减弱人的体力，引来恶灵乃至让人染上致命疾病等，但仍对性爱特别热衷，性事很频繁。[31]

对于这么令人愉悦的性事，人们的态度为何如此模糊？根据欧内斯特·贝克尔的观点来看，这是因为"性是属于身体的功能，而身体是必死的"。[32]换句话来说，性是我们人类动物本性、肉体本质和短暂生命的有力象征。性事在鲜明地提醒着我们：我们人类也属于动物一类；除了排泄大小便之外，性事是人类最接近动物的行为。无论是谁，只要他去过动物园、农场或是狗场，就会毫无悬念地发现动物的交配过程与人类的性事无论在视觉、听觉，还是嗅觉上都有极大的相似性，这是一个很难否认的事实。

此外，性事还可以把我们的注意力集中到我们自己的身体上，但是这样一来就会威胁到我们的"象征性身份"（symbolic identities），而我们人类往往依靠对"象征性身份"的信仰才能控制住死亡带来的恐慌。当我们衣冠楚楚地作为教区信徒坐在教堂里，或者作为对冲基金的经理坐在办公室里时，就比较容易跟我们自己的肉体保持一个心理舒适的、笛卡尔主义（强调物质与精神的分离）的距离。相反，当我们赤身裸体地搏动、交配时，就很难跟我们的肉体保持一定的距离。

最后，性爱是为人类繁衍服务的，就像"火鸡滴油管先生"和"婴儿孵化器女士"偶然之间合作进行的一项"生物力学对接实验"（作者对性爱的戏谑比喻），这让我们非常悲惨、非常痛苦地知道：我们只不过是人类物种基因的临时流动储藏库，在生命的轨道上短暂地走了一段路程，然后又把基因的接力棒交给下一代，而我们就加入了无数沉默的无名死者的行列。

为了证明性爱与死亡之间在心理上的联系，我们首先让实验参与者思考自己的死亡，或者观看相关电视节目，然后让他们参与以下的调查。

请用几分钟思考一下：在性体验中到底是什么让你感到愉悦？对于下列经历，你不必每个都亲身体验过，甚至你现在也不必真的有异性伴侣。但是，请按照你的感觉或想象，排列一下"现在"你觉得以下经历中哪个更吸引人，并且请按照自己的第一感觉来回答。

1. 感觉与伴侣亲近
2. 对伴侣表达爱意

3. 与伴侣肌肤相亲 *

4. 相互表达爱意

5. 在感情上向伴侣公开表白

6. 吮吸对方的汗液 *

7. 伴侣用舌头舔我的耳朵 *

8. 进行口交 *

9. 精神上的交流

10. 交换体液 *

11. 对性的浪漫感觉

12. 感受做爱产生的气味 *

13. 感到自己被伴侣所爱

14. 与伴侣心灵相通

15. 感到自己的生殖器产生的生理反应 *

16. 感受伴侣留在自己身上的汗液 *

17. 对伴侣柔情似水

18. 品尝伴侣的体液 *

19. 感到自己与伴侣如胶似漆

20. 性高潮 *

以上带星号的选项都属于爱情中生理方面的内容（虽然在实验调查中我们并没有明确指出）；不带星号的选项不涉及肉体，而属于浪漫的精神方面的内容。我们事先让参与者思考自己的死亡，然后再让他们做出自己的选择。我们发现这对于浪漫精神方面的选项并没有什么影响，但是想到自己的死亡之后，参与者大多感到性爱生理方面的内容不再那么诱人了。[33]

然后，我们就开始思考这个问题：性爱的生理过程是否会让人更容易联想到死亡？于是，在下个阶段的实验中，我们首先给一部分实验参与者提供了一些性爱生理过程的资料。然后，我们让另外一部分实验参与者接受了关于爱情浪漫精神方面的调查。最后，我们试图通过一种"词根游戏"来测试哪一组参与者更容易产生与死亡相关的想法。这种"词根游戏"其实就是在一些单词中间去掉几个字母，然后让参与者填上缺失的字母。填上缺失的字母之后，这些单词片段既可以组成中性的词汇，又可以组成与死亡相关的词汇。实验结果是：那些想到爱情浪漫方面的参与者在做"词根游戏"的时候没有什么特殊的反应，而那些想到性爱肉体方面的参与者则更加频繁地把词根组成与死亡相关的词。[34]

　　欧内斯特·贝克尔曾经宣称"性与死亡是孪生子"，从以上研究结果看来，他的确说的没错。上述研究证明：每当人们思考死亡的问题时，他们就会觉得生理上的性爱索然无趣；同样，性爱的生理过程会让人们更容易思考死亡的问题。

　　通过给性爱赋予象征意义，我们控制住了自己对性的死亡焦虑，把性爱从一种动物性的行为转变成一种严肃乃至庄严的行为。这样一来，性爱就会变得在心理上更为安全一点。世界上似乎还没有通用的"正常"性行为标准。在不同文化中，"标准"性行为的差异真的令人十分震惊。美国亚利桑那州的土著印第安人"霍皮部落"（Hopis）只在晚上进行性爱，但是印度的原始部落"琛克斯人"（Chencus）只在白天进行性爱。

　　人类文化对性行为的种种限制其实并不重要，重要的是这些限制的存在。当一种文化明确地对性行为提出恰当的规范的时候，那么性行为就不再是一种纯粹动物性的生理行为，而变成了一种文化仪式。从古印度的《爱经》(*Kama Sutra*)，到今天美国的禁书《性爱圣经》(*The Joy of Sex*)，成百上千年以来，人们写了无数的书籍，也看了无数的书籍，就是为了把性变成一种超验主义的行为艺术。结果，动物的欲望就变成了人类的爱情。实验也表明：仅仅想到性爱的有意义、浪漫方面的人，像"对我的伴侣示爱"之类的，不仅不会导致人们产生对死亡的担忧，而且还会保护人们免遭死亡焦虑的困扰。[35]

"放荡的女人"

在几乎所有文化中，女性的身体和性行为都受到各种规则和规定的制约。坚持进化论的思想者往往把这个现象归结于男性需要控制女性，以保证女性在性方面的忠诚，并确保男性养育的是自己的后代。虽然这样推测具有一定的道理，但是女性受到制约和控制的现象也很有可能与人类的死亡观念以及人类的动物性有关。这样针对女性的限制之所以产生是因为规矩总是男性制定的，而女性则会引起男性的性欲。对女性的限制还来源于女性的月经、怀孕和生育等肉体上的生理过程。哲学家玛莎·努斯鲍姆（Martha Nussbaum）认为，在大多数人类社会中，"男性对腐朽肉体和生理过程的憎恶都表现在了女性的身上。""任何人类社会中关于性、生育、月经等现象的禁忌都表达了人类的一种欲望，这种欲望就是要避免某些过于肉体性或生理性的东西，因为这些生理过程涉及了太多的身体的秘密。"[36]

在当今社会，尤其是在西方社会和其他发达国家，女性已经不像过去那样受到很多的歧视了。但是人们对月经和乳汁的厌恶仍然部分存在。例如，假设你跟相同数目的男生和女生一起被叫进一个实验室，来进行一项"团队生产力"的实验。你被告知马上要和一个同伴一起解决一些实验问题。当你走进实验室内的小隔间时，你发现你的同伴是一个 21 岁的女性，她已经待在屋子里了。你们各自完成了一些性格测试，然后把测试表交给了实验组织者。随后，实验组织者离开房间，去准备后面的实验内容。

你的同伴在手包里找了半天，最后掏出了一管唇膏。在此过程中，一片卫生巾从她的包里掉落到了桌上。你看了一眼。她拿起卫生巾，塞进自己的包里，然后又开始涂唇膏。随后，实验组织者再次走进房间，给你们二人各发了一张问卷调查表，让你们评价一下，在上面的合作过程中，你们各自感觉对方的能力如何、是否聪明、是否专注、是否讨人喜欢等。

无论你是男性还是女性，如果你因为这个女生不慎掉落的是卫生巾（而不是发夹），就给予她不恰当的负面评价，那么你的情况并不是个案，其实很多人都会这么做。实际上，这个女生是跟我们实验组织者合作的。在实验中，她在包里找唇膏的过程中，总是要么不慎掉落一片卫生巾，要么掉落一个发夹。

研究人员发现：当这名女性掉落卫生巾之后，无论是男性还是女性参与者都认为她的能力有限，而且不怎么讨人喜欢。他们甚至还会坐得离她远一些。相反，如果这名女性掉落的不是卫生巾，而是一个发夹，那么其他实验参与者对她的印象就会好一些，对她的评价也会高一些。也许最为有趣的是：卫生巾掉落这件事让男女参与者都把"外表"列为女性最重要的因素之一。这个实验的发现显然支持这种观点：强调女性的外表美至少部分上是为了否认女性的动物性。[37]

女性的怀孕和哺乳现象让人想到女人的身体跟其他雌性动物的身体是十分相似的。在几次实验中，实验参与者们被安排分别读几篇文章，一些文章说人跟动物十分相似，而另外一些文章则强调人与动物截然不同。然后，我们给他们看了两位著名女性：黛米·摩尔（Demi Moore）和格温妮丝·帕特洛（Gwyneth Paltrow）的照片，既有她们怀孕时的照片，也有她们没怀孕时的照片。[38] 接着，我们要求所有实验参与者对此二人做出各自的评价。当一些参与者阅读了强调人类特殊性的文章之后，他们对摩尔和帕特洛的评价都很高——无论她们是否怀孕，她们都受到实验参与者的高度赞誉。但是，当另外一些参与者读了人类与动物十分相似的文章，并且观看了这两名女性怀孕的照片之后，无论男女参与者都对她们做出了比较负面的评价。与此类似的是：一些参与者在被要求写了一些关于死亡感想的文章之后，他们对正在母乳喂养小孩的母亲评价也很低，而且下意识地坐得离这位母亲很远。[39]

女性历来被男性认为是危险的，并且要为全体人类的不幸负责，尤其是要为导致男性性欲过度负责。正如以上所述，这个现象就反映出：男人已经在很大程度上控制了人类的文化世界观体系。正如詹姆斯·布朗（James Brown）的著名宣言所说的那样："这是一个男人的、男人的、男人的世界！"从难以追忆的时代开始，男人们就利用他们较强的体力、政治权力、经济优势来统治、贬低和控制女人，并且把女人当作"低等人"，以维持他们自己的自尊。此外，男性往往更容易、更频繁地被视觉感官体验所触动，因此他们也更容易在与女性的短暂接触中产生性欲。1936年，当梅·韦斯特（Mae West）（美国20世纪初性感女星）受到一名男性警察护送时，她对他说："你兜里放了一把枪吗？为什么那么鼓鼓囊囊的？还是你见到我就勃起了呢？"

女性能够让男性勃起，这就让男性很难忽视自身的动物本性。这是一种在心理上令人难以接受的事实，"一定要做点事情"，来减少女性对男性的威胁——因为女性会让男性想起自己也是一种动物，而男性则认为自己是一种特殊的存在，有自己的灵魂和永恒的身份。当女人引起男性的性欲时，男性就不得不想起自己也是动物。当涉及生死问题的时候，男性就产生了贬低女性的欲望。在一次实验中，当男性想到死亡的时候，他们就会认为性感诱人的女性不如身体健康、衣着朴素的女性。[40]

在另外一项试验中，我们安排亚利桑那大学的一些男生跟德娜见面（德娜是我们试验组的工作人员之一，但是我们向男生们介绍时声称她也是参与本次试验的学生）。德娜是一个非常漂亮的金发美女，穿着紧身的牛仔短裙和显身材的露背上衣。我们首先让其中一部分学生思考死亡，而让另外一些学生思考痛苦，然后让他们跟德娜聊天，假意让他们与德娜相识。接着，我们让这些男生表述一下他们对德娜在性爱方面的兴趣。试验结果证明：那些想到死亡的学生对德娜表现出的兴趣较少。[41]

世界上有很多宗教，甚至几个主要的宗教，都把女性当作危险的"诱惑者"，认为她们必须受到贬低和压制。《圣经·旧约》中的"亚伯拉罕信条"（Abrahamic creeds）认为，上帝诅咒夏娃的时候，就把夏娃的完全控制权交给了亚当。上帝对夏娃说："你必恋慕你的丈夫，你丈夫必管辖你"（《创世纪》第 3 章第 16 节）。圣保罗也曾经说过："女人的角色是沉默。"这样就把强大的基督教思想和强烈的反女性主义思想结合在了一起。

对女性的贬低和压制很快就变成了虐待，这不足为奇，因为宗教和文化都告诉男性要时时刻刻压抑女性。在美国，家庭暴力对女性造成的伤害比交通事故、凶杀抢劫，还有强奸加在一起都要大。这些受到家暴虐待的女性说，男人在攻击她们时，通常会用四个侮辱性的词汇来形容她们：婊子、荡妇、妓女、淫妇。针对女性的语言暴力在说唱（rap）歌词中也有体现，这些歌词也把女性称为"妓女"和"荡妇"；在色情电影中也有女性被轮奸和兽奸的内容。

我们认为针对女性的暴力很有可能部分源自男性在性方面的矛盾情结。男人一方面要满足自己的肉体性欲，另一方面则要否认自身的动物本性。这让男人对于自己性欲的勃发感到很不安。男性发现女性在性方面非常具有诱惑力，所以他们就指责女性引起了他们的性欲和冲动，就贬低和虐待女性，因为他们觉得女性让他们想起了自己的肉体本性。

那么，死亡的想法会不会增加男性对女性的攻击性？为了验证这一点，我们做了这样一个试验：让一些美国高校的男生首先写一些关于自己死亡的东西，然后再让他们写一些自己热恋某位女性时的事情。接着，我们让他们扮成法官，假装审理一桩某男子残忍虐待其女友的案子。我们发现：当这些年轻人想到死亡和他们自身的欲望时，他们在量刑的时候常常建议给予虐待女友的男子异常轻的处罚。这个发现证明：我们从媒体上接收到很多不良的形象，它们常常把死亡和性结合在一起，而这就导致男人会容忍针对女性的暴力。[42] 电影中充斥着死亡与性的联系，比如经典的杀人狂魔系列电影中常常出现的场景：一个女人刚刚发生性关系，就被人跟踪，最后被人杀死。这反映了我们这里正在讨论的一个矛盾现象：男人渴望性爱，但他们同时想要惩罚女性，因为他们认为是女性引起了他们的欲望。

作为一种肉体动物，知道自己将来总有一天必须要死，会让人们感到非常痛苦。当人们想到自己同狗、猫、鱼、虫一样都是动物，就会感到十分难以接受。因此，人们对于自己有别于动物乃至高于动物的观点，总是有点偏爱的。我们喜欢通过装饰、改造自己的肉体，来把自己的"动物性肉体"改造成"文化象征"。我们不愿意把自己想象成是由激素支配的基因复制机器，一路颠簸着走向最后的灭亡。我们宁愿相信我们可以"做爱"，把交配变成一种浪漫的事情。当女人分泌激素、流出经血或者生出小孩的时候，男人会责怪她们，认为她们具有动物一样的欲望和冲动。这一点还常常被男性利用，延续对妇女的负面成见，并且成为男性虐待女性的借口。

总而言之，人类对死亡的恐惧是导致人类否认自身动物性的核心原因。这种恐惧让我们在心理上疏远自己的肉体，让我们人类之间相互疏远，还让我们跟地球上其他种类的动物（那些跟我们拥有同样的鼻子、嘴唇、眼睛、牙齿以及四肢的动物）疏远。

第 9 章

近处和远处的死亡：对死亡的两种防御

不是我，不是现在。[1]

——史蒂夫·查普林，

《时间与死亡心理学》

（*The Psychology of Time and Death*）

你每隔多久才会有意识地想到死亡？或许你并没有那么频繁地想到死亡，除非你刚刚险些遭遇了一次车祸或者正在和威胁生命的严重疾病作斗争。事实上，我们中间大部分人平时都对死亡问题不那么关注，甚至是十分忽视。但是，就像我们已经知道的那样，死亡意识无时无刻不在影响着人类生活中的很多方面。

我们如何能够使这两个看似矛盾的事实变得相互协调呢？首先，我们必须意识到：我们身边每天都存在着各式各样能够让我们想到死亡的东西，只是我们并没有太关注它们罢了，这些东西大多是从报纸、电视和网络（或者你正在阅读的这本书）中得到的关于死亡的消息和暗示。但是，还有一些则是关于你认识的人，甚至是你自己受到的死亡威胁，比如生病的祖父或祖母、冲到马路上蹒跚学步的小孩、被抓的酒驾青少年或者是你脖子上突然长出来的肿块等。如果你认真思考过去 24 小时内自己的经历，很可能就会想起一些类似的与死亡邂逅的情形。为了说明这一点，让我们回想一下：当我们刚刚开始起草本章内容时，过去的某天内到底发生了什么跟死亡有关的事件。

2012 年 7 月 11 日，叙利亚内战全面爆发，战况异常激烈。成千上万人被总统巴沙尔·阿萨德（Bashar al-Assad）的支持者杀害。同一天内，也门首都萨那的一所警察学院里至少有 8 人死于自杀式爆炸袭击。地中海上一艘从利比亚开往意大利的偷渡汽艇上有 54 人因缺水而死。在美国中部和东部的部分城市中，接连几天内至少有 42 人因史无前例的高温而死。经历过一场灾难性的洪水之后，俄罗斯克雷姆斯克（Krymsk）郊外的旷野上新添了 46 座坟墓。古巴爆发的霍乱已经蔓延到了首都哈瓦那。在英国，整个不列颠最富有的女人——美裔的伊娃·劳辛（Eva Rausing）被发现死在自己位于伦敦的家中。在美国犹他州，一个男人因为一个六岁女孩的死而被逮捕，官方声称他在午夜偷偷穿过一扇玻璃推拉门进入女孩家中，对她先奸后杀。[2]

为了把我们的注意力从这些坏消息上转移开来，我们常常会完全忽略它们，同时把注意力集中到那些让人愉悦的事情上。我们可以看电视，看电影，打电子游戏等。但是这些令人愉悦的消遣也总是被死亡的影像所覆盖。根据相关调查数据显示：美国 57% 的电视节目包含暴力情节。美国青少年在 18 岁之前，已经在电视上看到过 1.6 万次谋杀和 20 万个暴力动作。青少年和成人电子游戏是另外一种主要的娱乐方式（尤其对男孩来说是这样）。在 45 分钟的游戏时间之内，平均就包含 180 个进攻性动作，这样一款游戏每个月平均共计有 5400 多个进攻性情节。

除了媒体中的各种死亡影像之外，我们身边也有大量真实的死亡事件发生。各种致命犯罪在公路上甚至在我们家庭周边频繁发生。美国每年都有超过 600 万次的车祸发生；在这些车祸中，平均每 13 分钟就有一个人死亡。有一半的司机曾经在马路上撞死过动物，而且在公路上驾车跟鹿、麋鹿、驼鹿等大型动物和家畜发生碰撞危险的概率还在不断上升（仅仅在宾夕法尼亚州每年就有大约 10 万只鹿被汽车撞死）。对于那些热爱生活的人来说，除了乘车之外，最容易发生危险的地方反而就是他们自己的家里。在美国，每年因坠楼、中毒、火灾、窒息、溺水而死亡的人数高达 1.8 万人，另有 1300 万人受伤。当然，我们中间的大部分人，包括我们的家人和朋友大多避开了这些灾祸。但是，在某一天里，我们亲朋好友中间的某一个人，或者突然与灾祸擦肩而过，或者感到莫名的头疼或消化不良，或者皮肤突然变色等，都是在日常生活中很常见的现象。人到中年，每根花白的头发、每道皱纹以及每次身体的疼痛，都在明显地提醒着我们死亡即将来临。

如果人生本来就是如此危险，人们永远都面临着潜在的致命威胁，难道我们不应该整天蜷缩在壁橱里，或者疯狂地使用超大剂量的镇定剂吗？死亡真的是藏在人体最核心部位的虫子，还是仅仅是一些古怪艺术家、哲学家和心理学家的无病呻吟呢？

死亡：眼不见，心不乱？

"我得了乳腺癌，马上就要死了！"吉塞拉（Gisela）写道，"乳房切除得太晚了。我的胸部有一大块被切下来了，切口一直延伸到胳膊下面，看起来实在太可怕了。医生说，癌细胞已经转移到我的肺里面了，我一直咳嗽得那么厉害，就是因为这个。他们还在对我进行化疗，这让我感到非常恶心，我的体重一直在下降，头发也全没了，现在我看起来就像是纳粹集中营的幸存者。我这样年轻就要面对死亡，心里觉得非常害怕！"

吉塞拉并没有真正因为得癌症而死。但是由于她曾经目睹其母亲患上癌症后可怕的死亡经历，她非常了解人们患上癌症之后走向死亡的痛苦历程。其实，她只是在 20 世纪 90 年代初参加了一项由她的德国同事兰道夫·奥克斯曼（Randolph Ochsmann）组织的实验测试。奥克斯曼想让实验参与者描述一下：当他们想到自己死亡的时候，会产生什么样的感情？如果他们死去的话，会发生什么事情？此外，此项实验的参与者还要额外花 20 分钟，来描述一下自己被诊断为晚期癌症时的情景——这 20 分钟对他们来说可是格外地令人感到折磨。然后，奥克斯曼要求他们模拟裁决一些妓女和罪犯的案子，并判断这些妓女和罪犯应该受到何种惩罚。实验参与者会不会对妓女和罪犯施加更重的刑罚呢？就像亚利桑那州的那些法官一样——在考虑过自己的死亡后，这些法官加重了因卖淫罪被捕的卡罗尔·安·丹尼斯的保释金。

令人惊奇的是，虽然奥克斯曼对实验参与者施加了压力更大、时间更长的死亡暗示，但是这些暗示并没有增加实验参与者惩罚他人的欲望，这其中到底发生了什么呢？[3]

兰道夫·奥克斯曼开展的实验跟我们在亚利桑那州法官身上开展的实验之间最明显的不同就是：在奥克斯曼的实验中，参与者花了更长的一段时间来考虑他们自己的死亡问题。所以我们设计并开展了另外一项实验。在这项实验中，我们试图考察：如果我们让人在短时间内进行关于死亡的高强度思考，产生的效果究竟有何不同。在此项实验中，我们让第一组实验参与者正常回答了关于他们自己死亡的两个问题；第二组实验参与者也回答了同样的问题，但是我们还另外要求他们深入思考并描述一下：他们对死亡最深刻的感觉是什么？在死亡面前，他们最害怕的到底是什么？此外，我们还告诉第二组实验参与者，如果他们要想触及关于死亡的真情实感，他们就应该想象一下自己被诊断为晚期癌症病人时候的情景。

然后，在短暂的间隔之后，我们让实验参与者对一篇亲美文章的作者和一篇反美文章的作者进行评价。在我们之前的实验中，那些在正常情况下只回答两个问题的参与者对亲美文章的作者更加青睐，而对于反美文章的作者则比较反感。而那些除了回答两个问题之外，还对死亡进行了深度思考的参与者对亲美文章的作者没有表露出更多的欣赏，同时对反美文章的作者也没有表现出更多的反感。[4]

这个实验结果也很出人意料。我们的调查结果再一次与常理相悖。炸药越多爆炸威力就越大，踩刹车劲儿越大车停得就越快，薯片吃得越多体重就增加越多，这些都是最基本的常识。为什么这样的规律不适用于对死亡的思考呢？一个人花费更多的时间去思考关于死亡的问题，难道他不应该对死亡产生更加激烈的反应吗？

我们认为产生这样的实验结果可能是由于：在阅读那两篇文章时，那些进行深度思考的实验参与者很有可能还在思考着死亡的问题。在通常情况下，实验参与者在考虑死亡问题和评判作者文章之间会有一个短暂的间隔时间。对于那些没有对死亡进行深度思考的实验参与者来说，这段间隔时间足够让他们把死亡的想法从头脑中摆脱掉。但是，对于那些深入考虑过死亡问题的参与者来说，关于死亡的想法很可能在短时间内难以摆脱。

为了验证我们的猜想，我们重新研究了实验参与者对于亲美和反美文章的反应。这一次，我们仍然把实验参与者分成两组。我们首先要求第一组实验参与者描述一下：想到自己死亡的时候会产生什么样的感情？如果自己死了，会发生什么事情？然后，我们让他们暂时休息一段时间。第二组实验参与者则在考虑过他们自己的死亡后就立即评判那两篇文章。对于第一组实验参与者来说，当他们受到死亡暗示之后有一个间歇时间，结果参与者们对亲美文章更愿意给予好评，同时对反美文章更倾向于做出差评。然而，那些在思考过死亡问题之后立即就去评判亲美和反美文章的参与者则没有出现这些夸张的自我防御反应，这就说明我们的预测是正确的。[5]

基于此项实验的结果，以及其他很多相关研究和实验的验证[6]，我们发现人类会利用两种截然不同的心理防御机制去应对关于死亡的想法。当我们意识到死亡时，我们的近端防御机制（proximal defenses）就会被激活。近端防御是人们心理上理性的或理性化的防御机制。当我们使用近端防御的时候，我们会抑制这些让我们感到不舒服的死亡想法，分散自己的注意力，或者暂且把关于死亡的想法推到未来。

相比之下，无意识的死亡暗示可以激发我们的远端防御（distal defenses）。这种防御跟死亡问题并没有什么逻辑上或语义上的关系，比如更加严厉地惩罚罪犯，贬低那些否定我们文化价值观的人，或者增加自己的虚荣和自信心，这些都是人类"远端防御"的表现，但是却看似与死亡无关，因为"远端防御"基本上没有涉及我们早晚都会死的残酷现实。然而，这些"远端防御"的反应却可以暂时减少人们对死亡的恐惧，因为它们可以让人相信：我们在死亡之后，还会以真实或者象征性的形式继续存在下去。

近端防御和远端防御往往是一连串先后发生的。某种关于死亡的想法会让我们首先启动近端防御，把这个令人不快的想法从头脑中摆脱掉。一旦我们这样做了，这些想法就会被近端防御排斥在我们大脑意识的边缘，并且停留在那里。接着，远端防御机制就会把关于死亡的想法一脚踢进大脑中的无意识部分。这样就可以解释，为什么我们每天都会被各种关于死亡的信息狂轰滥炸，但是大多数人都认为自己从来没有认真思考过死亡，或者从来没有被这些关于死亡的信息所影响。总而言之，近端防御能够让我们把关于死亡的想法从头脑中排斥出去，而远端防御则负责阻止潜意识中的死亡想法进入我们的意识中。

然而，远端防御的正常运行可以产生各种各样的作用，比如让人们相信自己是某个社会文化体系中有价值的贡献者。这样一来，远端防御的正常运行就成了近端防御机制开展工作的必要前提。这是一个非常复杂的关系，所以这里有一个例子来帮助我们理解。我们可以打个比方，把维持人的心理安全比作在狂风暴雨中保持漏雨老屋的内部干燥。你要在屋里放一些水桶，用来接从破屋顶漏进来的雨水。这雨水就代表关于死亡的想法，屋顶代表你的远端防御，而桶则代表你的近端防御。屋顶是用来防止雨水流进屋子的（就像远端防御的作用在于阻止无意识的死亡想法进入我们有意识的头脑）。如果屋顶只有寥寥几个漏洞，那么放在屋里的水桶就会收集雨水，并保持室内干燥。但是，如果房顶漏得太多，或者在暴风雨中被刮跑了，屋里的水桶就装不下房顶漏的水了。你心理上的"房子"很快就会被死亡恐惧的河流所淹没。

换句话说，远端防御可以防止无意识的死亡想法进入并淹没我们的正常意识，而在我们的日常生活中，近端防御的作用在于帮助我们处理那些已经进入意识中心的死亡想法。但是对于我们大部分人来说，由于远端防御会最大限度地阻止死亡想法进入我们有意识的头脑，所以我们很少会察觉到生活中各种各样的死亡暗示。由于近端防御对于死亡想法的干扰和理性处理，我们对自己最终必将死亡的命运也并不过分关注。

现在就让我们仔细想一想：平时你的近端防御和远端防御是如何开展工作的。假设你是一个住在下曼哈顿区一所公寓里的中年人。早晨，定时广播闹钟把你吵醒，开始播送美国国家公共电台的节目，讲的是中东地区爆炸事件杀死无辜群众的消息。你努力睁开眼睛，听到警笛声在公寓楼下的街道前嘶鸣，然后你匆忙跳下了床，进入洗手间，看到镜子里的自己已经两鬓花白，眼睛下面的眼袋又松弛了，鼻子旁边新添了一块痣，然后刮胡子时一不小心把自己的皮肤划破了。

在卧室里换衣服时，你打开了电视，电视里正在报道新闻，说是某地发生了地震，死了几千人，你看到有尸体从废墟中被挖了出来，一名记者正在采访一位救援人员，医疗主管官员哀叹灾难可能会导致死亡人数和毁灭性疾病增加。带着郁闷的心情，你调到了另外一个频道，看到气候变化迫使小小岛国基里巴斯的十万多居民离开他们自己的国家，前往海拔更高的斐济。

你摇着头关掉了电视，走向厨房，吃了碗高纤维麦片粥，又想到了死于结肠癌的堂兄。然后，你搭乘电梯来到了街上。其实你并不喜欢电梯，它下落时会让你有种想吐的感觉。你走上大街，汇入跟你一样身穿黑色西装、表情冷酷的曼哈顿人之中。穿过大街去工作时，一辆飞驰而过的出租车差点撞到你，你顿时害怕得颤抖，冒出冷汗，肾上腺素猛增。当你到达办公室时，你听到同事在公司的咖啡机前说着一些什么："嘿，我刚刚读了一篇有趣的报道，上面说耐寒的人往往更长寿，真的吗？"

你一大早起来就面对一堆不幸的消息，还在斑马线上差点遇到事故，让自己肾上腺素猛增。但是，如果从心理学角度分析，你身上发生了什么事情呢？在你差点被出租车撞上之后，你的大脑迅速做出防御反应，把"我差点被撞死"这个想法从意识之中驱除出去。而当你有意识地想到死亡的时候，近端防御会迅速地把你大脑中刚刚萌发出来的关于死亡的想法排斥掉，然后你就会告诉自己："我还可以活很长时间。"

同时，你的近端防御也会让你去寻找一些细小的、看似符合逻辑的东西，去证明自己依旧可以活很多年。你同事提出的"耐寒使人长寿"的说法引起了你的思考，你的头脑一下子就抓住了这个概念。你甚至让自己相信，如果每天走路上班时不穿外套就会健康长寿。确实，有人已经通过相关实验证明了这一点。研究人员找到两组实验参与者，并告诉第一组说，"耐寒的人往往长寿"，却没有把这个观点告诉第二组。然后，研究人员让两组实验参与者都把手浸在冰水里，结果证明：与第二组实验参与者相比，第一组参与者把手放在冰水中的时间更久。[7]

每当你开始新的一天时，往往会遇到很多跟死亡有关的信息或暗示，比如上面提到过的：自己越来越大的眼袋、关于地震或爆炸的消息等。你自身的近端防御机制可以把你的注意力从日常生活中的死亡暗示上转移开来，抑制和阻止你去思考这些关于死亡的信息，或者把这些信息进行合理化处理。只要你还能告诉自己"不是我，不是现在"，那么生活中无处不在的死亡暗示就如同白噪声一般对你没有任何影响。但是，如果你缺乏这些防御，就会一直生活在对死亡的极度恐惧之中。

只有当死亡的想法从你的意识中被驱逐出去之后，远端防御机制才开始起作用。你回到办公桌前，开始做白日梦，想象着自己获得了今年公司的最高奖金，自己的名字出现在公司总部的光荣榜上，昭示着自己的巨大成就。你把自己看作宇宙中的重要人物，完成了对死亡的超越和对永生的追求。你心里想："我不会死，永远不会。"

无意识的力量

"但是，稍等片刻，"你也许会这样说，"我并没有看到无意识的死亡想法是怎样影响我的判断的。死亡的想法在我心中，但是我并没有意识到它的存在，那我怎么知道远端防御启动了呢？"事实上，你的大脑常常被死亡的不安所困扰，只是不断运行的近端防御和远端防御让你意识不到罢了。所以，你不会每天都在焦虑不安地来回走动，担心死亡。近端防御会把你的注意力从死亡的问题上转移开来，让你为一些其他事情分心，比如中午吃什么饭，"美国偶像"节目中谁会成为下一个被淘汰的选手等。远端防御则让你去相信自己信仰的正确性或者相信自己的成就。

当死亡的想法在人的意识之外徘徊时，远端防御是否真的会发生呢？为了验证这一点，我们要首先想一下当研究者在实验中使用潜意识信息时会出现什么结果。关于潜意识信息的实验最早开始于1957年，市场研究员詹姆斯·维卡里（James Vicary）在美国新泽西州李堡市的一家电影院做了一个相关实验。当顾客看电影时，两个不易被察觉的潜意识信息（"吃爆米花"和"喝可口可乐"）每隔5秒就在银屏上闪现3毫秒。维卡里声称这个实验导致爆米花和可口可乐销量急剧上升，但是后来他承认实验数据是他自己伪造的。尽管如此，后来的其他实验显示潜意识信息的力量还是非常强大的。

在一次实验中（这个实验是我们最喜欢的实验之一），社会心理学家马克·鲍德温和他的同事让信仰天主教的妇女们读了一个小故事，故事主要讲述了一个女人的春梦。

这是一个令人愉快的春梦。在梦里，她正在和迈克·坎贝尔（Mike Campbell）"上床"，只不过他们并不是躺在床上，而是在室外。在梦里，春天已经来了，他们躺在绿色的草坪上，嫩绿的小草摩擦着他们的后背，他们在相互玩弄对方的手指。他注视着她一直不说话，然后他的手慢慢移到她的脖子下面，把她头上固定着柔软棕发的卡子取下，头发散落在她的肩头。他俯下身子擦过她的嘴唇，给了她一个试探性的绵绵的吻，然后他把她搂在怀里，再一次接吻。他小心翼翼地脱下她的衣服，把脱下来的每件衣服都叠得整整齐齐，这是一个缓慢的过程，但是他做得很完美。因此，珍妮感到自己比任何时候都要裸得彻底。

看完这段叙述之后，鲍德温让参与实验的一半女性在潜意识中反复观看教皇约翰·保罗二世（John Paul II）的照片，或者是一个年龄、外貌与教皇相似的陌生男人照片。照片每隔5秒钟就会闪现5毫秒，以保证它只能在人的潜意识里出现。照片中的教皇和那个陌生男人都皱着眉头，一副反对和不满的样子。接下来，实验组织者要求每个参与者评价一下自己的能力、品德和性情。在这场测试潜意识信息的实验里，虽然没有一个女人声称自己看到了任何与潜意识有关的图片，但是那些看了教皇皱眉照片的女性参与者则更倾向于认为自己能力差、道德水平低，并且过于焦虑。[8] 因此，我们可以说，潜意识中的刺激可以在人们身上产生强大的心理效应。

为了确定与死亡有关的词汇是否会引起潜意识中的死亡想法，并触发人们的远端防御，我们再次邀请一些美国学生参与评判外国学生写的反美文章和亲美文章，但是这一次，我们悄悄做了一些改变。在读文章之前，我们先让学生坐在电脑实验室中，给他们看一组组的词语，并让他们判断这些词语是否类似。例如，如果出现在电脑屏幕上的词是"鲜花"和"玫瑰"等类似的词语，他们会就按下右边的键；如果出现的是像"铁板烧"和"运动鞋"之类毫无关系的词语，他们就按下左边的键。在两个非常醒目的词语之间，我们会闪现一些单个的词，如"死亡""战场""疾病"和"失败"等，并在屏幕上保持28毫秒，时间很短，不足以让人的意识注意到它们。

在这次实验中，一部分实验参与者的电脑屏幕上会出现这些与死亡有关的词语，但由于时间短暂，这些词语并不会进入他们的意识领域。而另外一部分参与者的屏幕上则没有这些"死亡词语"。然而，所有的实验参与者都声称：在两个醒目的词组之间，他们没有看到任何其他的词语，而那些潜在的"死亡词语"，如"死亡""疾病""失败"等，对他们评估文章的作者没有任何影响。但是，实验数据却表明：那些屏幕上闪现潜在"死亡词语"的参与者往往对亲美文章的作者表现出更多的好感，同时也对反美文章的作者更加厌恶。[9] 仅仅"死亡"这个词就足以对人们的判断产生很大的影响，即使人们并没有意识到自己曾经看到过它。

这个实验，还有许多其他类似的实验都证明了：无意识的死亡想法的确能够触发人们心理上的远端防御机制。

死亡对你的健康是有危险的

近端防御和远端防御会影响人们在日常生活中处理死亡信息的方式，特别是当它涉及人们的健康时更是如此。我们以前的两个学生，杰米·阿恩特（Jamie Arndt）和杰米·戈登堡（Jamie Goldenberg）做了一些非常前沿的研究，来揭示近端防御和远端防御如何对个体的一系列健康问题产生有利或有害的影响。虽然人们常常能够做出一些正确的事情来让自己健康地生活下去，比如避开交通事故或者提前注射流感疫苗等，但是他们也会通过一些危险行为来损害自己的健康，比如吸烟，以及做爱时不采取任何保护措施等。以此为依据，杰米两人提出了一个观点：人们做这些事情的核心动机是消除自己对死亡的恐惧，而不是保护他们自己的身心健康。因此，在与健康有关的问题上，有意识的和无意识的死亡想法可能对人们的态度和行为方式产生不同影响；一些近端防御和远端防御能够产生对你有益的影响，而另外一些则可能让你生病，甚至死亡。

近端防御和健康

近端防御的主要作用是帮助你把死亡的想法从意识中排除出去。有时候，近端防御有助于维持人们的身体健康。假设你刚刚去看过医生，她说你有患上动脉硬化的危险。为了避免致命的心血管疾病，你也许会不吃油炸奶酪，而改为吃胡萝卜。吃胡萝卜可以使"死亡"这个词远离你的意识，也可以防止脂肪堵塞你的血管。还有，你咳出的痰到底是怎么回事？是由于重感冒还是癌症？约一下你的医生，安排一次体检，可以让你暂时把死亡的想法抛在脑后。但是，如果你真的去看医生了，早期癌症检查和及时发现将会极大增加康复的机会。

相关研究结果也可以证实：近端防御会对人们的健康产生潜在的有利影响。我们曾经做过这样一个实验：我们首先要求实验参与者写下他们自己关于死亡的想法，当死亡的想法还在他们意识中时，他们表示自己今后要多做锻炼，去海边要多涂防晒霜等。[10] 在类似的情况下，写完自己关于死亡的想法后，那些偶尔吸烟的人打算立刻戒烟。[11] 在这种情形下，近端防御不仅可以在意识中驱逐关于死亡的想法，而且也对维护身体健康有帮助。

但是在其他时候，近端防御也可能会产生有害的后果。有时我们会替自己的不良行为寻找理由。例如，我们会说："如果我很胖的话，油炸奶酪对我的健康就有害了。幸好我不是胖，只是骨架大而已，所以我可以吃上十来个。"这种"不是我"的近端防御策略使死亡的想法远离我们的意识，但是它却并不能对我们的健康产生任何益处。"不是现在"这种策略也是这样，例如"现在去锻炼太热了"，"7月4日野炊时不跟邻居好好喝一杯是不对的"，或者"等酒窖里的酒喝完了，我就戒酒"。类似的想法能把死亡的想法赶出人们的脑海，但是这样做又会让我们推迟采取对健康有益的行动，而且往往一旦推迟就永远不做了。

将注意力从自己身上转移开来，也能够帮助我们把死亡的想法从意识中清除出去。当你在镜子中看到自己的影像，感到有人在注视着你或者意识到自己正在进行反思时等，都会产生"自我意识"。研究表明："自我意识"会使死亡的想法更容易进入人们的脑海中。因此，当人们在想到与死亡有关的问题时，就会尽力避免把意识集中在自己身上。[12] 暴饮暴食、醉酒、抽烟、长时间坐在电视机前等，这些虽然都是"不良行为"，但都可以减少人们的"自我意识"。一边看着詹姆斯·邦德的"007系列电影"，一边喝着百城啤酒，吞着大比萨，抽着万宝路——没有什么比这样更能麻痹自己的"自我意识"了。

因此，当你在安全驾驶课上刚看完一场血淋淋的交通事故后，立刻发誓回家的时候一定要慢点开车，这就是你的近端防御把死亡想法从意识之中驱赶进了无意识之中。这对你来说是有益的。但是，在开车上路之前喝几杯烈酒，来麻痹自己的"自我意识"，这同样也是一种近端防御策略，但是有可能会产生很糟糕的结果。

可以想象一下，假如你正漫步在以色列荷兹利亚市"跨学科研究中心"（Interdisciplinary Center, IDC）美丽的校园里。有人递给你一张"卡里玛研究所"（虚构的机构）的宣传页，上面写道："你在为死亡担心吗？我们可以帮助你！联系我们，我们可以让你的身心都感到轻松。"接下来就是电话号码以及联系人姓名。紧接着，你走了几秒后，一个站在售货亭里的热情学生想要卖给你一瓶凯匹林纳鸡尾酒（Caipirinha）——里面包含非常烈的巴西朗姆酒、生糖以及柠檬——据说包含30%的酒精，你想要来一杯吗？

其实，上面这段经历是吉拉德·希施贝格尔（Gilad Hirschberger）以及他的同事在以色列"跨学科研究中心"开展的一项巧妙实验。此项实验中有一半的参与者收到的宣传页是上述的关于死亡的内容，而另外一半的实验参与者们收到的则是表面上看起来一样的、同样来自"卡里玛研究所"的宣传页，只不过上面写的是："你想解决背疼问题吗？我们可以帮助你。联系我们，我们可以让你的身心都感到轻松。"然后所有参与者中有一半被劝说去购买酒精含量极高的凯匹林纳鸡尾酒，而另外的实验参与者则被劝说购买价格相等的另一种不含酒精的饮料。

无论是收到关于死亡问题宣传页的参与者，还是收到关于疼痛问题宣传页的实验参与者[13]，当有人向他们推销不含酒精的饮料时，这两组参与者购买数量基本上都是相同的。然而，当有人向他们推销酒精饮料时，两组参与者的购买量则大不相同。这次，那些收到"死亡"宣传页的参与者中有超过 1/3 的人购买了凯匹林纳鸡尾酒。相比之下，那些收到"背痛"宣传页的人中间只有不到 1/10 选择购买凯匹林纳鸡尾酒。从酒精和麻醉品中获得"舒适麻木"的感觉，可以把关于死亡的想法从人们的意识中排斥出去，但是对于人们的健康和生命而言，这并不是一个好办法。

如上所述，当死亡的想法进入人们的意识中时，人们就会开启近端防御模式。但是，近端防御什么时候会产生对人有益的作用，而不会危害人们的身体健康呢？要让近端防御产生有益的作用，有两个最基本的决定因素。首先，那些高自尊的人并不怎么害怕死亡。因此，当他们面对真正的死亡威胁（例如，严重的心脏病或者癌症）时，他们也并不怎么需要去分散注意力或者给自己找合理的借口来化解死亡的威胁，他们能够更好地直接面对这些问题。其次，还有乐观主义者，他们相信锻炼、医疗以及健康的生活方式都能够有效地延长自己的寿命。他们更有可能积极地去看病和检查，并培养有利于健康的生活方式。而悲观主义者则会怀疑很多事是否可能，他们更倾向于通过分散自己的注意力，或者否认死亡的威胁，来化解死亡的想法。[14]

远端防御和健康

当与死亡有关的问题出现在人们意识的边缘时，跟健康有关的态度和行为会发生什么变化呢？请回忆一下我们以上提到过的研究结果，死亡暗示一出现，人们就会立刻采取近端防御，例如计划去做更多的锻炼等，以把死亡想法从意识中排除出去。但是，几分钟之后，情况就完全不同了。一旦死亡想法从人们的意识中消退，你的反应就取决于你的价值观（你的自信就来源于你的价值观），同时也取决于你内心的文化信仰。

让我们假设一下：你希望好好地保持自己的身体健康，于是很注意饮食，每天早上至少跑 4.83 千米。你的自信来源于你良好的形象和健康的体魄。假设你和其他一些人参加了我们组织的实验项目。我们给你和其他参与者每人一份标准调查问卷，让你思考一下关于死亡的问题。接下来，我们要求你花几分钟读一段从小说中摘录下来的普通段落，目的是给你足够的时间让近端防御机制把死亡的想法从你的意识中清除出去。最终，我们会要求你再做一个信息反馈调查，其中的一个问题就是"今后你打算做多少锻炼"，如果你和其他实验参与者一样，自信源于健康，那么你往往会表示今后要加强锻炼，但是如果你的自信来自你集邮的爱好，而不是自己的健康，那么你的锻炼计划就不会发生改变。[15]

这个实验也凸显了远端防御和近端防御的区别。近端防御把死亡想法从你的意识中引导出去，而远端防御则会加强你的自信和自尊心。当死亡想法位于人们意识中时，即当人们能够意识到死亡想法时，大多数人，无论是健身爱好者还是集邮爱好者，都会表示自己今后要加强锻炼，因为锻炼有利于健康和长寿，而且这样做会把死亡的想法从自己的意识中冲刷掉。然而，一旦死亡想法变成无意识的，只有那些自信源于健康的人才会回答说他们要做更多的体育锻炼。

另外一项研究也验证了近端防御和远端防御的不同。在这次实验中，参与者被分为两组，分别做两种问卷，其中一组是关于死亡的，另外一组是关于失败的，这样就可以让他们分别思考死亡或失败的问题。然后，我们给他们分别看"H$_2$O"牌瓶装水的两条广告，每个参与者只看任意一条。其中一条上的广告代言人是简·沃森医生（Dr. Jane Watson），而另外一条广告的代言人是女演员詹妮弗·安妮斯顿（Jennifer Aniston）。在思考死亡问题的那组实验参与者中，如果他们刚刚思考过死亡问题就立即阅读广告的话，那些看到沃森医生代言广告的参与者对该品牌的瓶装水评价更高，而且也会喝更多的水。这就证明：当死亡想法依旧在我们脑海中时，我们就会遵守医嘱做那些对我们健康有利的事。另外一些参与者在思考过死亡问题之后，看了一则小故事，然后才去看瓶装水的广告。此时，如果水是女明星詹妮弗代言的话，他们会更喜欢，也会喝更多。这证明当死亡的想法被排斥在意识的边缘时，我们会追赶潮流，仿效富人和名流。[16]

不幸的是，大部分时尚而又增加自信的事儿并不利于我们的健康。但是，具有讽刺意味的是，当死亡的想法徘徊在我们意识的边缘时，我们很可能会去做这些事儿，以增强自己的自信，从而抵御无意识的死亡想法。

例如，在我们上面提到过的一个实验中，我们让参与者写下他们自己关于死亡的想法。写完之后，他们几乎每个人都想立刻去买一支高倍防晒霜，因为过度曝晒可能致癌。但是在几分钟后，那些想要赶时髦、把自己晒成流行的棕色皮肤，并希望从中获取自信的人还是会选择低倍的防晒霜，同时对加入"晒黑沙龙"表现出极大的兴趣。[17] 在另外一个实验中，我们先让实验参与者读了烟盒上的警示语，如"吸烟减寿"以及"吸烟增大肺癌患病率"等。15 分钟后，那些认为吸烟能够增添自己形象魅力的参与者仍然对吸烟持肯定态度，并且表示以后还会继续吸烟（然而，如果把警示语换成"吸烟让你失去魅力"之类的话，那些认为吸烟可以增添个人形象魅力的实验参与者则表示更愿意去尝试戒烟）。[18]

同样，在想到死亡几分钟之后，那些喜欢把自信建立在自己开车技能上的人似乎更喜欢非法超车、闯红灯、超速、从错误方向进入单行道、在酒吧里喝了啤酒满载一车朋友高速驾驶。同时，他们还会在比较真实的车辆驾驶模拟器上疯狂开快车。[19]

在想到死亡几分钟之后，潜水爱好者表示他们更喜欢不带照明设备夜里去潜水、天气不好时去潜水或者在自己生病的时候去潜水，他们在上浮时也不会在中途停下进行安全减压。[20] 同样，对于性事痴迷者来说，在想到死亡几分钟之后，男性更渴望进行无保护措施的性爱，他们渴望在未来有更多的性伴侣[21]，也更渴望参与各种危险疯狂的活动，比如攀岩、超速驾驶、骑摩托、跳伞、酗酒、滑雪、滑翔、蹦极、漂流。[22]

坚持重要的文化价值观，也是防御无意识死亡想法的方式之一，它也可以影响人们对待健康的态度和行为。有些人认可并重视现代医学的价值，他们非常热烈地支持这种观点，特别是当他们遇到无意识的死亡想法时，他们也是这样做的。但是，那些生病时不信任现代医学，反而更依赖宗教信仰的人会怎么做呢？对于一些组织，例如"基督教科学派"来说，所有肉体上的病痛都来自恐惧、无知或者罪恶，因此只有上帝可以治愈人们的疾病。结果，"基督教科学派"的信奉者不仅自己拒绝接受医学治疗，而且也不让他们的家人接受治疗。这种情况往往会导致病人的死亡，即使病人的病情并不严重，如果治疗的话有90%的治愈率。在一个广为人知的事件中，一个两岁大的小男孩喉咙被一块香蕉卡住了，他的父母聚集了教会里的其他成员，围成一个圈为他祷告，过了一个小时，孩子因窒息而死。[23]11岁大的玛德琳·诺伊曼（Madeline Neumann）由于患有糖尿病而不能走路、说话、吃饭和喝水，但是她的家人并没有带她去看病，结果在人们围着她祷告时，她死在了自己家的地板上。[24]

上述提到的两个事件并不是孤立的个案。2009年在爱尔兰开展的一项调查中发现：那些坚信宗教信仰可以治愈疾病的人在生病时往往不会坚持吃药，而且他们对医生也并不怎么满意。除了宗教信仰之外，世俗的观念和意识也会让人们对医学治疗产生抵触情绪。2010年秋天，美国保守派的一些权威专家号召人们不要去接种H1N1流感疫苗，因为他们对美国联邦政府十分不信任。一些人宣称这种疫苗是总统奥巴马的一个阴谋，他用假疫苗来让民众染上疾病，好加速他的革命；还有人说疫苗可能导致不孕的后果；也有人说政府在疫苗中加入了纳米微芯片，用来监视民众。

现在你应当很清楚，死亡的暗示会让我们更加坚定地坚持我们的世界观，并且按照我们世界观的指示行事。因此，如果你的世界观认为现代医疗技术是邪恶的，那么当死亡暗示伴随着疾病到来的时候，你就会采取一种符合自己世界观的行为方式来处理自己的疾病。同时，研究结果显示：无意识的死亡想法会使人们在思想上对医药治疗采取不配合的态度。例如，我们要求美国的基督原教旨主义者写下他们关于死亡的感想，几分钟之后，他们表示更愿意用祷告的方式来代替医药治疗，同时他们更坚信祷告比药物更加有效，而且他们也更支持宗教而拒绝药物治疗，宁愿完全依靠信仰来治愈自己的疾病。[25]

如上所述，跟近端防御一样，远端防御也是一把双刃剑。一旦死亡的想法变成无意识的，远端防御会帮你提高自信，并巩固你已有的文化价值观和信念。有些人认为遵纪守法最重要，并且以成为一名好公民为荣。因此，当他们产生无意识的死亡想法时，开车可能会更加谨慎，以防止无意识的死亡想法重新进入自己的意识领域。这是好的方面。而另一方面，美国"全国运动汽车竞赛协会"（NAS CAR）的粉丝们则会以自己的飙车技术为荣。他们会把油门踩到底，用疯狂飙车来增强自己的自信，以阻碍无意识的死亡想法入侵自己的思想。这样就会产生不好的结果。

理解近端防御与远端防御之间的区别有助于心理学家和医疗健康服务人员研究更加有效的策略来保护人们的身体健康。当死亡的想法处于人们的意识中时，个体的乐观态度以及有效的健康行为可以引发有利的近端防御。例如，我们可以通过图片的形式向人们宣传艾滋病是一种十分危险的致命疾病，同时也要强调及早发现和药物治疗的重要性。在这种条件下，当死亡的想法处于意识中时，人们更愿意接受艾滋病毒的早期检查，以此作为一种近端防御的良性手段。然而，如果人们认为艾滋病毒检测不能够帮助他们维持生命的话，他们就更有可能开展对人体健康不利的近端防御，例如忽视艾滋病的危险，或者利用毒品和酒精让死亡想法远离他们的意识。此外，过了一会儿，当死亡的想法被排斥到意识的边缘时，人们的远端防御就启动了。如果在此时过于强调艾滋病的危险性，可能对于那些以性能力为骄傲的人来说，似乎是无效的，甚至有时候还会产生反作用。具有讽刺意味的是，在看过艾滋病预防宣传视频半个小时之后，很多人，包括著名篮球运动员"高跷威尔特"张伯伦在内（他在两性关系方面臭名昭著，自称曾与 20 000 个女人发生过性关系），更加愿意跟多名性伙伴进行无任何保护措施的性事。他们之所以这样做，是为了增加自己的自尊心和自信心，以战胜死亡的威胁，把死亡的想法始终排斥在意识的边缘。如果要开展一些医疗卫生运动，就难免会让人想到关于死亡的问题。在这个时候，最好的办法就是尽量利用有益健康的近端防御和远端防御机制。这可以通过加强个人良好行为的成就感来实现（比如，积极参加艾滋病检查就是一种良好的行为）。此外，我们还要强调：负责任的行为可以增加我们的自尊心和自信心，美化我们自身的形象并且得到社会的肯定。例如，可以强调：我们的社会反对性滥交，公众都支持安全性行为等。

尽可能地减弱近端防御和远端防御带来的不利影响，从而维护身体健康，这是一个很好的开端。然而，依据世界卫生组织的定义，健康是指"生理、心理以及社交领域的良好状态，而不仅仅只是远离疾病和虚弱"。古罗马诗人朱文纳尔（Juvenal）早在 2000 年前就已经说过："你应该为自己既有好身体又有好头脑而祈祷。"现在，我们也都明白了：对死亡的恐惧将会威胁到人们的精神健康。

第 10 章

盾牌上的裂痕：死亡与心理障碍

我们可以认为：对死亡的恐惧一直存在于我们的
心理活动中……我们常常会感到面对威胁时的不安全
感以及各种挫败感和压抑感。然而在这些种种不良感
觉的背后，都潜伏着人们对死亡的最基本的恐惧。这
种恐惧经历了非常复杂的转化，以许多间接的方式表
现在我们的日常生活中。人们生活中常见的各种焦虑
症和神经衰弱、各种恐惧症、大批由抑郁导致的自杀
以及许多精神分裂症足以证明：对死亡的恐惧是无时
无刻不在的，而且涉及精神病理学上的大多数病症。[1]

——格雷戈里·齐博格，《对死亡的恐惧》

派特（Pat）是一个长着棕色卷发、蓝眼睛的心理学三年级大学生，
才刚过 20 岁，性格调皮而又十分阳光。一天，他高兴地走进我的办公
室，脸上带着微笑，眨着眼睛说："我写了一些东西，我认为你会喜欢
的。"他说着打开日记本，指着其中一段文字：

人们总是试图逃避焦虑，但是根本没有反思过：我们
为什么要避免焦虑呢？或者说焦虑的起源和"原因"到底
是什么呢？人们到底在担心什么？人们总是害怕事实——
这是确定无疑的，但是人们害怕的事实到底是什么呢？也
许事物的本质并不像它们表现出来的那样？或者人们的本

质并不是他们自己所认为的那样？

"哇，这可是十分深刻的思考，"我告诉他，"也许你有兴趣上一些性格理论和精神病理学之类的课。"

"噢，我不需要上这些课，"派特高兴地说，"我已经非常熟悉心理学知识了。我现在的使命是让世界变成一个更美好的地方，就像亚伯拉罕·林肯、温斯顿·丘吉尔、约翰·肯尼迪和李小龙他们所做的那样。"

"李小龙？"我问道，"你指的是那个中国武术家？

"是的，就是他。"派特回答道。然后，他继续向我讲述李小龙如何通过烤炉和微波炉给他传递信息，并给他建议和支持。这时我才意识到：以他现在的状况，应该去看心理医生，而不是通过学习成为一个心理医生。

我后来才了解到，派特最近一段时间曾经在本地医院的精神病科接受治疗。在那里，他被医生诊断为患上了精神分裂症。从那时起，我经常发现派特总是在我办公室的门口等我。早上七点钟我到办公室的时候，他就会来找我谈话。派特告诉我，跟他在同一个比萨店里一起工作的工友们似乎对他的雄才伟略视而不见，这让派特感到非常失望。但是，派特却把这种现象归结于工友们的无知。因此，派特仍然自信满满，认为这只是个时间问题，只要他继续保持下去，并且继续接受肯尼迪和李小龙的指导，他就迟早会成为"宇宙的主宰"。

派特最终丢掉了他在饭店里送比萨的工作，因为顾客们抱怨说：他们更关心的是他们的晚饭能否及时送达，而不是在我们这颗行星上引发什么巨大的变化。于是，派特就变得越来越失落和焦虑不安。一天早上，他出现在我办公室门口的时候，看起来蓬头垢面，样子十分凌乱。他说他昨夜整夜都在整理自己的想法并且写了超过100页的凌乱散文，其中一部分内容如下：

> 真是一些奇怪的事情：埃塞尔·肯尼迪、艾米莉；沃伦和他死去的哥哥的电话；尼尔和他在电话中提出的问题："你是一个妄想狂吗？"电话突然挂断了；我知道奶奶要把什么牌给扔出去了；我脖子以上的部分都很痒；这张纸上记录了所有发生在我身上难以理解的奇怪事情；当我通过我的电视控制整个世界的时候，当我第二次进入医院精神病科的时候，这些想法出现在我的脑海里。当我第二次离开医院精神病科的时候，我觉得这些想法都不是我自己的。我要尽量避免自燃的可能性，当那些声音出现在我脑子里的时候，我就会说"让这些杂种滚开"——这种做法从来都很灵，总有一些世界上的领导人知道我派特。日本忍者和杀手在追我。

不久之后，派特被人送进精神病院。两周之后，我却发现他回到了我的办公室，并且热切地想要和我分享他在精神病院治疗过程中的日记：

> 大约有一个多星期的时间，我一直感到自己有这样一种精神状态：我认为所有的事情对我来说都是可能的。我感到自然规律也可以被我否定……将来有一天，我将拥有

非常优秀的头脑，可以超过约翰·肯尼迪，或者其他任何一个前人。我感到这只是我个人保守估计的目标。要实现这些目标，最重要的一种方法就是成为自己学习过程的主导。派特将会实现其人生发展历程中的一次巨大的飞跃——这个世界以前从未有任何人经历过这样的飞跃式发展。可能我根本就不需要从政，或者当美国总统之类的政治平台来实现我的抱负。也许我只用笔和纸写一些文章，或者发表一些演讲就足够了。就目前来说，唯一可以阻止我成为美国总统的因素就是选民的偏见。其实，毫无疑问，我是最适合做总统的人。我感到这只是个程序问题，根本没有压力，而且也没有什么焦虑。

在接下来的几年里，派特从一份工作换到另外一份工作，有时候偶尔还会进入各类精神病医疗机构接受治疗。在某一个时间段里，他曾经干得非常好。当时，他很喜欢自己在当地工厂里的工作，尽管他认为同事们都没有发现他的"卓越才能"，而且公司老板也对于他反复提出的"公司总部面谈"的要求置之不理。派特仍然想去证明：调整公司工作中的一些小小程序（包括任命派特担任某个经营管理类的职务在内）将会对公司和这个城市有巨大的好处，甚至可以惠及整个国家和这个广大的世界。终于，当他有一天上班的时候，却发现自己已经被公司辞退了。对此，派特感到非常吃惊。然而令我吃惊的却是这个公司居然忍受了他这么久。

在他失去这份工作的几周后，派特的妈妈突然给我打电话说他自杀了。派特还留下一个纸条说要她把他的台灯、书籍和他最爱的一幅画——16世纪中国山水画家唐伯虎的《梦仙草堂图》全部都留给我。

这幅图画的内容我们已经在第 5 章里面讲过了。

我们认为：派特最喜欢这幅画并不是一个巧合。他还把人类叫作"会说话的香肠"，这也不是偶然。"果核中的虫子"（worm at core）一直在侵蚀着派特的内心，正如许多精神分裂症和其他精神疾病的患者一样，派特受到了长期的内心煎熬。

人类精神上的失常往往是由许多共同因素导致的，但是毫无疑问，对于死亡的焦虑是导致很多精神疾病的一个重要因素。人们一般都具有预防死亡焦虑和恐惧的"双层防御盾牌"，即相信生命是有意义的，以及相信自己是有价值的。只要这个"双层防御盾牌"是完整的，他们就可以比较平静地度过自己的一生，而不受精神疾病的骚扰。但是，世界上却有一些人由于自身遗传基因的影响、身体中某种生物化学反应的失衡、不幸的教育经历或者其他一些充满压力的生活经历，他们未能及时展开自己的"双层防御盾牌"来压制内心对死亡的恐惧。于是，他们只好试着去构建自己的恐惧防御模式。有时候他们的勇气十分可嘉，而且他们的构建方式往往充满想象力。但是，不幸运的是，他们构建的"这些笨拙的死亡恐惧防御模式"——正如存在主义精神病学家欧文·亚隆（Irvin Yalom）指出的那样——"经常被证明是无效的。"[2] 对死亡的恐惧透过他们"盾牌的裂缝"渗透进来，结果是他们遭受更加痛苦的折磨。

让我们简略地考察一下来自临床和实验室的证据，来看一看对于死亡的恐惧是怎样导致了不同的精神疾病，并且在不同的精神病症状中体现出来。然后，我们还要再考虑一下：既然很多精神病是由于对恐惧的"不恰当管理"造成的，那么我们应该如何帮助人们更好地应对他们对于死亡的恐惧呢？这对于精神疾病的治疗有着很重要的意义。

此图是中国明代画家和诗人唐寅（唐伯虎）《梦仙草堂图》的一部分，大约在公元 1500 年完成，现存于美国华盛顿史密森尼学会人文艺术画廊（Smithsonian Institution Freer Gallery of Art）以及"亚瑟·M. 萨克勒画廊"（Arthur M. Sackler Gallery）。

精神分裂症：对死亡的挑战

像派特那样的精神分裂症患者大多不可能或者也不愿意参与到我们共同的社会文化信仰体系中来。因为他们要承受阵阵不断发作的剧烈恐慌，所以他们只好构建出一个想象中的世界，来抵消自己内心深处的恐慌。在精神分裂症患者看来，他们自己构建的想象世界是完全真实的，就像你眼前这本书一样真实。

在这些患者的幻想领域中，常常有一些充满敌意的或者令人恐惧的东西。在一个专门为精神分裂症患者开设的网站上，有一个专门讨论他们各种幻想的聊天室。一个匿名患者曾经在这个聊天室里写道："当我精神病发作的时候，我的主要幻想是总有个人想要杀我。我一开始觉得想要杀我的人是黑手党，但是后来却觉得我在街上看到的每个人都十分可疑。于是，我就把他们带到了我的幻想里。很快，我觉得似乎街上每个人都对我图谋不轨。"

为了与这些想象中的邪恶势力进行斗争，精神分裂症的患者常常会有很夸张的幻想。他们会想象自己是有魔法的、无所不能的或者刀枪不入等。还有一些人，就像派特那样，感觉自己身负使命，要去纠正世界上所有的错误，为整个世界主持正义等。于是，精神分裂症患者常常时而感到自己受到恶势力的威胁，时而又感到自己十分光荣地战胜了恶势力。他们就这样在这两种截然相反的心理状态之间来回摇摆不定。派特对死亡的恐惧可以表现在他经常担心自己会发生自燃或被日本忍者抓住等。但是，他同时又自信心极度膨胀，把他自己等同于丘吉尔、约翰·肯尼迪和李小龙等人，并相信自己有能力去挑战自然的法则。派特甚至感到自己是无敌的。这样一来，派特自己用幻想制造的"心理防御盾牌"暂时地缓解了他的焦虑。

临床观察证实,精神分裂症患者常常会产生对死亡的极度恐惧,或者不断地思考与死亡相关的问题。在一次研究中,我们调查了205名住院的精神分裂症患者,发现其中有80多个病人过度关注与死亡有关的问题。我们还发现,他们对死亡的过度恐惧有些是随着精神分裂症的症状出现而产生的,还有些是随着他们症状的恶化而产生的。[3]所以,当派特在他的日记里怀疑人们真正害怕的东西到底是什么,并且怀疑"人们到底是不是他们自己所认为的那样"的时候,他其实正在接近精神病的边缘。事实上,他正在尽可能地去确认,包括他自己在内的所有人类生命历程中"果核中的虫子"就是"死亡"。

精神分裂症患者特异的世界观很难被其他人接受,即使他们的世界观有时候并不比所谓"正常人"的世界观更加令人难以置信。如果你是一个精神分裂症患者,并且幻想着有忍者在追你,或者你当上了总统,或者总是被别人怀疑和拒绝,甚至经常遇到公然的敌意和嘲弄,这种情况只会加剧你身上已经非常可怕的心理疾病。

恐惧症与强迫症:死亡的转移

"我躺在床上,害怕得发抖。"杰西·休伊森(Jessie Hewitson)写道:"周围没有熟悉的面孔,只有医生和助产护士在我身边,他们的嘴静静地动着,子宫收缩的痛苦阵阵传来,我既困惑又恐惧。我真想不通:我根本没有怀孕,又怎么会分娩呢?"

这是杰西·休伊森在英国《卫报》上描述的反复发生在她噩梦中的情景。杰西说,她第一次遭受"怀孕恐惧症"(tokophobia)的折磨是在她十几岁青少年时期，当时她就开始做这样的噩梦了。"一些怀孕恐惧症患者认为她们在分娩的时候会死，还有一些人认为怀孕过程中会发生一些难以忍受的事情，"她写道，"还有一些人受不了她们身体内部有东西生长。"当杰西怀孕的时候，她的恐惧随着时间的流逝不断增加。

世界上还有很多像杰西一样的人都在遭受着恐惧症的折磨。所谓的"恐惧症"指的是人们长期过度地害怕某种事物，主动地躲避特定的物体、活动或情况。常见的有对蜘蛛、蛇、细菌或者高度的极度恐惧，尽管对特定事物的恐惧到底是如何产生的仍然是一个谜。

大约在一个世纪以前，弗洛伊德就曾经提出：强迫症和恐惧症的作用在于为精神病患者阻挡一些他们自己想象中的"灾难"，而这些假想的"灾难"产生的原因就是他们对死亡的恐惧。[4] 我们觉得弗洛伊德发现了一些真相。不受约束的死亡恐惧是压倒性的。对死亡的恐惧无时无刻不压在我们的心头，而且是我们一生的终极恐惧。在一定时间内害怕某种事物比一直害怕一切事物要好。所以，对于那些患有各种恐惧症和强迫症的人来说，死亡恐惧最后被转换成了一些可控制的恐惧，这些恐惧五花八门，从害怕灰尘到害怕大鼹鼠。

但是死亡的想法与恐惧症到底有怎样的关系？当恐惧症患者想到死亡的时候，他们的症状会加深吗？为了验证以上这些问题，我们在科罗拉多州的科泉市一份报纸上刊登了一则广告，招募一组害怕蜘蛛的人作为实验考察对象，还有另一组不害怕蜘蛛的人作为实验对照组。我们向那些不害怕蜘蛛的对照组人员提问道："请问你通常对蜘蛛感觉如何？"而他们最常见的回答是"它们不太令我感到讨厌"。（其中一个女人甚至说："我很喜欢这些毛茸茸的小东西。"）但是，非常害怕蜘蛛的人的回答显然达到了"恐惧症"的临床诊断标准。当实验人员问他们同样的问题时，他们最普遍的回答是"我非常害怕它们"。还有人说："我会尽量避免去公园，因为那里有蜘蛛。"或者还有人说："如果我认为某个房间有蜘蛛的话，我就不会在那里面睡觉。"

在回答完这些问题之后，每个人还要填写一些个人调查问卷。其中一半的人要填写的问卷是关于死亡的，而另外的人填写的则是关于看电视的。然后是一项"认知处理任务"（cognitive processing task），实验参与者可以按照自己喜欢的速度来浏览鲜花和蜘蛛的图片。然后，我们会让他们向我们描述蜘蛛的危险程度和蜘蛛攻击靠近者的可能性。对于那些具有蜘蛛恐惧症的参与者来说，那些填写"死亡"相关问卷的人比填写"电视"相关问卷的人观察蜘蛛图片的时间更短，而且认为蜘蛛更危险、更具有攻击性。但是，对于那些不害怕蜘蛛的人来说，即使他们想到了与死亡相关的问题，也不会影响到他们对蜘蛛的反应。[5]

这些实验发现支持我们的总体观点，即恐惧症往往是把一些对较大的、更加难以控制的东西的恐惧（比如说对死亡的恐惧）转化为对较小的、更容易控制的事物的恐惧（比如说对蜘蛛的恐惧）。

强迫症（obsessive-compulsive disorder）也是一种由焦虑导致的心理疾病。有的强迫症患者会一直洗手，害怕染上细菌；其他一些患者会贮藏食物、邮件或报纸。他们害怕如果扔掉这些东西，就会发生一些坏事。

安娜是个 35 岁的妈妈，已经有了 3 个孩子。她总是觉得有人会偷她的车牌。安娜说："当这种感觉发生的时候，我就会迫使自己去查看车牌，如果我不立即检查，就会一直担心，直到我下车查看为止。"其实，安娜主要的恐惧是害怕"有人"会拿走她的车牌，并指控她犯下了可怕的罪行。她害怕这个人会告诉警察说她把车牌去掉，是为了掩盖汽车的车牌号码。她说："然后警察看到我的车没有车牌，就会认为这个消息是真的，警察会认为我是个危险的罪犯，然后会开枪杀了我。"如果安娜不检查她的车牌，她会遭受非常痛苦的心理折磨。有时她不得不半夜起床去检查。[6]

为了验证强迫症和死亡恐惧之间的关系，我们找到了一些强迫洗手症患者和没有被强迫症所困扰的人共同完成一组问卷调查实验。一半参与者做的是关于死亡问题的标准问卷，而其他人则被要求去回忆别人刻意回避自己的经历。然后，实验人员假装要测试他们神经系统的活动情况，用无菌的电极棒乳液轻触参与者的手指大约两分钟，然后再把电极棒连接在一台生理记录仪上（这种生理记录仪我们在第3章里曾经讨论过）。之后，实验人员移除电极棒，并告诉他们可以在实验室的水池里洗去手上的液体。实验人员却在旁边悄悄地记录下来他们洗手花费的时间。结果我们发现：那些强迫洗手症患者，当他们在实验中考虑过死亡的种种问题之后，往往花费非常漫长的时间去洗手。[7]

实验结果似乎表明：与恐惧症患者一样，这些强迫症患者也试图把他们自身的死亡恐惧（这种恐惧是超出他们控制的）转化到一些他们可以避免或逃避的事物上，比如说细菌等。

也许有人会反对：关于死亡的想法会加剧恐惧症和强迫症的症状，但是这并不十分奇怪，因为某些蜘蛛或者某种细菌真的可以致人死亡。但是，对于那些跟死亡没有直接生理关系的焦虑，比如说"社交焦虑症"又该如何解释?

吉姆第一次去心理诊所的时候,他认为自己的害羞和社交焦虑症都起源于童年时代。"我从能记事儿的时候开始,就已经受到焦虑的折磨,"他说,"甚至在学校的时候,我也因此学习不好,而且也不知道该跟别人说什么好。结婚之后,我的妻子主动承担起了家里的一切日常工作,而我也很高兴地听之任之。"他妻子替家里的孩子们向医生预约看病,去学校开家长会,处理一切社交活动,甚至还负责打电话订外卖,因为吉姆太害羞和胆怯了,甚至都不敢给其他人打电话。吉姆在一家音乐小商店里卖 CD 碟片,但是当他必须和顾客直接说话时,他常常会不知所措、目瞪口呆。"当我不得不打电话告诉顾客他们订的商品到货了的时候,"他说道,"我知道我的声音会变得虚弱,而且断断续续的,我甚至会说不出话来。我的声音会一直颤抖甚至噎住……然后我会突然快速地说出剩下的话,顾客也许都听不清我在说什么。有时我不得不反复说一句话,这令我感到十分尴尬。"吉姆觉得现在只要他一想到去上班,或者去参加什么社交活动,都会让他感到十分痛苦和筋疲力尽。

对于那些像吉姆一样有着极其严重的社交焦虑症的人来说,这种情况就像法国存在主义哲学家萨特的名言一样:"他人即是地狱。"因为社交焦虑症一般都和自尊心有关系,而且患者往往需要感到自己被别人尊重——正如我们发现的那样:关于死亡的想法会增加人们这种被人尊重的渴望——所以我们假设:关于死亡的想法会加剧我们的社交焦虑。

让我们想象一下:假设我们正在进行一项实验,目的是研究个人性格特征与社交人际互动之间的关系。假设你就是吉姆,你和其他实验参与者（这些参与者要么有很严重的社交焦虑症，要么根本就没有一点社交焦虑）每个人都被带到一个小隔间去填一些普通的调查问卷：一些人填写的是关于死亡的问题，另外一些人写的是关于极度疼痛的感觉。之后，我们要求你在隔间里写一些你喜欢的事情，时间不限，自己可以任意选择。然后，我们要求你进入大厅里，跟其他实验参与者交流你的爱好和一些事。实验组织者会向你解释：你可以跟任何人交流，直到时间结束。这里有一个时钟，你可以把握好时间。实际上，我们真正要考察的是：在进入大厅跟别人交流之前，你独自在小隔间里花了多少时间写东西？也就是说你愿意自己独处，而不跟其他人交往的时间有多久？当你想起死亡的时候，死亡的想法会如何影响你的行为？

我们的实验结果表明：对于那些没有社交焦虑症的人来说，无论他们填写的问卷是关于"死亡"还是"疼痛"的，他们独自待在小隔间里的时间并没有什么差别。与那些没有社交焦虑症的人相比，那些描述自己疼痛感觉的社交焦虑症患者待在小隔间里的时间并不会更长。但是，对于像吉姆一样有社交焦虑症的人，如果他在实验中填写的问卷是关于死亡的，那么他们往往会在小隔间里面待很长时间。[8]

另一个常见的焦虑现象和食物有关。因为美国文化认为苗条的身材对女孩和妇女都非常重要，所以就产生了关于饮食问题的精神紊乱现象。临床精神医生证实：那些有厌食症的人往往也受到死亡恐惧的折磨。

厌食症患者往往会把"吃"看作一个"禽兽般的行为"，认为饮食行为与动物的身体相联系，而动物的身体是注定要死亡和腐烂的。[9]艾梅·刘（Aimee Liu）回忆起她的一次亲身经历，并用这次经历简洁明了地解释了"吃"和"死亡"之间的联系：吃完一顿奢侈的大餐之后，她打开了饭店送给她的"幸运饼干"，却发现饼干里的纸条上写着："你吃，你死！"[10] 对女性来说，在饮食和死亡恐惧之间，有没有一种显而易见的联系呢？请想象一下：你是一名女大学生，还是校游泳队的成员。你每天消耗大量的卡路里，所以你身材苗条，却常常腹中饥饿。但是，你却仍然坚持吃健康的食物，偶尔才喝点啤酒。你的心理学老师邀请你参加一项研究，去"品尝和测试一些营养美味的零食"。这些"健康小吃"包括葡萄干和坚果的混合物、覆盖着酸奶的葡萄干、裹着巧克力和太妃糖的花生仁等。实验组织者会告诉你：本次实验的目的是"为某国家级大型食品制造商进行市场调研"。每份小吃中包含 10 克美味的材料。实验组织者告诉你："你有 4 分钟去品尝和评估这些食物，请尽可能地多吃。"他说完就离开了。

在正常情况下，你会狼吞虎咽地去吃覆盖着酸奶的葡萄干，因为那些是你最喜欢的零食。但是在你被邀请前去品尝这些小吃之前，你还要回答一些标准的问卷调查问题，主要是关于你对死亡的感想，而其他一些实验参与者要填写的问卷则是关于牙疼的问题。那么，填写了关于死亡的问卷之后，你还会吃多少东西？

实验结果证明：无论是男性还是女性，当他们想到牙齿的疼痛的时候，他们吃零食的数量几乎跟平时没有什么差别。但是，如果他们填写的问卷是关于死亡的问题，那么女性实验参与者在品尝小吃的时候食量减少了 40%，而男性吃零食的数量几乎跟平时一样。[11] 从这个结果可以看出：死亡意识会让女性更加热衷于追求流行文化对"瘦"的要求。

创伤后应激障碍：粉碎的盾牌

2014年3月，迈克·纳塞夫（Mike Nashif）从美国胡德堡（Fort Hood）陆军基地出发，前往伊拉克执行任务。他的任务是在战斗最频繁的巴格达以南地区寻找敌方目标。迈克和他的小分队经常夜间执行任务，检查当地房屋，寻找武器和敌方战斗人员，或者乘坐布雷德利步兵战车和悍马吉普在该地区巡逻。在巡逻过程中，他们的车辆每周至少都要被路边炸弹袭击一次。有一次，正当他开车经过的时候，一个113克重的炸弹在一辆停在路边的汽车中爆炸。后来，迈克告诉记者说："你可以感到爆炸，闻到它的气味，甚至尝到它的味道。这是对你身体的一次巨大打击，就像是有人从你身体两边猛烈抽打。你的脚趾头、胸部、脑袋、手指等全身到处都有剧痛的感觉。"

有一次，他的一个同伴被简易炸弹炸死了，甚至整个身体全都炸碎了。迈克花了4个小时才把他同伴的鲜血和碎肉从悍马车内的无线电装备上清理干净。很难想象，世界上还有比这更悲惨、更可怕的工作。回到美国后，迈克频繁遭受头痛、噩梦、失忆、焦虑和过度紧张的折磨。他还变得越来越脱离家庭。他说："那种感觉就像我站在房子外面，透过窗户看我的家人。"但是，当别人跟他斗嘴，或者不听他话的时候，他就会立即火冒三丈。当迈克的大儿子一直欺负小弟弟时，迈克抓住他的喉咙，把他推到墙上。另一次，他在客厅里用一个棒球拍把孩子的玩具卡车打成了碎片。最后，他的婚姻破裂了，只被允许每两周的周末看一次孩子。[12]

像其他"创伤后应激障碍"（PTSD）的患者一样，迈克经历了最直接、最基本的死亡恐惧。据美军内部心理工作者的估计：从阿富汗和伊拉克战场回来的美军士兵中间有17%～25%的人患有不同程度的"创伤后应激障碍"。[13] 在其他情况下，地震、龙卷风、恐怖袭击、暴力犯罪（比如强奸和家庭暴力等）都可以引起这种精神疾病。无论这种疾病产生的具体原因是什么，具有"创伤后应激障碍"的人往往受到了巨大灾难性事件的打击，他们现实观和世界观的核心被动摇了，就像老房子的屋顶在暴风雨中被刮走一样（在上一章中，这个比喻被用来描述人们对死亡的"远端防御"）。这样一来，防御死亡焦虑的"盾牌"被彻底粉碎了，人们毫无保护地受到了噩梦、回忆、极度焦虑、恐慌以及各种不受控制想法的任意侵袭。

迈克感到自己"站在了自己的人生之外"，"透过窗户看自己"，其实这也是"创伤后应激障碍"患者的重要特征之一。当面对灭顶之灾，却无力抵抗或逃避的时候，人们的头脑常常会一片空白。但是，事情发生的节奏似乎变得很慢。首先，他们感到自己的意识和肉体分离开了，就好像站在远处看着自己一样，似乎他们正处于一场电影或者一个梦中。他们会感到十分迷惑，不知道到底发生了什么事。在心理学中，这种状态被称为"解离"（dissociation），因为这个人试图在心理上把自己与正在发生的可怕遭遇分离开来。对于那些难以在身体上逃避灾难性事件的人来说，这种"解离"状态至少提供了一个很好的、从心理上进行逃避的途径。

这种"解离"状态可以让那些难以忍受的事情变得稍微好接受一点——至少在短期内可以起到这样的作用。但是，它同时也会阻止人们坦然面对过去的创伤性经历。在经历"创伤性事件"的过程中，如果人们产生了这种"分裂"状态，那么他们后来则更有可能遭到"创伤后应激障碍"的折磨。[14] 这样一来，他们会总是感到受到了威胁，一直保持焦虑，并且随时小心谨慎，时时刻刻防范着危险发生。他们醒着的时候，会以"闪回"的方式反复回忆原来的创伤性事件。即使在他们睡觉的时候，也会在可怕的噩梦中反复想起原来那场灾难。为了对付长期的焦虑和可怕的回忆，"创伤后应激障碍"的患者通常会进入一个长期性的"解离"状态，把自己与现实隔离开来，有些临床精神病医疗工作者把这种情况称为"精神麻痹"（psychic numbing）（多数情况下需要酗酒和毒品的帮助才能维持这种状态）。

实验证明：死亡焦虑存在于人们应对创伤的"解离"状态中。在创伤性事件中经历了极度死亡恐惧的人们非常容易产生"解离"状态，并且患上"创伤后应激障碍"。[15]2005 年，我们在纽约大学生中间做了一个实验：我们让一些学生做了一些关于死亡的问卷，而让另外一些学生做了一些关于疼痛或期末考试的问卷。然后，我们让他们回忆他们在"9·11"恐怖袭击事件中的感受，或者让他们观看那次袭击的视频镜头。在这种情况下，那些做了"死亡"相关问卷的学生产生"解离"反应的比例与其他学生相比要大得多。同样，这种"解离"反应又导致了对未来更多的焦虑。[16]

另外一项研究对 2005 年伊朗扎兰德地区大规模地震的幸存者进行了追踪调查。在这场地震中，有 1500 多人死亡，还有 7000 多人家园被毁，被迫转移。毫无疑问，这场地震的幸存者都经历了一场严重的"创伤性事件"。地震几个月之后，调查人员要求幸存者填写一些关于死亡问题的问卷。那些在地震过程中和地震后没有经历过"解离"精神状态的幸存者在回答问题的时候几乎没有表现出来什么焦虑现象。[17]但是，他们常常流露出一种针对外国人的敌意——这虽然令人感到十分遗憾，却是人类恐惧管理系统中的一种典型的心理自卫模式。相反，对那些在地震中经历了"解离"精神状态的幸存者来说，他们在几个月之后回忆起地震的灾难时，往往会表现出巨大的焦虑，却没有对外国人表现出任何敌意。人们通常使用的那种恐惧管理模式，即抬高自己的群体，并贬低别人的群体——似乎对那些在灾难中经历过"解离"状态的幸存者根本没有任何作用。地震两年之后，经过调研发现：经历过"解离"状态的幸存者更容易患上"创伤后应激障碍"。同样的结果出现在阿富汗战争中返乡的波兰士兵以及科特迪瓦内战中的幸存者的身上。[18]

虽然我们每个人在面对威胁生命的"创伤性事件"的时候都会或多或少产生一些焦虑，但是大多数人都不会因为难以适应而产生病态的"解离"状态，更不会因此而患上"创伤后应激障碍"。对于那些在巨大威胁面前仍然能够保持良好适应性的人，我们目前了解的还很少。但是我们所知道的是：如果一个人认为自己的人生充满了意义，并且认为自己在社会中有一定的价值，那么他将会更有能力抵抗死亡的恐惧。[19]

抑郁症：可以看见的死亡

到目前为止，我们已经发现：精神分裂症、焦虑症以及"创伤后应激障碍"等精神疾病至少部分都是由对死亡恐惧的不当应对造成的。但是，抑郁症呢？它可是一种很常见的精神疾病，给很多人带来了苦恼和麻烦，乃至死亡。在某一年，大约16%的美国人都不同程度地受到抑郁症的困扰。

"夜晚的阴影似乎更加灰暗了，早上也不再令人感到欢快，在树林中的散步也变得索然无味。"威廉·斯泰伦（William Styron）回忆道："下午工作时，突然有那么一瞬间，我感到一种强烈的焦虑和不安感，还有一种发自内心的恶心。"他的老房子本来舒适且充满生机，但是现在看来却似乎危机四伏。睡觉对他来说成了一种可遇不可求的福音，要么只能断断续续地睡一小会儿，要么只能借助会上瘾的催眠药。他丧失了自尊心，几乎不跟人说话，整个人都快垮掉了。

遭受这种心理抑郁折磨的人就是《纳特·特纳的自白》（*The Confessions of Nat Turner*）和《苏菲的抉择》（*Sophie's Choice*）等著名小说的作者——威廉·斯泰伦。他感到"身边似乎还伴随着'另一个自己'。'另一个自己'正在冷静而又好奇地观察着我如何跟正在发生的灾难进行搏斗。"他的大脑"成了一个工具，每分钟都在记录着自己不同程度的痛苦"。他感到自己的意识正在被逐渐淹没，"就像某些小镇上那些老式电话机交换机一样，正在慢慢地被洪水淹没：一个接一个地，正常的电路开始被淹没，身体的一部分功能以及所有本能和理智都开始慢慢瓦解"。

历史上太多富有创造力的艺术家和作家都患有抑郁症。为了探讨严重抑郁症的起因，斯泰伦根据自己的经历，配以非常丰富的细节描写，在1989年《名利场》杂志上发表了一篇文章；1990年，他还出版了一本书——《可以看见的黑暗》（*Darkness Visible*），书名来自英国著名诗人约翰·弥尔顿（John Milton）。他在其长诗中对地狱景象的描写：

> 那是一个地牢，四周都是圆形，
> 有一个巨大的火炉烧着，却看不见光，
> 只有看得见的黑暗。

好让人看清四周悲惨的景象，

这是悲惨、阴郁和黑暗的国度，

宁静与休息从来不会有，

希望也不会到来，

只有无尽的折磨。[20]

斯泰伦详细地描写了抑郁的感觉，并且明确提出极端的抑郁是"一种疯癫的形式"。[21]

感到抑郁的人们往往是对人生不满的人，他们通常认为自己和这个世界都是毫无价值的。他们还喜欢长时间地思考令人沮丧的问题以及与死亡有关的问题。而对这些问题的思考又让他们的抑郁症症状更加恶化，并且患病的时间也延长了。他们很难找到生活的目的和意义。[22]有时候抑郁可能来源于某个特定的事件：比如与你比较亲近的人去世了，你得了很严重的病，你失去了工作等。而在另外一些情况下，抑郁症会悄悄降临在人们的身上，没有什么可以察觉的起因。

但是，无论抑郁症是如何产生的，对于死亡的沉思以及对于人生意义和自我价值的怀疑都会导致人们的过度焦虑和绝望，并且让人们越陷越深，最终不可自拔。[23]无论起因是什么，受到抑郁症困扰的人们往往不再认同他们所处的社会文化体系，也不再认为自己是其所在社会中有价值的一员。

因为抑郁症患者往往质疑人生的意义和自我的价值，所以我们认为他们特别容易受到死亡意识的影响。因此，我们认为诱导严重抑郁症患者去思考自己的死亡是十分不道德的。于是，我们在中轻度抑郁症患者中间开展了一些研究。我们发现：跟不受抑郁症困扰的美国人相比，患中轻度抑郁的美国人通常更少地表露出他们对祖国的支持。[24]但是，在实验中，我们让他们想到自己的死之后，他们则显得比其他人更爱国，而且也认为自己的人生比以前更有意义了。[25]

这些实验结果表明：患中轻度抑郁的人似乎不能从他们自己的世界观中汲取足够的人生意义和自我价值，以维持对于生活的兴趣，但是他们并没有完全放弃自己的世界观。然而，我们却怀疑严重的抑郁症患者，就像那些"创伤后应激障碍"的患者，很有可能已经完全地放弃了自己的世界观，与自己所在的文化和社会格格不入。

自杀：死亡的实现

我们在前面派特精神分裂的案例中已经知道：精神疾病给人的折磨是非常大的，常常会导致患者的死亡。在抑郁症患者中间，精神上的巨大痛苦导致患者自杀的现象则更为普遍。既然人们那么害怕死亡，而且终其一生都在竭力逃避死亡，那么他们为什么要通过自杀的方式尽早结束自己的生命呢？有些人自杀仅仅是因为他们心理或生理上的痛苦实在太大了，只有死亡能给他们带来解脱。在很多情况下，人们会在自杀前服用酒精或毒品，来缓解自己对死亡的恐惧，才有勇气实施自杀行为。还有一些"自杀者"根本就没有打算成功，他们的行为只不过是为了求得别人的帮助，或者希望引起别人的反应。

但是，很有讽刺意味的是，自杀行为就源自人们对死亡的恐惧。既然死亡无论如何都能把你抓到手，那么何必苦苦坚持活下去呢？"大多数的自杀者，"西班牙大哲学家米格尔·德乌纳穆诺（Miguel de Unamuno）说："如果觉得自己可以在这个世界上永生不死的话，就不会放弃自己的生命了。自杀者之所以会自杀，是因为他们实在等不及死神的降临了。"[26] 俄国文学家陀思妥耶夫斯基（Dostoyevsky）在他的小说《群魔》（*The Possessed*）中也得出了一个相似的结论。该小说中的人物彼得·斯捷潘诺维奇（Pyotr Stepanovich）说："我想要结束自己的生命，是因为我不想再承受对死亡的恐惧了。"[27]

此外，导致人们自杀的原因还有一种人类古老的愿望——对永生不死的追求（literal immortality）。有些人在自杀的时候心中真诚地相信：自己在死亡之后还可以继续活下去。即使是那些试图自杀的儿童似乎也有这样的感觉。临床研究表明：跟正常儿童相比，那些有自杀倾向的儿童更喜欢把死亡看作生命的一种延续。通过死亡，他们可以实现长久以来的愿望。[28] 很多人跟莎士比亚笔下的埃及艳后克娄巴特拉观点一致：死亡就像是让人走过了一道门，通往真实的永生或者象征意义上的不朽，或者二者都可以获得。克娄巴特拉一边说着一边抓住剧毒的蛇："给我穿上王袍，戴上王冠，我现在渴望着永生。"[29]

在某些情况下，自杀是一种被某些社会文化体系所允许的行为。对某种宗教非常虔诚的人有时候会自行了断，以便告别人世上短暂的今生，飞往天堂中永恒的来世。早期的基督教会每年都会为愿意抛弃自己生命的殉道者举行重大的宗教仪式，来庆祝他们"永恒的新生"。[30] 在日本传统文化中，对死亡的超越来自一种"永生不死的祖先世系"，这种世系从古老的过去一直延伸到无尽的未来。对于日本人来说，切腹自尽可以弥补自己不光彩的行为，并且让自己恢复在古老世系中的宝贵地位。类似这样的做法在各种文化中仍然存在。穆罕默德·阿塔（Mohamed Atta）参与了 2001 年 9 月 11 日的劫机行为，并且最终操纵飞机撞上了纽约世贸大厦。他曾经留下一个纸条说："我愿意为信仰而死，我知道真主为虔诚的信徒准备了什么——那就是专门留给殉道者的永恒的天堂乐园。"[31] 在他们看来，想要获得永生，只能通过自己的死亡来换取。

以上研究表明：当自杀被看作英雄式的行为，或者有利于自己的信仰和祖国的时候，对于死亡的恐惧可以导致自杀的行为。在第7章中，我们列举了一个实验：伊朗学生在考虑过与死亡相关的问题后，他们中间更多的人愿意通过自杀成为殉道者。[32] 另一个实验同样也证明：在英国公民思考死亡的问题后，他们也更愿意"为这个幸福的地方、为地球、为英格兰"[33] 而死。因此，在很多情况下，自杀成为了通向真实或者象征性死亡的途径。

酒精、毒品和麻醉药：死亡的扩散

自杀是逃离人生恐惧和苦难的一种方式，这种方式极端并且不可挽回。但是酒精、毒品和其他麻醉药物也为人们提供了一种更加普遍却只有暂时效果的逃避方式。从远古时代开始，在各种仪式上使用精神刺激类物品一直在所有文化中都非常流行，即使在当代也是如此。全球各地的小孩们都喜欢自己转圈，或者从小坡上滚下来，从而享受这种晕头转向的感觉，这表明人们生来就喜欢麻醉自己的意识。人们最喜欢微醺的感觉，偶尔因为精神、娱乐或者医学目的而使用麻醉药品和酒水，并不能导致长期的伤害，也许甚至还有一些益处。[34]

人们使用精神麻醉类物品的原因往往有很多：它可以让人自我感觉良好，可以增强感官体验，减轻痛苦，恢复精力，增强自身的力量感和自我价值，激发创造性，加深社交联系与精神联系等，更重要的是它还可以控制恐惧。我们身边的一些人常常借助麻醉药物来逃避现实，并减轻自己的焦虑，这已经不是什么新闻了。从总体上来说，感觉自己缺乏人生意义和自我价值的人更容易对酒精和药物上瘾，而不是有节制地使用这类物品。[35] 虽然每一种精神刺激药物都有其独特的生化效果，但是它们都可以帮助人们控制自己的恐惧：要么可以减少人们的焦虑感，要么可以模糊自我意识，要么可以扭曲人们的感知能力，要么改变人们头脑中的时间感。

我们可以先回忆一下前一章的内容：当人们想到自己的死亡时，往往会喝更多的酒。最近的研究也表明：当人们想到死亡的问题后，也会吸更多的烟。为了证明"人们会通过加剧自己的上瘾行为来应对死亡的恐惧"，杰米·阿恩特和他的同事们邀请了一些吸烟者进入实验室，并告诉他们实验的目的是考察"人物基本性格和吸烟行为"。首先，参与者被要求回答一些问题，来确定他们是否对尼古丁有依赖性。这些问题包括："是否现在就想抽一根烟？""吸烟之后是否感觉自己控制局势的能力更强？"然后，实验人员要求他们回忆一下：通常早上起床之后多久就要吸第一根烟？即使患病严重、卧床不起时，是否也会吸烟？接着，实验人员会给参与者每人一根最喜欢的烟，让他们吸五口，烟的另外一头连接着一台仪器，可以测出他们到底吸了多少烟。然后，参与者被分成两组，一组要思考一下自己的死亡，而另外一组则要思考一下期末考试的失败。最后，实验组织者再给他们每人发一根最喜欢的烟，让他们每人再吸五口，并用同一个仪器进行测量。

这些发现的确很令人震惊。在思考过死亡的问题之后，那些烟瘾大的人往往会吸得更猛、更久和更快，以吸入更多的尼古丁。[36]

还有一些会上瘾的活动，如赌博等，都可以起到类似精神麻醉品的作用。这些活动可以让人们减少焦虑，淡忘自我，获得暂时的自尊，减少生存的恐惧等。但是，当人们强迫性地依赖这些活动时，问题就产生了。在最近这些年里，电脑游戏上瘾已经成了一个特别值得关注的严重问题。[37] 玩家被引诱到游戏中，是因为那里面有一个美妙的世界，可以让他们获得英雄般的自尊，更重要的是，游戏中的死亡都是暂时性的。游戏中的人物角色有"无限生命"。如果你在游戏中死了，一切还可以从头再来。虽然跟其他让人上瘾的东西一样，都是各种因素共同导致了成瘾现象，但是病态赌博和游戏上瘾很有可能至少部分是由于人们对死亡恐惧的逃避造成的。

修理"盾牌"上的裂痕

精神分裂症、恐惧症、强迫症、社交焦虑、厌食症、创伤后应激障碍、抑郁症、自杀和上瘾现象等都有其各自潜在的多种独特起因。如果有人患上了一种或者几种上述列举的这些心理疾病，我们可以采用生物化学的、行为主义的以及社会心理学的方法进行治疗。但是，不仅仅是心理治疗师，而且包括我们所有人，都应该意识到：如果我们对"死亡恐惧"管理不当，就很有可能造成各种精神疾病，或者使原有的心理障碍恶化。我们还要早日找到更多的新方法来帮助那些被精神疾病折磨的人。

存在主义的心理治疗方法是由一些临床医生发明的，这些人主要包括奥托·兰克、维克多·弗兰克尔、R.D.莱恩、罗洛·梅、欧文·亚隆等人。他们研究了死亡焦虑和相关存在焦虑在精神病起源和治疗过程中的作用。亚隆在他1980年的专著《存在主义心理治疗》

（*Existential Psychotherapy*）中最为完整地表述出了存在主义心理治疗方法的核心原则。亚隆首先提出，存在主义心理治疗法并没有一套特定的技术。相反，这种方法强调，心理治疗师应该把每一个病人当作独一无二的个体，并且要和他们建立深厚、真诚的关系。这就要求治疗师要非常熟悉病人的世界观、个人奋斗的目标和社会关系等状况。此外，还要鼓励病人把治疗师也当作独一无二的个人；让病人认识到治疗师也跟其他普通人一样，也有其自身的生存焦虑和心理障碍。

治疗师还要强调人类的自由选择权和责任感：在我们所做的每一件事情中，我们都可以做出自己的自由选择。我们所做的选择必然会产生特定的结果，而我们自己应该对此结果负责。治疗师和病人之间要建立一种强烈的、真诚的联系，并且这种联系要受到自由和责任的约束，这就为病人的治疗奠定了基础。治疗师还要帮助病人建立他自己的恐惧管理系统，同时还要帮助病人克服最普遍的三个存在主义困境：人生意义的丧失、孤独和死亡。

为了解决病人丧失人生意义的问题，存在主义的心理治疗师首先试图去了解人类是如何从这个世界上获取自己的人生意义的。少年阶段正是人们形成自己的人生意义和世界观的阶段，但是有的人在这个时期没有形成足够稳固的人生意义和世界观。成年之后，人生意义和世界观还可能会受到一系列外部环境的损害和挑战。这些破坏性因素主要包括神经系统的损伤、身体生化反应的失衡、不良或混乱的成长环境、创伤性经历、信仰体系的动摇、身体不适、肉体的欲望、经济状况的巨变、失去爱人或被爱人抛弃以及生理上的痛苦等。以上这些原因都会导致那些受到各种心理疾病困扰的人感到自己的人生毫无意义。一旦失去人生的意义，那些夸张的精神分裂症患者也许会宣称自己可以跟肯尼迪并驾齐驱，甚至蔑视自然规律，或者把各种荒诞的幻想当成现实。强迫症患者会专注于走路时一定要踩在人行道的缝隙上或者在小便之后必须连续三次冲厕所等，总之就是关注那些过于琐碎的事情，而不关心更加重要的意义。抑郁症患者会逐渐地对一切感到幻灭，而创伤后应激障碍患者会突然感到幻灭，这都是由他们完全抛弃或者忘记了自己的人生意义导致的。无论人生意义的丧失是由何种原因引起的，存在主义的心理治疗方法要做的是：帮助病人重拾他们原来的人生意义和价值观体系；改变病人现有的信念和信仰，使之变得更有效、更长久；帮助病人重新树立一套新的意义和价值观体系。

病人感到人世间一切事物都失去了意义，往往是因为他们对这个世界采取了过于宏大的宇宙视角。在这个视角之下，一切以人类文明为基础的意义和价值都褪色了，只剩下一个荒诞而又冷漠的宇宙。凡是认真负责的存在主义心理治疗师都不会赞成人们过分地追求生命内在的终极意义。相反，治疗师应该帮助病人培养一种不那么宏大的人生观，并鼓励患者把精力集中在跟其生活息息相关的日常事务上。

亚隆采用了19世纪德国著名哲学家叔本华的例子来说明这种现象的转变。在他的哲学思想中，叔本华提出：在这个荒诞而且冷漠的宇宙中，任何事情都是无足轻重的，因此，没有任何东西是值得我们为之努力奋斗的。但是，叔本华个人也受到这个问题的困扰，也就是说他也感到生活是没有任何意义或目的，这种现象对他来说很重要。进一步地说，具有讽刺意味的是，叔本华一生都在尽力劝别人相信这个世界上没有任何事情是重要的，而人生也是没有任何意义的。他却根本没有因为失去人生意义而自杀，反而不断地写出了很多本哲学著作，直到他自己寿终正寝。显然，哲学研究和写书对他来说是非常重要的，而且正是他生活的意义。因此，亚隆说，一旦人们放弃了自己的过于宏大的宇宙人生观，那么生活中总是有一些东西对他们来说是重要并且有意义的。因此，存在主义心理治疗师的目标就是：帮助病人找到生活中的意义，并且引导他们参与那些可以让他们重拾自信的活动。这样一来，病人重新获得的人生意义就可以成为他们保持自尊和自信的长久基础。人们重拾原来的信仰价值观或者获得新的信仰价值观之后，他们就可以更好地认清自己到底是什么人，别人期望自己成为什么人，并且知道自己想要的到底是什么。然后，他们就可以根据自己的想法（用存在主义的术语来说，叫作"个人意志"）自由行事，对自己的现在和将来勇敢地做出更加成熟的抉择（还要坦然接受以前做出的错误抉择），并且对自己的选择负责。

消除生存孤独感是存在主义治疗方法的第二个目标。可以回忆一下，我们在第2章里提到过，父母的爱会给十分容易产生焦虑的初生婴儿提供安全感。因此，在相互欣赏、相互信任和相互尊重的基础上，跟朋友、亲人以及其他重要的联系人建立一种亲密的关系，也可以给人们带来安全和慰藉。的确，实验证明：当人们想到自己喜爱的人时，会减少或者消除死亡意识导致的防御反应；相反，如果人们想到人际关系的破裂，就会更容易联想到死亡。[38] 因此，帮助人们建立新的社会联系，加强现有的人际关系，恢复疏远的人际关系，对于存在主义精神治疗法来说都是非常重要的。良好的人际关系可以增加人们对其所在社会主流文化世界观的认同感，帮助人们获得并维持自信和自尊。

但是，如果一个病人声称他感到自己非常孤独、完全处于绝对孤立的状态，那么存在主义的心理治疗师通常不会与之争辩。这是因为在存在主义者看来，我们所有人都是绝对孤立的——我们根本不可能跟同类直接交流，而只能间接地借助于语言、词汇以及其他符号。虽然这些语言和符号具有巨大的威力，但是它们从来不能让我们完全了解别人的意思，也不能让我们的意思被别人完全了解。贝克尔解释说："我们只能通过我们的外在跟别人接触。但是我们每个人都有丰富的内在生活……所以我们总是跟别人无助地分开……我们可以通过外在的身体跟别人接触，但是我们永远也不能接触到他们的内在，也不可能把我们内心的意思揭示给他人看。"即使是人们之间最好的关系也难以弥补这种人与人之间的隔阂，无论这种关系是多么亲近。"通常情况下，"贝克尔说，"我们想要和伴侣、父母或好友说一些非常私密的话，向他们讲述自己观看日落的感受或者我们的自我感觉，我们的语言却总是难以表达自己内心的意思。"[39] 在存在主义心理治疗方法中，我们首先必须帮助病人接受这个不可否认的事实。只有这样，他们才可以认识到自己能够从人际关系中获得什么东西，不能从人际关系中获得什么东西。如果你和某人建立了某种人际关系，而你却希望对方完全理解你，那么你的希望注定要破灭，你也一定会感到沮丧。如果人们要借助别人来克服自己的生存孤独，那么他们就是在奢求永远得不到的东西了，所以真正能够得到的东西也会很少。

一旦人们明白了人际关系不能给他们带来什么，他们就会更加关注人际关系可以给他们带来的积极因素。建立良好的人际关系、减少存在孤独感的最好办法在于：尽力去了解别人，而不是纯粹利用人际关系来满足自己的需求。治疗师和病人之间的关系可以作为理想人际关系的一个样板。亚隆引用奥地利出生的以色列哲学家马丁·布伯（Martin Buber）的理论说，理想的人际关系应该是"我—你"（I-thou）型人际关系，而不是"我—它"（I-it）型人际关系。这也就是说我们要把人际关系中的对方当作完整的、有血有肉的个人，而不是满足我们交际需求的工具。这样一来，我们就会认识到：别人也跟我们一样，都是绝对孤独的。但是，你会知道不仅仅只有你一个人是孤独的，而是所有人都跟你一样，于是你跟别人就有了共同之处。一旦你认识到你只能非常有限地认识别人，并且接受了这个现实，那么你就可以跟别人亲近、喜爱别人，也被别人喜爱。虽然喜欢和爱并不能消除人与人之间所有的隔阂，但是它可以让人尊重和珍视别人，并且被别人尊重，可以让人感到自己与别人存在联系——因为自己和别人一样，都在同一条生存的船上。这样就会最终把生存焦虑和孤独感降到最小。

存在主义的心理治疗师们发现：虽然病人有时会意识到自己被死亡的想法所困扰，但是他们却没有意识到对"死亡焦虑"缺乏心理防御能力才是导致他们困境的真正原因。因此，治疗的重点应该集中在帮助病人建立起他们自己的恐惧管理体系，帮助病人发现自己的人生意义，建立其自尊与自信，重塑病人与他人的关系等。但是，有些病人却经常有意识地把死亡看作困扰他们正常生活的一个可怕问题。对于这些人来说，存在主义的治疗方法则是要帮助他们坦然面对自己的死亡。我们在日常生活中常常遇到一些可以让我们偶然想起死亡的东西，这些东西可以触发我们的心理机制中的近端防御，从而把关于死亡的想法从自己的意识中驱逐出去，然后我们的远端防御会帮助我们在社会文化体系中找到属于自己的信仰，并且增强我们的自尊心和自信心。这些心理防御机制可以较好地控制存在主义的生存焦虑和恐慌，但是并不能够帮助人们坦然面对和接受自己必然死亡的现实。要坦然面对死亡，不再被它吓倒，我们需要长期的、有意识的训练，还需要勇敢地面对并接受死亡——"这个简单的事实"——就像心理分析学家哈罗德·瑟尔斯（Harold Searles）说的那样："对于每个人来说，我们复杂的一生，令人着迷、让人痛苦、使人激动、让人无聊、有时给人以安慰，有时又让人担惊受怕的一生，其中所有的宁静和动荡时刻，都会在某一天，不可避免地结束。"[40] 为了帮助人们接受这个不可避免的现实，心理治疗师会指导病人们进行长时间的冥想，思考与死亡相关的问题，并且采用其他各种办法消除人们对死亡的敏感。

长时间使用这些方法后，那些曾经与死亡擦肩而过的人以及那些年龄很大、知道自己已经在世时日不多的老人，都对自己的现状表现出更大的欣赏和接受，并且更加注重人与人之间的关系和亲情，而不是物质因素，而且更重要的是他们对自己的死亡变得没有那么害怕和过分戒备了。[41] 当然，这就又给我们提出了一个新问题：我们能否帮助那些还没有面临死亡危机或者还没有到老年的人坦诚接受自己的死亡呢？如果可以的话，应该怎么做呢？这两个问题我们会在本书最后一章进行探讨。

对于死亡的恐惧是无所不在的，只是我们中间有的人意识到了，而有的人并没有注意到罢了。我们中间的大多数人可以不受生存恐惧的威胁，因为我们可以依赖并信仰一套文化价值观体系，这种体系可以给我们提供保护和安慰，我们还可以努力建立自己的自尊心和自信心，以抵抗死亡恐惧的威胁。但是，在我们所有人恐惧管理的"防御盾牌"上，或多或少都有一些裂痕或凹槽，从而就会产生一些心理上"亚健康"的态度和行为。从这个意义上说，我们中间的很多人都有可能会接受存在主义的心理疗法。我们所有人，即使是心理健康的典范，都难逃一死。因此，我们所有人都应该思考一下：如何才能在死亡的阴影下更好地生活？

第 11 章

与死亡共生：如何解开死亡心理难题

> 这两个古老而又简单的问题总是纠缠在一起，
>
> 时而离我们很近，时而又很远，令人迷惑，纠缠不清，
>
> 每个年代的人都对此无解，又留给下一代人，
>
> 一直流传到今天，而我们也要把这两个问题传下去。[1]
>
> ——沃尔特·惠特曼，《生与死》

在我们着手进行这项艰苦研究工作的伊始，我们就打算考察人类创造的历史、科学、人文学科、实验室内的研究发现以及普通人日常的奋斗经历，来证明死亡的观念就像"果核中的虫子"一样，位于每个人生活经验最中心的位置。为了研究死亡的观念在人类心理上的位置，我们探索的足迹已经踏遍了古今中外，从远古的坟墓到未来主义的肉体冷冻技术，从乞力马扎罗山坡到旧金山学校的餐厅，从三岁小孩的典型思维到各种各样的精神分裂症，这一切在本书中均有涉及。因此，让我们在此简要地回顾一下本书中学到的内容，并且思考一下：我们个人和我们所在的社会应该如何更好地应对与死亡相关的问题。

我们首先从欧内斯特·贝克尔开始。虽然自古以来，人类的各种宗教和哲学著作中就充斥着对死的恐惧和超越死亡的愿望，但是贝克尔于1973年第一次在他的《拒斥死亡》中用关于死亡的有力论述抓住了读者的心。这本书在当时引起了强烈的反响，可谓一石激起千层浪，首次把关于死亡的话题引入了公众讨论的范围。该书的作者获得了当年的普利策奖，并在电影《安妮·霍尔》（*Annie Hall*）中饰演了一个配角，影响了许多读者的一生（这其中就包括年轻时的比尔·克林顿）。但是，从总体上来说，该书造成的影响很快就消退了，因为贝克尔的分析并没有直接导致任何一个特定学科的进步。在当今世界，各种各样的科学学科统治着街谈巷议、网络话题、大学教室、学术会议、政坛峰会乃至公司主管会议，所以贝克尔的思想一时沉寂了下去。

很多年之后，我们这三名年轻的实验社会心理学家偶然发现了贝克尔尘封几十年的作品，并且被书中的观点触动了，因为贝克尔认为人类的很多行为是由人们对死亡的恐惧驱动的。我们受到贝克尔思想的鼓励，希望在社会科学界发动一场浩大的浪潮，来"灌溉""干旱已久"的社会科学研究界。但是，我们遇见了两种让我们颇感挫折的反对意见。我们身边有很多科学家觉得他们自己并不太把死亡当成一回事儿，所以他们很难相信死亡的恐慌会影响到人们所思、所感和所做的每一件事。相反，还有其他一些人则在原则上同意死亡的想法对人的一生有很大影响，但是坚持认为根本没有办法通过实验证明这种观点，所以关于死亡的认识不会比"时尚派对"上的聊天可靠多少。

可是，一旦我们把贝克尔针对人类处境的分析纳入"恐惧管理理论"的模式来解释，我们就设计出了很多实验，可以很好地测试贝克尔理论中的许多假设。经历了30年的不懈研究和超过500次的实验之后，我们现在掌握了大量的证据来证明贝克尔理论中的核心观点是正确的。他的核心观点是：死亡意识会让人类产生一种潜在的恐惧。人们为了控制和管理这种恐惧，就会把自己看作持续不断的人类历史文化的重要贡献者。我们发现，正如贝克尔假设的那样，人类的自尊会抵消人类内心的恐慌，尤其是关于死亡的恐慌。我们还发现非常微小的，乃至难以察觉的关于死亡的想法都会让人们投身于文化发展事业、支持魅力超群的领袖、相信上帝的存在或者相信祈祷的作用。关于死亡的想法还会增加我们对与我们信仰不同的人的厌恶，甚至会让我们对他们的死感到庆幸。关于死亡的想法会让我们强迫性地吸烟、喝酒、暴饮暴食、无理性地购物等，还会让我们对自己的身体和性欲感到不快。关于死亡的想法还会强迫我们自己无休止地去人工日光浴场暴晒自己，来增加自信。这些想法还会增加我们的恐惧症、强迫症和社交焦虑症。

我们的实验结果可以证明贝克尔书中很多特定的观点。即使贝克尔书中有些观点最初看起来是荒诞不经的，比如性行为与死亡的关联，但是我们发现这是正确的。然而提出这种联系是一回事儿，实际证明它却是另外一回事儿。随着我们实验的开展，新的发现不断出现。这些发现的结果不断积累，逐渐把我们和其他研究者引向了各种各样令人惊奇的方向。这是贝克尔和他的前辈们从来没有想到过的新的研究方向，范围之广甚至超越了我们在本书中探讨的范围。

还记得在第1章中我们进行的第一次"恐惧管理实验"吗？市法院的法官们在想到他们自己的死亡之后，会给所谓的"妓女"判更重的刑。这种现象对司法审判系统会产生一些不利的影响。在司法过程中，关于死亡的暗示往往无处不在，这样肯定会影响到审判的结果，使法官忽视实际的证据，在死刑案件的判决过程中尤其如此。堪萨斯大学法学院的唐纳德·贾杰斯（Donald Judges）（这个名字可真适合律师）认为：“恐惧管理……也许是死刑背后的驱动力量，在司法和立法过程中都是如此。”“这样的行为似乎是被一种无意识的自卫所驱动的，因为人们要保护自己的世界观，不受死亡意识的威胁。”[2]事实证明的确如此，最近的一项研究发现：当一个社会处于困难时期，当自杀现象和暴力犯罪居高不下时，人们对死亡的恐惧就会上升，死刑的判决和执行在比较保守的国家就会增加，而在比较自由的国家就会减少。[3]纽约城市大学法学院的杰弗里·基希迈尔（Jeffrey Kirchmeier）认为，法官、公诉人以及辩护律师“都应该知道并且重视恐惧管理对案件审判过程的影响，以维护审判公正，并建立一个更加合理的死刑处罚制度”。[4]

在医疗场所，也有很多事物容易让人们联想到死亡，这很有可能会影响到医务工作者的诊断过程以及他们对待患者的态度。实验组织者找到一群不信仰伊斯兰教的美国医学生，让他们思考一下自己的死亡，然后再让他们看两份完全一样的《急救室接诊情况表》，其中一张是一个穆斯林病人的，另一张则是一个基督教徒的，这两个病人都声称自己胸部疼痛。这些非伊斯兰教的医学生认为信仰基督教的病人有心脏病的风险，而认为穆斯林病人的病情不怎么严重。这就表明：如果医务工作者利用自己的文化认同感来控制自己对死亡的焦虑，那么他们就很有可能产生诊断上的偏见。[5]在另外一项研究中，一些医学院的学生们被要求表述一下他们会如何处理一名严重肺病患者的病情。该患者被家人带到急诊室的时候，已经呼吸困难。虽然该病人在入院时头脑还很清醒，并且明确反对用人工手段延长自己的生命。但是，这些医学院的学生在想到自己的死亡之后，就会擅自决定把病人的生命尽可能地延长。这些学生选择的治疗方案是由他们自己的存在焦虑决定的，根本没有考虑到病人的意愿。[6]

最后，对恐惧管理的研究可以加深我们对死亡意识的理解，让我们了解到人类是如何对死亡的想法做出反应的。关于死亡的想法可以分为两种，一种是有意识的思考，另外一种是无意识层面的。我们发现：人们自身的近端防御是由对死亡有意识地思考产生的；而远端防御则是由存在于意识之外的死亡想法引起的。正如我们在第9章中所见的那样，这种关于死亡的新观点对跟医疗卫生和个人健康有关的决策过程有着非常重要的意义和启发。

对恐惧管理的研究仍然在全球范围内持续开展着。在不久的将来，这项研究很有可能会让我们更加深入地理解死亡意识是如何影响我们的人生的。

但愿我能在死亡之前醒来

我们写本书的目的之一就是要让人类从人生的梦境中醒来，因为我们都完全沉浸在各自的文化世界观中，而对死亡的真相一无所知。奥地利艺术家古斯塔夫·克里姆特（Gustav Klimt）在其1910年画的一幅作品——《生与死》中表达了相似的想法。

在这幅画中，大多数人都在沉睡，根本无法看见死亡的真相，但是画中有一个年轻的女性是醒着的，她双眼睁开，直面死亡。现在，读了本书之后，我们就像画中的女人一样，睁开双眼直面死亡，那么我们到底能做点什么？

根据《圣经·创世纪》的说法，在一切的开始，上帝按照他自己的形象创造了亚当和夏娃，并且把他们安置在伊甸园中照看园子。一开始一切都受到上帝的祝福，伊甸园也是个完美的地方。那里没有死亡，没有耻辱，没有罪恶。亚当和夏娃可以尽情享有伊甸园中的丰富无穷的一切，但是前提条件是他们要远离"智慧树"和"生命树"。一切都进展得非常顺利，直到魔鬼变成的大蛇引诱夏娃吃了一口"智慧树"上的禁果，然后她又把禁果交给了亚当。上帝对此感到不快。于是，他就把亚当和夏娃从天堂中驱逐出去，而我们是亚当和夏娃的后代，所以我们也要一生痛苦劳作，直到死亡。

从《圣经》的角度来看，亚当和夏娃通过吃禁果获得的智慧让他们失去了长生不老的资格。从科学的角度来看，大脑皮层的发展孕育出了人类的象征性思维能力、自我意识以及反思过去和展望未来的能力，并最终让我们产生了对于自身死亡的认识。从这个角度来说，"人类的堕落"，也就是西方宗教的根本性基础，在某种程度上跟现代科学产生了交汇点：随着人类知识的进步，人们逐渐演化产生了死亡意识——这改变了人类生活中的一切。

人类对于死亡的认识，而不是死亡本身，才是《圣经》中禁果核内的"虫子"。正是这种死亡意识让我们成为了现在这样的人类，并且开启了人们对永生的不懈追求。这种追求深刻地影响了人类历史的进程，直到今日仍然影响着我们的生活。

数千年前，古希腊哲学家伊壁鸠鲁（Epicurus）（公元前341年—公元前270年）认为，对死亡的恐惧以及由此产生的各种问题是我们这个物种的重要特点之一，虽然对死亡的恐惧一直没有被人承认。在公元前一世纪的时候，伊壁鸠鲁的追随者和信徒——古罗马诗人和哲学家卢克莱修（Lucretius）（公元前99年—公元前55年）在他的长诗《物性论》（*On the Nature of Things*）中解释道：对死亡的恐惧让人们过于依赖宗教和世俗的权威，还会让他们坚持迷信或者非理性的观点，而不相信自己的经验和判断。此外，为了避免我们的自我意识反思自己的死亡，人们宁可把自己的生命浪费在对琐碎事物的追求上。我们要么贪婪地积累财物，要么盲目地追求权力和荣誉。卢克莱修说，正是这些永不满足的欲望让人类产生了很多的不幸和危险。

古斯塔夫·克里姆特（Gustav Klimt）的画作《生与死》（1910 年），现存于奥地利维也纳的利奥波德博物馆（Leopold Museum）。

伊壁鸠鲁和卢克莱修都是富有远见的杰出哲学家。他们认为宇宙是由无数原子组成的，这些原子在宇宙中来回反弹，不停地聚合又分开，没有任何计划，也没有任何目的，有时候难以预料地转向，就产生了难以预知的结果。这种观点预示了现代物理科学的产生，同时达尔文的进化论以及爱因斯坦的相对论也都是以此为基础的。伊壁鸠鲁和卢克莱修还认为人类一直都有超越死亡的欲望，人类的很多行为受到这种欲望的驱使。这种观点正是现代心理科学存在主义的基础，也是欧内斯特·贝克尔提出的观点，后来则被恐惧管理的研究所证实。

那么，我们到底应该如何应对我们必然死亡的命运而不会引起自己的不幸与仇恨，也不会杀死别人呢？总之，我们应该如何在死亡意识的威胁下更好地生活呢？

伊壁鸠鲁学派的办法

对于信奉伊壁鸠鲁思想的人们（包括卢克莱修在内）来说，解开死亡心理难题的办法非常直接。首先，我们必须意识到自己对死亡的恐慌；然后，我们必须还要认识到我们自己对死亡的恐慌是非理性的，也就是说毫无道理的。这是因为伊壁鸠鲁学派的哲人们认为，坏的事情只能发生在能够感知的人身上，而死人是没有任何感觉的，就像人们在出生之前是毫无知觉一样。因此，从这个意义上讲，我们的死亡跟我们从来没有存在过的状态基本上是一样的。在我们出生之前，我们是不害怕时间流逝的，那么我们何必要害怕死亡呢？因为在我们出生之前，无知无觉的状态已经历经了数千年。一旦我们看透了这一点，我们对死亡的恐慌就会消失，而我们人类也不会渴望永生。伊壁鸠鲁说："这样会让我们有限的生命显得更加可贵。"

的确，用这样一种方式来看待死亡，死亡意识会让我们人类更加珍惜自己宝贵的生命。田野中的百合花和空中飞翔的小鸟不会像我们一样受到存在主义焦虑的折磨。但是，它们也不会像我们人类那样进行自我反思，更不会感觉到由自我反思产生的独特乐趣和恐惧。苏格兰散文家亚历山大·史密斯（Alexander Smith）在1863年写道："正是因为人类对死亡的模糊认识，生命才显得十分美好。"在我们小的时候，我们会有各种各样短暂的欢乐，史密斯把这种欢乐比作动物般的嬉戏。但是，作为成年人，我们就会有一种"严肃的快乐……因为我们会展望未来，回顾过去，思索现世和来世"。[7] 我们知道——即使我们知道得不太清楚明白——我们最美好的时光、最值得纪念的经历也许不会再有了。这就是我们珍惜往昔的原因。

此外，当代的一些思想家，如玛莎·努斯鲍姆（Martha Nussbaum）、泰勒·福尔克（Tyler Volk）以及斯蒂芬·凯夫（Stephen Cave）等人都认为：我们人类的生活需要死亡才能持续下去。[8] 没有死亡，人类将不可能适应各种变化的环境和条件。如果没人死去，那么新生代的人类就不可能发生基因变异，他们也不会有足够的空间进行创新发现、技术革新以及新的艺术创作。人类的生物学进化和文化的进步将会停滞不前。正如卢克莱修所说，我们每个人都必须要死，"以确保后代可以发展。我们的后代在度过他们的一生之后，也会步我们的后尘而死去。在我们出生之前，无数代人已经死去了，而在我们之后也还有无数代人要死"。[9]

"因此，人类的发展历程就是长江后浪推前浪的过程，生命不是某些人的私人财产，而是每个人都有权掌握的东西。"

在伊壁鸠鲁学派的宇宙观中，上帝会在伊甸园中向亚当和夏娃讲解卢克莱修的《物性论》，而不是认为他们应当对人类的真实情况视而不见。而亚当和夏娃也应该高高兴兴地住在自己地上的乐园里，即使他们只是地球上暂时的居住者，甚至都不会在时间的沙海中留下任何足迹。

死亡恐惧的持续

以上都是一些非常有力的论点，值得我们认真考虑。但是，伊壁鸠鲁学派提出的以理性为基础消除死亡恐惧的办法似乎至今都没有取得什么成效。在这 3000 年中，人们似乎都没有发生任何变化。他们仍然非常厌恶和害怕死亡，并热衷于追求真正的和象征性的永生。死亡，"这个未经探索的国度"（这是哈姆雷特的说法），"没有旅人能够从那里回归"。对于有自我意识的人类来说，死亡实在是太可怕了，我们无时无刻不在为它感到担心。对于死亡的焦虑也许是非理性的，但是人类自己本身在很多情况下也是非理性的。

我们也是动物，跟其他所有生物一样，我们的生物学本能会让我们自然而然地抗拒过早地死亡。在这个物竞天择的世界里，任何容易向死亡屈服的生命形式都会很快地被从地球生物基因库中清除出去。我们人类身体内部有各种各样的系统，可以维持我们身体的各项机能正常运作下去。这些系统中就包括一个"大脑边缘系统"（limbic system）。当我们的自身安全受到威胁的时候，它就会让我们产生恐惧的感觉。在这个存在各种危险的世界里，我们需要恐惧感才能生存下去。同时，人类大脑皮层的进化和发展让我们能够意识到：我们随时都有可能受到伤害乃至死亡，而且我们的死亡是根本不可避免的。因此，我们必须始终控制好自己对死亡的恐惧。

如果对死亡的恐惧和焦虑不能被完全消除，那么消灭死亡本身怎么样？如果我们真的不会死去，那么人世间就没有什么可担心的事情了吧？但真的是这样吗？即使当代的"永生主义者"（immortalists），像奥布里·德格雷和雷·库兹韦尔（Ray Kurzweil）等人，他们要么试图找出长生不老的秘诀，要么试图用机器部件替换人体器官，要么试图把自己的意识上传到闪存盘和云网络上。但是，即使他们的办法能够成功，他们也难以完全避免一些不可挽回的偶发性致命事故。今天看来，在坠机事件中，身亡是个巨大的悲剧，因为遇难者可能少活了几十年。假设我们将来可以实现"长生不老"或者"永生不死"的梦想，那么人们在坠机事件中被烧死则只会显得更加不幸，因为这些"长生不老"的"未来人"可能丧失了指数级别的生命岁月。因此，具有讽刺意味的是，即使在一个人类可以长生不老的世界里，对于死亡的焦虑似乎并不能被消除，反而只会加强。

那么，如果不可能消除死亡焦虑和死亡本身，那么我们还能做点儿什么呢？也许美国诗人沃尔特·惠特曼在他的诗中提出的观点是正确的，他认为"生与死"是一个非常古老的问题，它并不像治疗小儿麻痹症或者发射登月飞船那样有一个明确的解决方案。每一代人都要基于他们所处的不同历史条件、知识水平和个人经历，采取不同的方式来处理这个"生与死"的问题。但是，从恐惧管理的角度来说，有两种方法可以帮助人们更好地在生活中处理关于死亡的问题。首先，我们应该更加清楚地认识自己的死亡，并且还要接受我们必将死亡的现实。其次，我们可以用非破坏性的方式来加强我们对死亡的超脱感（sense of death transcendence）。

与死亡达成妥协，接受不可避免的死亡现实

法国哲学家和文学家阿尔贝·加缪（Albert Camus）在他的《笔记》（*Notebooks*）中写道："与死亡达成妥协，接受死亡的现实，那么从此以后一切皆有可能。"[10] 自从很久以前的古代开始，神学家和哲学家

（到了现代还有心理学家）都一直在强调：接受我们必然死亡的现实，就可以减少我们对死亡无意识的恐慌，以及由此产生的负面结果，而且还会让我们更加珍惜每一天的日常生活。

你拥有美妙、柔软的身体，在孩提时你可以用它快乐地玩耍，在青年时你用它运动，在成年后也许用它来生儿育女，你的身体承载了你奇妙的大脑，想出过许多好主意；你的身体里还有一颗跳动的心，曾经深爱过很多人。让我们假设一下：就在今天和现在，我们必须直面这样一个残酷的现实：你美好的身体将会像过去无数的动物和古人的身体一样，走向死亡和毁灭。这可不是什么受人欢迎的好消息，那么你应该怎样面对这个冷酷的事实呢？

在不同的时代和不同的地方，人类采取了许多不同的办法来直面死亡。欧洲中世纪的僧侣们在他们的桌上放一个骷髅头。为了达到相同的目的，东方和西方的一些圣人喜欢睡在棺材旁边或者棺材里。很多"如何面对死亡"之类的手册，比如说古印度佛教的《度亡经》（*Bardo Thodol*）（现在被流行地称为《西藏生死书》）和《善终的艺术》（*The Art of Dying Well*），现在都很流行。

法国散文家米歇尔·德·蒙田也是卢克莱修的热情拥护者。在他1580年发表的著名散文《探讨哲学就是学习死亡》中，蒙田提出了他应对死亡的办法。他认为死亡是一个不能躲避只能面对的敌人：

> 让我们勇敢地站稳自己的脚跟，跟它战斗。为了消除它相对于我们的最大优势，我们要采取与通常完全相反的办法跟它斗争。让我们首先消除我们对它的陌生和无知。让我们跟它交谈，与它熟悉，让我们在头脑中最频繁地想

到它。在任何场合中，我们都要把它的形象呈现在我们的想象中。当我们骑乘的马匹失蹄的时候，当瓦片偶然从房顶掉落的时候，甚至当我们被小针扎伤的时候，我们都要立即考虑一下，并且询问自己："要是死亡现在就到来了，我该怎么办？"然后，我们要鼓励和提醒自己，一定要随时提高警惕。即使在尽情欢宴之中，我们也必须时时想到自己生命的脆弱，从而不会让自己过分沉溺于欢乐之中。但是，如果我们有些闲暇，就要反思我们的欢乐也很容易导致死亡，而死亡也威胁着我们微不足道的人生欢乐。[11]

经过一番努力，也许我们会对将来死亡的状况（以及不可避免的死亡现实）非常熟悉。这样一来，我们就会在心理上对死亡做好准备，正如蒙田所说的那样："我随时都准备着应对自己的死亡，无论死亡什么时候到来，无论死亡会带来什么，都早已在我的意料之中。"这样一来，蒙田似乎和卢克莱修的建议不谋而合："当死亡不可避免地到来的时候，为什么不像一个尊贵的客人离开盛筵一样离开这个人世呢？"[12]

蒙田之后的几个世纪，丹麦存在主义哲学家克尔凯郭尔建议我们加入"焦虑学院"（school of anxiety）来与死亡达成妥协，从而直面死亡的现实。他提议：我们应该允许不受控制的死亡恐惧和焦虑进入我们的意识，这样就会立即粉碎掉我们文化构建的各种信条（包括个人的身份在内）。在我们原有的文化信条都被粉碎之后的艰难时刻，按照克尔凯郭尔的理论，人们将会经历一场"信仰的飞跃"（leap of faith），然后就会进入基督教的信仰。这就是克尔凯郭尔所谓的"焦虑学院"。但是从"焦虑学院"毕业之后，并不一定能够完全消灭对死亡的恐惧。

相反，克尔凯郭尔的本意在于强调：在面对不可避免的死亡现实的时候，人们会受到刺激，从而更加欣赏自己的宝贵生命，并且对其他人类的境遇表现出更多的同情和怜悯。

克尔凯郭尔之后的一些哲学家和神学家认为：世界上所有的宗教都能起到这个转化作用（transformative function）。但是其他的存在主义思想家却坚持认为：人们直面自己的死亡不需要正式的宗教热忱。马丁·海德格尔认为：每个人都应该认识到自己是一个"正在走向死亡的存在"。因为每个人都要经历各自的死亡，所以勇敢地认识和接受死亡的现实，并且真诚地活着，是每个人都必须做的事情。[13]

这样公开、持续地思考关于死亡的问题，在一个宗教氛围浓厚的社会比在一个世俗化的环境中要容易得多，因为宗教氛围浓厚的社会中会充斥着一些神学观念，如人的灵魂、来世等。美国人往往不愿意考虑死亡的问题，因为美国人的富裕生活和高科技让他们在日常生活中较少地直接跟死亡打交道。但是，在其他西方文化中，人们往往更加开放地直面死亡的现实。

早在 1980 年，德里克·汉弗莱（Derek Humphry）就发起建立了"赫姆洛克协会"（Hemlock Society），开展议会立法的游说活动，为人们争取平静、有尊严死去的权利。2004 年，瑞士社会学家伯纳德·克瑞塔兹（Bernard Crettaz）先后在瑞士、比利时和法国组织了一些"死亡咖啡会"（Mortal Cafés）。这些"咖啡会"往往是一些在咖啡馆或者酒店中举行的非正式聚会，由社会工作者和牧师主持，人们可以在一个比较舒适的环境中讨论与死亡相关的话题。2011 年，钟·安德邬（Jon Underwood）把"死亡咖啡会"的模式推广到了英国和美国。安德邬说，参与者都是一些非常想讨论死亡话题的人。对他们来说，探讨一下死亡的问题，哪怕只有很短的时间，都是一个很有积极意义并且可以提升人生价值的过程。[14]

生命的延续：短暂与超越

平静地对待自己的死亡，是一个非常可贵的人生目标，可以给我们带来很多心理学和社会学上的好处。但是，我们人类在面对死亡的时候一般很难获得这种心理上的宁静，除非我们能够感受到一种超越个人存在的、更加重要的意义。罗伯特·杰伊·利夫顿（Robert Jay Lifton）在他的专著《破碎的联系：死亡与生命的存续》（*The Broken Connection: On Death and the Continuity of Life*）中提出了五种"超越死亡"的主要模式（其中一些模式在前面几章中已经探讨过了，就是在关于"真正的永生"与"象征性永生"的那部分章节）。[15]

生物社会学意义上"对死亡的超越"在于，虽然我们每个人都必然会死去，但是我们可以把自己的基因、历史、价值观、财产等传给后代，或者我们还可以把自己看作某个家族、民族或者国家的一部分。虽然我们会死去，但是我们的家族、民族或国家则可以长存。

神学意义上"对死亡的超越"在于，一些人相信灵魂的存在，并且相信灵魂是不会消亡的；或者从象征性意义上来说，有些人相信即使自己死了，他也会在精神上与某个"永恒的生命"存在联系。

创造意义上"对死亡的超越"在于，在艺术和科技等领域中，进行开拓创新或教育下一代，取得一定的成绩，从而为后人留下自己独特的贡献。

自然意义上"对死亡的超越"就是把自己个人的生命与所有其他

生命、大自然甚至整个宇宙看作一体。查尔斯·林德伯格（Charles Lindbergh）就是这样找到了他生命中最终的平静。林德伯格回忆说，他一开始只要一想到死亡，几乎就要被恐惧和焦虑给吞没了，于是他开始迫切而无望地追求"永恒的生命"。但是，当他前往非洲旅行后，却完全转变了心意，宁愿拥抱宇宙和自然的永恒。"当我看到非洲原野上奔跑的野生动物时，我自己的文化价值观完全粉碎了，转而生成了一种永恒的视野，在这种新的视野下，每个生命必须接受其必然的死亡。我看见的每个动物都是必死的，但是它们是永生不死的生命长河中的一部分……永恒的生命就存在于死亡之中。虽然人们成百上千年来盲目地追求永生，但是他们并没有意识到永生是每个人与生俱来的。只有靠死亡，我们才能继续生存下去。"[16]

最后，还有从感官体验上"对死亡的超越"。这其实是一种"时间流逝与永恒"的体验感觉，可以让人产生强烈的畏惧和奇妙感。某些特定的药物可以让人产生这样的感觉；还有一些经历和体验，如静室冥想（can meditation）以及各种文化仪式和活动，都可以让人产生一种时光流转并且陷入沉思与愉悦之中的感觉。当你处于以下四种模式的时候，这种感觉状态最为强烈：与你的孩子们玩耍时，参加宗教仪式时，全身心地投入创造性的活动时，沉浸在自然世界中时。

文化世界观：岩石与硬地

如上所述，以上我们提出的这些"超越死亡的方式"都深深地植根于各种文化世界观之中。有些文化世界观可以让我们更加具有建设性地超越死亡的恐惧和焦虑。于是，跟欧内斯特·贝克尔提出的问题一样，现在我们面临的问题就成了："那么什么是有益于生活的世界观呢？"[17]

在 1941 年的经典恐怖电影《狼人》(*The Wolf Man*)中，狼人的父亲约翰·塔尔博特爵士（Sir John Talbot）描绘了两种截然不同的生活方式：

> 对于一些人来说，生活很简单。他们自己会决定这是好的，那是坏的；这是对的，那是错的。错的东西根本没有对的地方，坏的东西没有好的地方，世界上没有灰色和阴影，一切事物只有黑与白两色……而现在，我们中间的其他一些人则认为好的、坏的、对的、错的都是多面的、复杂的事情；我们试图尽力去看清事物的每一面，但是我们看到的越多，我们就越难以肯定各种事物和人的是非、黑白与对错。[18]

这两种不同的生活方式反映出两种不同的世界观：我们姑且把第一种称为"岩石"型（rock）世界观，第二种称为"硬地"型（hard place）世界观。[19]

"岩石型世界观"是一种非黑即白的世界观。在对待死亡的问题上，这类世界观往往有一个明确的要求，要去追求真实的或者象征意义上的永生。不幸的是，很多持有这种"岩石观点"的人们往往狂热地宣称他们信仰的是"绝对真理"。他们坚持认为自己可以明察秋毫地分清好坏。一些所谓的"主义"，如原教旨主义、法西斯主义以及一些形式的自由市场资本主义，都属于"岩石观点"之类。新教徒神学家保罗·田立克（Paul Tillich）认为，这些"主义"最基本的问题在于把"自己的观点"当成"唯一正确的观点"；"这些'主义'会制造自己的神话和信条、自己的仪式和律法，还要把自己的观点神化成'最终信仰'，并迫害那些不遵从自己观点的人"。[20]

因为"岩石型世界观"往往给人提供了简单、明确的意义系统、自我价值，乃至于追求"不朽"的方式，所以这些世界观对于那些信仰它们的人，以及在其中感到自己价值的人提供了一些十分诱人的心理安全感。在二战时期曾经加入过纳粹德国"希特勒青年团"的亨利·梅特尔曼（Henry Metelmann）回忆说："我当时一度觉得那种感觉很棒！你会感到你属于一个强大的民族，而这个民族再次站起来了！我当时感到德国的政权牢牢地掌握在英明的领导人手中，而我要投身到建设强大德国的洪流中去。"[21]

"英雄般地"战胜"邪恶"，会让人感到一种"超越"，这种感觉不仅仅被纳粹分子所利用，来欺骗当时的德国民众。19世纪，英国诗人托马斯·麦考利勋爵（Lord Thomas Macaulay）编写的《古罗马谣曲集》（*Lays of Ancient Rome*）中有这样一首著名的诗歌，为这种情绪提供了一个典型的例子：

城门的守卫者，
英勇的贺雷修斯说道：
"对于这个世界上的所有人来说，
死亡迟早都会到来。"

但是，一个人

为了保卫祖先的坟墓

和众神的庙宇，

面对恐怖的对手而战死，

那是再好不过了。[22]

这种面对死亡而毫无畏惧的精神似乎总是很受人欢迎，但是这种"为祖先的坟墓和众神的庙宇而战"的盲目激情在人类历史上造成了难以计数的暴行和杀戮。为什么会是这样的？因为这种"岩石型世界观"往往会造成一种"我们"与"他们"相互对立的心理，这样就会滋生仇恨并且引发族群之间的矛盾。

"岩石型世界观"的对立面是"硬地型世界观"。这种"硬地型世界观"是这样一种生活概念：它承认世界的模糊与含混；它承认所有的信仰和信条都有一定的不确定性。"硬地型世界观"具有灵活性。虽然拥有"硬地型世界观"的人们也会非常严肃地对待他们自己的信仰和价值观，但是他们愿意开放地接受别人的观点，不会认为真理只能掌握在自己手里。他们可以认识到对与错、好与坏有时候并不总是能分清楚。因此，他们对不同于自己的人更加宽容。

"硬地型世界观"意味着我们必须承认世界上所有的"意义"和"价值"都是人为创造的。我们把生活中经历的点点滴滴跟自己的思想、观点以及自认为的"真理"结合在一起，来构建我们所生活和存在的现实，然后更好地利用这个世界的资源。也许这个世界上真的存在"终极意义"或"终极真理"，但是我们不可能完全抓住它，因为我们的认识受到自己感觉器官和思维能力的限制，而且还会被我们各自文化的缺陷所遮蔽。如果人们能够意识到这一点，那么他们也许会感到十分不安，但是他们也能够从中获得自己的解放。其实，我们并不一定非要接受别人传递给我们的现实观。相反，我们可以尽力制造属于我们自己的意义，树立自己正确的价值观，从生活中获得尽可能多的东西，同时对别人造成最少的损害。

但是，在"硬地型世界观"看来，人世间的意义、价值以及永生不朽等概念从来都是含混不定的，所以从心理上来说，"硬地型世界观"非常具有挑战性，会让持有这种世界观的人内心有一种非常不确定和不安的感觉。因此，焦虑和恐慌就会占了上风，而对死亡的恐惧则变成了一种模糊而又难以摆脱的"疾病"。由于不安、不确定和死亡焦虑的影响，有些持"硬地型世界观"的人常常要在孤独沉思、毒品或者酒精中寻找慰藉，并且沉溺于大众消费与轻浮的快乐中，或者还有些人在令人可疑的书籍、新时代的"精神大师"以及精神狂热中寻求自助。

因此，我们就陷入了一种"两难的境地"。"岩石型世界观"可以给我们提供一些心理上的安慰，但是又让一些人成为"盲目愤怒"和"自以为是"之类不良情绪的牺牲品，使他们发动所谓的"圣战"，去消灭他们认为的所谓"邪恶"的东西。"硬地型世界观"也许更加慈悲，但是并不十分有效，反而会增加人们对死亡的焦虑。我们应该培养这样一种世界观：它既像"岩石型世界观"那样可以为人们提供心理上的安全感，又像"硬地型世界观"那样可以让人变得更加包容，并且接受世界万物的含混性。

关于死亡的最后一些想法

与死神达成妥协，直面自己必然死亡的现实。我们一定要认识到：

我们不是永生不死的，这虽然很令人恐惧，但这同时也可以让我们的一生变得庄严，给我们生存下去的勇气，让我们对别人充满怜悯，也让我们对人类的未来表示关心。为了战胜死亡的恐惧，我们必须追寻永久的意义，为了追寻永久的意义，我们可以把人生的意义和社会价值观结合在一起，还有社会交际、精神内涵和信仰、个人成就、与自然合一、体验超越生死的感觉等，这些手段都可以帮助我们抵抗死亡的焦虑和恐惧。我们还要采纳一种正确的文化世界观，这种世界观必须既可以给我们提供解决问题的明确道路，又可以容忍不确定性和不同信仰的存在。

古老的智慧与现代科学结合。但是即使这样，真的能够在可预见的未来改变人类发展的进程吗？人类生命短暂，而且这个世界常常太难以预料、太凄凉、太可怕了，悲惨和苦难肯定会一直持续降临到人类身上，也许直到人类自我毁灭为止。

我们无法返回伊甸园，实际上我们也从未到过那里。但是，我们现在拥有的关于人类死亡意识的知识已经很多了，我们也明白无所不在的人类死亡意识会对我们的人生产生巨大的影响。这些知识也许会给我们一些启示，让我们知道如何更好地过完我们有限的一生。我们相信本书中的一些观点可以帮助你更好地理解你自己和你所生存的这个世界。我们希望读过本书后，你可以知道各种有意识的和无意识的死亡想法会在你身上触发一系列不幸的心理现象和各种防御行为，然后你就可以控制和改变自身的不良反应。这样一来，你就会对自己所做的选择和采取的行动变得更加自信。

你是否因为死亡恐惧做出了一些不好的行为？有没有别人在操纵

你这样做？你是否被防御心理所驱使？还是真的在追求你生命中宝贵的目标？在跟别人打交道的时候，你有没有考虑过对于死亡恐惧的管理如何影响他人的行为？你的心理防御机制又是如何影响你对他人行为做出反应的？通过这些问题的提出和回答，也许我们可以增加我们生活中的乐趣，丰富我们身边人的生活，并且对我们的人生产生深远的益处。

The Worm
at the Core

致　　谢

　　本书是我们这个团队超过 30 年共同心血的结晶。在本书的末尾，我们希望向我们身边的许多同事、过去和现在的学生，以及我们学生的学生表示感谢，他们极大地丰富了我们的职业生涯和个人生活，并且帮助我们在理论和实践上加深了对"死亡意识如何影响人生"的理解。此外，我们还要特别感谢我们的同事和朋友杰米·戈登堡（Jamie Goldenberg）和杰米·阿恩特（Jamie Arndt），他们的研究成果在第 8 ～ 10 章中都有特别介绍。

　　除了上述两位杰米之外，还有很多人为我们的研究工作做出了巨大的贡献，所以我们在此按照姓氏字母顺序把他们的名字列在下面，以表示我们深深的谢意：约翰·艾伦（John Allen），伊丽莎白·艾亚尔斯（Alisabeth Ayars），杰克·布雷姆（Jack Brehm），麦克·布列乌斯（Mike Breus），约翰·柏龄（John Burling），伊曼努尔·卡斯塔诺（Emanuele Castano），斯蒂芬·凯夫（Stephen Cave），史蒂夫·查普林（Steve Chaplin），阿曼德·沙塔尔（Armand Chatard），弗洛列特·科恩（Florette Cohen），凯西·考克斯（Cathy Cox），大卫·古力尔（David Cullier），马克·德凯斯内（Mark Dechesne），萨曼莎·多德（Samantha Dowd），谢利·杜瓦尔（Shelly Duvall），格里·厄尔查克（Gerry Erchak），维克多·弗洛里安（Victor Florian），伊莫·弗里策（Immo Fritsche），迈克尔·哈罗伦（Michael Halloran），埃迪·哈蒙－琼斯（Eddie Harmon-Jones），乔西·哈特（Josh Hart），乔·海斯（Joe Hayes），内森·亥弗里克（Nathan Heflick），吉拉德·希施贝格尔（Gilad Hirschberger），尼古拉斯·汉弗莱（Nicholas Humphrey），伊娃·乔纳斯（Eva Jonas），佩林·凯斯比尔（Pelin Kesebir），桑德·科勒（Sander Koole），斯皮·柯斯洛夫（Spee Kosloff），马克·兰道（Mark Landau），约尔·利伯曼（Joel Lieberman），丹尼尔·列齐（Daniel Liechty），尤里·利弗森（Uri Lifshin），德布·里昂（Deb Lyon），安迪·马腾斯（Andy Martens），莫利·马克斯菲尔德（Molly Maxfield），西蒙·麦凯布（Simon McCabe），香农·麦考伊（Shannon McCoy），霍莉·麦克雷戈（Holly McGregor），马里奥·米库林瑟（Mario Mikulincer），马特·莫提尔（Matt Motyl），鲍尔弗·芒特（Balfour Mount），兰道夫·奥克斯曼（Randolph Ochsmann），希瑟·奥马翰（Heather Omahen），杰瑞·皮文（Jerry Piven），马库斯·奎林（Markus Quirin），托米－安·罗伯茨（Tomi-Ann Roberts），艾布拉姆·罗森布拉特（Abram Rosenblatt），扎克·罗森菲尔德（Zach Rosenfeld），扎克·罗斯柴尔德（Zach Rothschild），克雷·劳特里奇（Clay Routledge），巴斯蒂亚·鲁特金斯（Bastiaan Rutjens），麦克·萨尔兹曼（Mike Salzman），杰夫·施梅尔（Jeff Schimel），米歇尔·西伊（Michelle See），利拉·塞林伯格维克（Leila Selimbegovic），琳达·西蒙（Linda Simon），梅丽莎·索恩科（Melissa Soenke），埃里克·斯特罗恩（Eric Strachan），丹尼尔·萨利·沙利文（Daniel Sully Sullivan），奥里特·陶布曼－本－阿里（Orit Taubman-Ben-Ari），肯·韦尔（Ken Vail），马特·维斯（Matt Vess），泰勒·沃克（Tyler Volk），戴夫·魏

泽（Dave Weise），鲍勃·韦克朗德（Bob Wicklund）以及托德威廉姆斯（Todd Williams）。

我们还要感谢尼尔·埃尔吉（Neil Elgee）和"欧内斯特·贝克尔基金会"（Ernest Becker Foundation），因为他们把欧内斯特·贝克尔的思想保存了下来，并将其广为传播。他们还为我们的恐惧管理理论的研究工作提供了 20 多年的财务、智力和社会心理学方面的帮助。我们还要感谢电影制片人帕特里克·申（Patrick Shen）和格雷格·贝内克（Greg Bennick），他们拍摄了著名的获奖纪录片《逝世后的行程：对永生的探究》（*Flight from Death:The Quest for Immortality*）。这部纪录片主要讲的是欧内斯特·贝克尔的思想和恐惧管理理论。还要感谢他们慷慨地允许我们在本书中使用他们电影中的一些镜头图片。此外，我们还要感谢兰登书屋允许我们在书中重印并引用 W.H. 奥登（W.H. Auden）的诗歌《文化预设》(*The Cultural Presupposition*）中的一部分；感谢美国基本书局公司（Basic Books）允许我们重印并引用《发现死亡：童年时代及其以后的时代》（*The Discovery of Death in Childhood and After*）一书中西尔维亚·安东尼（Sylvia Anthony）与母亲和孩子们访谈的一部分；感谢史密森学会人文艺术画廊（Smithsonian Institution Freer Gallery of Art）以及"亚瑟 M. 萨克勒画廊"（Arthur M. Sackler Gallery）允许我们在书中重印并使用中国明代唐寅（唐伯虎）的画作《梦仙草堂图》。

我们还要特别感谢美国国家科学基金会（National Science Foundation），尤其是该基金会的珍·英特玛乔（Jean Intermaggio）、史蒂夫·布雷克勒（Steve Breckler）以及布雷特·佩勒姆（Brett Pelham）。我们还要感谢美国国立卫生研究院（National Institutes of Health），尤其是该研究院的莉丝白·尼尔森（Lisbeth Nielsen）以及约翰·邓普顿基金会（John Templeton Foundation），尤其是该基金会的约翰·马丁·费舍尔（John Martin Fischer），因为他们长期从财政上支持我们的研究。我们还对斯基德莫尔学院（Skidmore College）、亚利桑那大学（University of Arizona）、科罗拉多大学（University of Colorado, Colorado Springs）等高等学府的师生们表示感谢，因为他们给我们提供了宝贵的学术氛围和资源，让我们可以自由从事我们的研究、实验和写作活动。

此外，我们还要特别感谢和赞扬"科尼瑞姆、威廉斯和布卢姆文学社"（Kneerim, Williams & Bloom Literary Agency）的吉尔·科尼瑞姆（Jill Kneerim），以及她的助手们，尤其是霍普·登尼顿（Hope Denekamp）。吉尔自始至终支持我们的研究工作，她那不变的好脾气和乐观的态度、明智的指导和热忱对于本书的完成起到了至关重要的作用。

我们同时还要对兰登书屋出版社（Random House）的高级编辑威尔·墨菲（Will Murphy）表示感谢，他赞同吉尔的观点，认为我们的研究中包含着重要的信息，值得全世界分享；他还不断督促我们修改本书的原稿，直到完美。我们还要感谢助理编辑米卡·春日（Mika Kasuga）给我们提供了非常有用的反馈信息。我们还要感谢埃文·卡姆菲尔德（Evan Camfield）以及兰登书屋出版团队的其他工作人员。此外，我们还要感谢布朗温·弗赖尔（Bronwyn Fryer），他给我们提供了书中的一些故事，并且帮助我们润色文笔，尤其是让本书对研究过程的描述更加生动、更加吸引人。

最后，我们还要感谢我们的父母、配偶以及孩子，他们是：布兰奇·所罗门和弗兰克·所罗门（Blanche and Frank Solomon），莫琳·莫纳汉（Maureen Monaghan），鲁比·所罗门和山姆·所罗门（Ruby and Sam Solomon），默里·格林伯格，伊迪丝·格林伯格，莉丝·格林伯格，约纳森·格林伯格，卡米拉·格林伯格，托马斯·P.匹兹辛斯基（Thomas P. Pyszczynski），玛丽·安·彼得萨克（Mary Anne Petershack），温迪·玛图斯基（Wendy Matuszewski）以及玛利亚·秘兹辛斯基（Marya Myszczynski）。他们给我们的爱和支持让我们取得今天的成就，写完了本书。他们伴随我们走过我们的一生，让我们想起舍伍德·安德森（Sherwood Anderson）墓志铭上睿智的一句话："生命，而不是死亡，才是一场伟大的冒险。"

序言

[1] William James, *The Varieties of Religious Experience: A Study in Human Nature* (New York: Mentor, 1958; first published 1902), 121.

[2] Sam Keen, "Beyond Psychology: A Conversation with Ernest Becker," in Daniel Liechty, ed., *The Ernest Becker Reader* (Seattle: University of Washington Press, 2005), 219, reprinted from "The Heroics of Everyday Life: A Conversation with Ernest Becker by Sam Keen," *Psychology Today*, April 1974, 71–80.

[3] Ernest Becker, *The Birth and Death of Meaning: An Interdisciplinary Perspective on the Problem of Man*, 2nd ed. (New York: Free Press, 1971), vii.

[4] Keen, "Beyond Psychology," 219.

第 1 章　应对对死亡的恐惧的两条途径

[1] Vladimir Nabokov, *Speak, Memory: A Memoir* (New York: Putnam, 1966; first published 1951 by Grosset and Dunlap), 1.

[2] Juliane Koepcke and Piper Verlag, *When I Fell from the Sky* (New York: Titletown Publishing, 2011). Her story was made into a documentary (*Wings of Hope*) by the German filmmaker Werner Herzog, who had unsuccessfully tried to board the same doomed flight.

[3] Otto Rank, *Truth and Reality* (New York: Norton, 1978; first published 1936), 4.

[4] W. H. Auden, "The Cultural Presupposition," in *The Collected Poetry of W.H. Auden* (New York: Random House, 1945), 46.

[5] A. Rosenblatt, J. Greenberg, S. Solomon, T. Pyszczynski, and D. Lyon, "Evidence for Terror Management Theory I: The Effects of Mortality Salience on Reactions to Those Who Violate or Uphold Cultural Values," *Journal of Personality and Social Psychology* 57, no. 4 (1989), 681–690, doi:10.1037/0022-3514.57.4.681.

[6] Ibid.

[7] J. Greenberg, T. Pyszczynski, S. Solomon, and A. Rosenblatt, "Evidence for Terror Management Theory II: The Effects of Mortality Salience on Reactions to Those Who Threaten or Bolster the Cultural Worldview," *Journal of Personality and Social Psychology* 58, no. 2 (1990), 308–318, doi:10.1037/0022-3514.58.2.308.

[8] J. Greenberg, S. Solomon, and J. Arndt, "A Basic but Uniquely Human Motivation: Terror Management," in J. Y. Shah and W. L. Gardner, eds., *Handbook of Motivation Science* (New York: Guilford Press, 2008), 114–134.

[9] J. Greenberg, L. Simon, E. Harmon-Jones, S. Solomon, T. Pyszczynski, and D. Lyon, "Testing Alternative Explanations for Mortality Salience Effects: Terror Management, Value Accessibility, or Worrisome Thoughts?" *European Journal of Social Psychology* 25, no. 4 (1995), 417–433, doi:10.1002/ejsp.2420250406.

第 2 章　世间万物的格局：死亡恐惧和文化信仰的由来

[1] Allen Wheelis, *The Scheme of Things* (New York: Harcourt Brace Jovanovich, 1980), 69, 72, 73.

[2] Quoted in Ernest Becker, *The Denial of Death* (New York: Free Press, 1973), 25.

[3] Harry F. Harlow, "The Nature of Love," *American Psychologist* 13 (1958), 573–685.

[4] John Bowlby, *Attachment and Loss*, vol. 1, *Attachment* (New York: Basic Books, 1969).

[5] James Joyce, *A Portrait of the Artist as a Young Man* (Wilder Publications, 2011; first published 1916), 4–5.

[6] Sylvia Anthony, *The Discovery of Death in Childhood and After* (New York: Basic Books, 1972; first published 1940), 139.

[7] Ibid., 157, 158.

[8] R. Lapouse and M. Monk, "Fears and Worries in a Representative Sample of Children," *American Journal of Orthopsychiatry* 29 (1959), 803–813.

[9] Irvin Yalom, *Existential Psychotherapy* (New York: Basic Books, 1980).

[10] Jean Piaget, *The Language and Thought of the Child*, 3rd ed., translated by M. Gabain (London: Routledge and Kegan Paul, 1959; first published 1926).

[11] Anthony, *Discovery of Death in Childhood and After*, 154, 158.

[12] C. DeWall and R. Baumeister, "From Terror to Joy: Automatic Tuning to Positive Affective Information Following Mortality Salience," *Psychological Science* 18, no. 11 (2007), 984–990, doi:10.1111/j.1467-9280.2007.02013.x.

[13] E. de Selincourt and H. Darbishire, eds., *The Poetical Works of William Wordsworth*

(Oxford: Clarendon Press, 1947), 463.

[14] V. Florian and M. Mikulincer, "Terror Management in Childhood: Does Death Conceptualization Moderate the Effects of Mortality Salience on Acceptance of Similar and Different Others?" *Personality and Social Psychology Bulletin* 24, no. 10 (1998), 1104–1112, doi:10.1177/01461672982410007.

[15] E. Castano, V. Yzerbyt, M. Paladino, and S. Sacchi, "I Belong, Therefore I Exist: Ingroup Identification, Ingroup Entitativity, and Ingroup Bias," *Personality and Social Psychology Bulletin* 28, no. 2 (2002), 135–143, doi:10.1177/0146167202282001.

[16] E. Jonas, I. Fritsche, and J. Greenberg, "Currencies as Cultural Symbols: An Existential Psychological Perspective on Reactions of Germans Toward the Euro," *Journal of Economic Psychology* 26, no. 1 (2005), 129–146, doi:10.1016/j.joep.2004.02.003.

[17] J. Greenberg, L. Simon, J. Porteus, T. Pyszczynski, and S. Solomon, "Evidence of a Terror Management Function of Cultural Icons: The Effects of Mortality Salience on the Inappropriate Use of Cherished Cultural Symbols," *Personality and Social Psychology Bulletin* 21, no. 11 (1995), 1221–1228, doi:10.1177/01461672952111010.

[18] J. Greenberg, T. Pyszczynski, S. Solomon, L. Simon, and M. Breus, "Role of Consciousness and Accessibility of Death-Related Thoughts in Mortality Salience Effects," *Journal of Personality and Social Psychology* 67, no. 4 (1994), 627–637.

[19] J. Schimel, J. Hayes, T. Williams, and J. Jahrig, "Is Death Really the Worm at the Core? Converging Evidence That Worldview Threat Increases Death-Thought Accessibility," *Journal of Personality and Social Psychology* 92, no. 5 (2007), 789–803, doi:10.1037/0022-3514.92.5.789.

[20] Stephen J. Gould, *Dinosaur in a Haystack: Reflections in Natural History* (New York: Three Rivers Press, 1997; first published 1995), 369.

[21] Schimel et al., "Is Death Really the Worm at the Core?"

第3章 自尊：安全感的基础

[1] Ernest Becker, *The Birth and Death of Meaning: An Interdisciplinary Perspective on the Problem of Man*, 2nd ed. (New York: Free Press, 1971), 67.

[2] Carol Pogash, "Free Lunch Isn't Cool, So Some Students Go Hungry," *New York Times*, March 1, 2008.

[3] Gilbert Herdt, *Guardians of the Flutes: Idioms of Masculinity* (New York: McGraw-Hill, 1981).

[4] S. Solomon, J. Greenberg, and T. Pyszczynski, "A Terror Management Theory of Self-esteem," in C. R. Snyder and D. Forsyth, eds., *Handbook of Social and Clinical Psychology: The Health Perspective* (New York: Pergamon Press, 1991), 21–40.

[5] D. H. Bennett and D. S. Holmes, "Influence of Denial (Situation Redefinition) and

Projection on Anxiety Associated with Threat to Self-esteem," *Journal of Personality and Social Psychology* 32, no. 5 (1975), 915–921, doi:10.1037/0022-3514.32.5.915; T. G. Burish and B. K. Houston, "Causal Projection, Similarity Projection, and Coping with Threat to Self-esteem," *Journal of Personality* 47, no. 1 (1979), 57–70, doi:10.1111/ j.1467-6494.1979.tb00614.x.

[6] J. Greenberg, S. Solomon, T. Pyszczynski, A. Rosenblatt, J. Burling, D. Lyon, L. Simon, and E. Pinel, "Why Do People Need Self-Esteem? Converging Evidence that Self-esteem Serves an Anxiety-Buffering Function," *Journal of Personality and Social Psychology* 63, no. 6 (1992), 913–922, doi:10.1037/0022-3514.63.6.913.

[7] Ibid.

[8] E. Harmon-Jones, L. Simon, J. Greenberg, T. Pyszczynski, S. Solomon, and H. McGregor, "Terror Management Theory and Self-Esteem: Evidence That Increased Self-esteem Reduces Mortality Salience Effects," *Journal of Personality and Social Psychology* 72, no. 1 (1997), 24–36, doi:10.1037/0022-3514.72.1.24.

[9] D. M. Ogilvie, F. Cohen, and S. Solomon, "The Undesired Self: Deadly Connotations," *Journal of Research in Personality* 42, no. 3 (2008), 564–576, doi:10.1016/j.jrp.2007. 07.012.

[10] J. Hayes, J. Schimel, E. H. Faucher, and T. J. Williams, "Evidence for the DTA Hypothesis II: Threatening Self-esteem Increases Death-Thought Accessibility," *Journal of Experimental Social Psychology* 44, no. 3 (2008), 600–613, doi:10.1016/ j.jesp.2008.01.004.

[11] "Ted Kennedy and Health Care Reform," *Newsweek*, July 2009.

[12] O. Ben-Ari, V. Florian, and M. Mikulincer, "The Impact of Mortality Salience on Reckless Driving: A Test of Terror Management Mechanisms," *Journal of Personality and Social Psychology* 76, no. 1 (1999), 35–45, doi:10.1037/0022-3514.76.1.35.

[13] H. J. Peters, J. Greenberg, J. M. Williams, and N. R. Schneider, "Applying Terror Management Theory to Performance: Can Reminding Individuals of Their Mortality Increase Strength Output?" *Journal of Sport and Exercise Physiology* 27, no. 1 (2005), 111–116.

[14] J. L. Goldenberg, S. K. McCoy, T. Pyszczynski, J. Greenberg, and S. Solomon, "The Body as a Source of Self-esteem: The Effect of Mortality Salience on Identification with One's Body, Interest in Sex, and Appearance Monitoring," *Journal of Personality and Social Psychology* 79, no. 1 (2000), 118–130, doi:10.1037/0022-3514.79.1.118.

[15] Ernest Becker, *The Birth and Death of Meaning: An Interdisciplinary Perspective on the Problem of Man*, 2nd ed. (New York: Free Press, 1971), 75.

[16] M. B. Salzman, "Cultural Trauma and Recovery: Perspectives from Terror Management Theory," *Trauma, Violence, and Abuse* 2, no. 2 (2001), 172–191, doi:10.1177/1524838 001002002005.

[17] R. Fournier and S. Quinton, "How Americans Lost Trust in Our Greatest Institutions," *The Atlantic*, April 20, 2012.

[18] Tom O'Neill, "Untouchable," *National Geographic*, June 2003.

[19] Arthur Miller, *Death of a Salesman*.

[20] M. A. Milkie, "Social Comparisons, Reflected Appraisals, and Mass Media: The Impact of Pervasive Beauty Images on Black and White Girls' Self Concepts," *Social Psychology Quarterly* 62, no. 2 (1999), 190–210, doi:10.2307/2695857,200.

[21] William James, *Principles of Psychology* (1890).

[22] M. Donnellan, K. H. Trzesniewski, R. W. Robins, T. E. Moffitt, and A. Caspi, "Low Self-esteem Is Related to Aggression, Antisocial Behavior, and Delinquency," *Psychological Science* 16, no. 4 (2005), 328–335, doi:10.1111/j.0956-7976.2005.01535.x; T. D'Zurilla, E. C. Chang, and L. J. Sanna, "Self-esteem and Social Problem Solving as Predictors of Aggression in College Students," *Journal of Social and Clinical Psychology* 22, no. 4 (2003), 424–440, doi:10.1521/jscp.22.4.424.22897; L. Krabbendam, I. Janssen, M. Bak, R. V. Bijl, R. de Graaf, and J. van Os, "Neuroticism and Low Self-esteem as Risk Factors for Psychosis," *Social Psychiatry and Psychiatric Epidemiology* 37, no. 1 (2002), 1–6, doi:10.1007/s127-002-8207-y; A. Laye-Gindhu and K. A. Schonert-Reichl, "Nonsuicidal Self-harm Among Community Adolescents: Understanding the 'Whats' and 'Whys' of Self-harm," *Journal of Youth and Adolescence* 34, no. 5 (2005), 447–457, doi:10.1007/s10964-005-7262-z; P. M. Lewinsohn, P. Rohde, and J. R. Seeley, "Psychosocial Risk Factors for Future Adolescent Suicide Attempts," *Journal of Consulting and Clinical Psychology* 62, no. 2 (1994), 297–305, doi:10.1037/0022-006X.62.2.297; T. E. Lobel and I. Levanon, "Self-esteem, Need for Approval, and Cheating Behavior in Children," *Journal of Educational Psychology* 80, no. 1 (1988), 122–123, doi:10.1037/0022-0663.80.1.122; R. McGee and S. Williams, "Does Low Self-esteem Predict Health Compromising Behaviours Among Adolescents?" *Journal of Adolescence* 23, no. 5 (2000), 569–582, doi:10.1006/jado.2000.0344; R. Rodríguez-Villarino, M. González-Lorenzo, Á. Fernández-González, M. Lameiras-Fernández, and M. L. Foltz, "Individual Factors Associated with Buying Addiction: An Empirical Study," *Addiction Research and Theory* 14, no. 5 (2006), 511–525, doi:10.1080/16066350500527979; M. Rosario, E. W. Schrimshaw, and J. Hunter, "A Model of Sexual Risk Behaviors Among Young Gay and Bisexual Men: Longitudinal Associations of Mental Health, Substance Abuse, Sexual Abuse, and the Coming-Out *Process*," *AIDS Education and Prevention* 18, no. 5 (2006), 444–460, doi:10.1521aeap.2006.18.5.444; D. Stinson, C. Logel, M. P. Zanna, J. G. Holmes, J. J. Cameron, J. V. Wood, and S. J. Spencer, "The Cost of Lower Self-esteem: Testing a Self- and Social-Bonds Model of Health," *Journal of Personality and Social Psychology* 94, no. 3 (2008), 412–428, doi:10.1037/0022-3514.94.3.412; K. H. Trzesniewski, M. Donnellan, T. E. Moffitt, R. W. Robins, R. Poulton, and A. Caspi, "Low Self-esteem During Adolescence Predicts Poor Health, Criminal Behavior, and Limited Economic Prospects During Adulthood," *Developmental Psychology* 42, no. 2 (2006), 381–390, doi:10.1037/0012-1649.42.2.381; V. R. Wilburn and D. E. Smith,

"Stress, Self-esteem, and Suicidal Ideation in Late Adolescents," *Adolescence* 40, no. 157 (2005), 33–45; L. G. Wild, A. J. Flisher, A. Bhana, and C. Lombard, "Associations Among Adolescent Risk Behaviours and Self-esteem in Six Domains," *Journal of Child Psychology and Psychiatry* 45, no. 8 (2004), 1454–1467, doi:10.1111/j.1469-7610.2004.00330.x.

[23] R. F. Paloutzian, J. T. Richardson, and L. R. Rambo, "Religious Conversion and Personality Change," *Journal of Personality* 67, no. 6 (1999), 1047–1079, doi:10.1111/1467-6494. 00082.

[24] M. A. Johnson, "Gunman Sent Package to NBC News," 2007.

[25] M. Donnellan, K. H. Trzesniewski, R. W. Robins, T. E. Moffitt, and A. Caspi, "Low Self-esteem Is Related to Aggression, Antisocial Behavior, and *Delinquency*," *Psychological Science* 16, no. 4 (2005), 328–335, doi:10.1111/j.0956-7976.2005.01535.x.

[26] Philip Kennicott, "Yo-Yo Ma, a Virtuoso at More Than the Cello," *Washington Post*, December 2, 2007.

[27] C. H. Jordan, S. J. Spencer, M. P. Zanna, E. Hoshino-Browne, and J. Correll, "Secure and Defensive High Self-esteem," *Journal of Personality and Social Psychology* 85, no. 5 (2003), 969–978, doi:10.1037/0022-3514.85.5.969.

[28] B. J. Bushman and R. F. Baumeister, "Threatened Egotism, Narcissism, Self-esteem, and Direct and Displaced Aggression: Does Self-love or Self-hate Lead to Violence?" *Journal of Personality and Social Psychology* 75, no. 1 (1998), 219–229, doi:10.1037/ 0022-3514.75.1.219.

[29] K. A. Fanti and E. R. Kimonis, "Bullying and Victimization: The Role of Conduct Problems and Psychopathic Traits," *Journal of Research on Adolescence* 22, no. 4 (2012), 617–631, doi:10.1111/j.1532-7795.2012.00809.x.

[30] Alan Schwarz, "A Disabled Swimmer's Dream, a Mother's Fight," *New York Times*, June 18, 2008.

[31] Dan Buettner, *The Blue Zones: Lessons for Living Longer from the People Who've Lived the Longest* (Washington, D.C.: National Geographic, 2008).

第 4 章 从灵长动物到人类：死亡的历史

[1] Julian Jaynes, *The Origin of Consciousness in the Breakdown of the Bicameral Mind* (Boston, Mass.: Houghton Mifflin, 1976), 9.

[2] Jared Diamond, *The Third Chimpanzee: The Evolution and Future of the Human Animal* (New York: HarperCollins, 1992).

[3] See E. O. Wilson, *The Social Conquest of Earth* (New York: Liveright Publishing Corporation, 2012) for an overview of important mammalian and primate adaptations leading up to bipedalism.

[4] Jonathan Kingdon, *Lowly Origin: Where, When, and Why Our Ancestors First Stood Up* (Princeton, N.J.: Princeton University Press, 2003).

[5] Steven Mithen, *The Prehistory of the Mind: The Cognitive Origins of Art, Religion, and Science* (London: Thames and Hudson, 1996).

[6] Terrence Deacon, *The Symbolic Species: The Co-evolution of Language and the Brain* (New York: W. W. Norton, 1997).

[7] L. Aiello and R. Dunbar, " Neocortex Size, Group Size, and the Evolution of Language," *Current Anthropology* 34, no. 2 (1993), 184–193; R.I.M. Dunbar, " Co-evolution of Neocortical Size, Group Size and Language in Humans," *Behavioral and Brain Sciences* 16, no. 4 (2010), 681–735, doi:10.1017/S0140525X00032325.

[8] Ernest Becker, *The Birth and Death of Meaning: An Interdisciplinary Perspective on the Problem of Man*, 2nd ed. (New York: Free Press, 1971), 19.

[9] Nicholas Humphrey, *Consciousness Regained* (Oxford: Oxford University Press, 1976).

[10] Friedrich Nietzsche, *The Gay Science*, translated by Walter Kaufmann (New York: Vintage Books/Random House, 1974; first published 1882), 299.

[11] Mithen, *The Prehistory of the Mind*.

[12] R. G. Klein, "Paleoanthropology: Whither the Neanderthals?" *Science* 299, no. 5612 (2003), 1525–1527, doi:10.1126/science.1082025.

[13] Jacob Bronowski, "The Reach of Imagination," *American Scholar* 36, no. 2 (1967), 193–201.

[14] Otto Rank, *Will Therapy and Truth and Reality* (New York: Alfred A. Knopf, 1945; first published 1936).

[15] Susanne K. Langer, *Mind: An Essay on Human Feeling*, vol. 3 (Baltimore: Johns Hopkins University Press, 1982), 87, 103.

[16] Ajit Varki, "Human Uniqueness and the Denial of Death," *Nature* 460, no. 7256 (2009), 684, doi:10.1038/460684c.

[17] Paul Bloom, "Is God an Accident?" *The Atlantic* 296 (December 2005), 105–112; Pascal Boyer, *Religion Explained: The Evolutionary Origins of Religious Thought* (New York: Basic Books, 2001).

[18] V. Formicola, "From the Sunghir Children to the Romito Dwarf: Aspects of the Upper Paleolithic Funerary Landscape," *Current Anthropology* 48, no. 3 (2007), 446–453.

[19] J. E. Pfeiffer, *The Creative Explosion: An Inquiry into the Origins of Art and Religion* (New York: Harper and Row, 1982).

[20] Mithen, *The Prehistory of the Mind*.

[21] Ian Tattersall, *Becoming Human: Evolution and Human Uniqueness* (New York: Harcourt

Brace, 1998).

[22] Ernest Becker, *Escape from Evil* (New York: Free Press, 1975), 7.

[23] Roy A. Rappaport, *Ritual and Religion in the Making of Humanity* (New York: Cambridge University Press, 1999).

[24] Jane Ellen Harrison, *Ancient Art and Ritual* (New York: Henry Holt, 1913).

[25] Ellen Dissanayake, *Homo Aestheticus: Where Art Comes From and Why* (Seattle: University of Washington Press, 1995; first published 1992).

[26] Steven Mithen, *The Singing Neanderthals: The Origins of Music, Language, Mind, and Body* (Cambridge, Mass.: Harvard University Press, 2006).

[27] William Hardy McNeill, *Keeping Together in Time: Dance and Drill in Human History* (Cambridge, Mass.: Harvard University Press, 1995).

[28] Examples from Harrison, *Ancient Art and Ritual*.

[29] Ernest *Becker, Escape from Evil* (New York: Free Press, 1975), 102–103.

[30] Examples from *Harrison, Ancient Art and Ritual*.

[31] I. Chukwukere, "A Coffin for 'The Loved One': The Structure of Fante Death Rituals," *Current Anthropology* 22, no. 1 (1981), 61–68.

[32] P. L. Berger and T. Luckmann, *The Social Construction of Reality: A Treatise in the Sociology of Knowledge* (Garden City, N.Y.: Anchor Books, 1967; first published 1966).

[33] Recent studies in Spain with more accurate dating techniques suggest that some cave paintings are at least forty thousand years old. A.W.G. Pike, D. L. Hoffmann, M. García-Diez, P. B. Pettitt, J. Alcolea, R. De Balbín, C. González-Sainz, C. de las Heras, J. A. Lasheras, R. Montes, and J. Zilhão, "U-Series Dating of Paleolithic Art in 11 Caves in Spain," *Science* 336, no. 6087 (2012), 1409–1413, doi:10.1126/science.1219957.

[34] S. Kraft, "Spelunker's Passion Pays Off : Jean-Marie Chauvet and His Small Team of Cave-Diggers 'Hit the Jackpot,' Finding a Cache of Stone Age Art," *Los Angeles Times*, Culture section, February 14, 1995; J. Thurman, "First Impressions: What Does the World's Oldest Art Say About Us?" *The New Yorker*, June 2008.

[35] David Lewis-Williams, *The Mind in the Cave* (London: Thames and Hudson, 2002).

[36] Ibid., 209–210.

[37] F. Cohen, D. Sullivan, S. Solomon, J. Greenberg, and D. M. Ogilvie, "Finding Everland: Flight Fantasies and the Desire to Transcend Mortality," *Journal of Experimental Social Psychology* 47, no. 1 (2010), doi:10.1016/j.jesp.2010.08.013.

[38] Dissanayake, *Homo Aestheticus*.

[39] George Bernard Shaw, *Back to Methuselah*, 1921.

[40] J. Lyons, "Paleolithic Aesthetics: The Psychology of Cave Art," *Journal of Aesthetics and Art Criticism* 26, no. 1 (1967), 107–114, doi:10.2307/429249.

[41] M. Balter, "Why Settle Down? The Mystery of Communities," *Science* 282, no. 5393 (1998), 1442–1445.

[42] E. O. Wilson, *Consilience: The Unity of Knowledge* (New York: Alfred A. Knopf, 1998).

[43] Grant Allen, *The Evolution of the Idea of God: An Inquiry into the Origins of Religions* (Escondido, Calif.: Book Tree, 2000; first published 1897).

[44] Merlin Donald, *Origins of the Modern Mind: Three Stages in the Evolution of Culture and Cognition* (Cambridge, Mass.: Harvard University Press, 1991).

[45] Alfonso Ortiz, *The Tewa World: Space, Time, Being, and Becoming in a Pueblo Society* (Chicago: University of Chicago Press, 1969).

[46] Walter Burkert, *Homo Necans: The Anthropology of Ancient Greek Sacrificial Ritual and Myth*, translated by Peter Bing (Berkeley: University of California Press, 1983).

[47] David Sloan Wilson, *Darwin's Cathedral: Evolution, Religion, and the Nature of Society* (Chicago: University of Chicago Press, 2002).

[48] Nicholas Wade, *The Faith Instinct: How Religion Evolved and Why It Endures* (New York: Penguin Press, 2009).

[49] Steven Pinker, *How the Mind Works* (New York: W. W. Norton, 1997).

[50] Susan Isaacs, "The Nature and Function of Phantasy," *International Journal of Psycho-Analysis* 29 (1948), 73–97. Quotation is from p. 94.

[51] Ajit Varki and Danny Brower, *Denial: Self-deception, False Beliefs, and the Origins of the Human Mind* (New York: Twelve, 2013).

第5章 真实的永生：物理永生的追寻

[1] Aldous Huxley, *The Devils of Loudun* (New York: Harper and Brothers, 1952), 259.

[2] *The Epic of Gilgamesh*, translated by N. K. Sandars (London: Penguin Books, 1972; first published 1960), 97.

[3] Robert Jay Lifton, *The Broken Connection: On Death and the Continuity of Life* (New York: Simon and Schuster, 1979).

[4] O. L. Mazzatenta, "A Chinese Emperor's Army for an Eternity," *National Geographic* 182, no. 2 (1992), 114–130.

[5] Jane Portal, ed., *The First Emperor: China's Terracotta Army* (Cambridge, Mass.: Harvard University Press, 2007).

[6] Erik Hornung and Betsy M. Bryan, eds., *The Quest for Immortality: Treasures of*

Ancient Egypt, National Gallery of Art, Washington, and United Exhibits Group (New York: Prestel Publishers, 2002).

[7] A. R. Williams, "Death on the Nile," *National Geographic* 202, no. 4 (2002), 2–25.

[8] "U.S. Religious Landscape Survey: Religious Beliefs and Practices: Diverse and Politically Relevant," Pew Forum on Religion and Public Life, June 2008.

[9] M. Soenke, M. J. Landau, and J. Greenberg, "Sacred Armor: Religion's Role as a Buffer Against the Anxieties of Life and the Fear of Death," in K. I. Pargament, J. J. Exline, and J. W. Jones, eds., *APA Handbook of Psychology, Religion, and Spirituality*, vol. 1, *Context, Theory, and Research* (Washington, D.C.: American Psychological Association, 2013), 105–122, doi:10.1037/14045-005.

[10] A. Norenzayan and I. G. Hansen, "Belief in Supernatural Agents in the Face of Death," *Personality and Social Psychology Bulletin* 32, no. 2 (2006), 174–187, doi:10.1177/0146167205280251.

[11] J. Jong, J. Halberstadt, and M. Bluemke, "Foxhole Atheism Revisited: The Effects of Mortality Salience on Explicit and Implicit Religious Belief," *Journal of Experimental Social Psychology* 48, no. 5 (2012), 983–989, doi:10.1016/j.jesp.2012.03.005.

[12] E. Jonas and P. Fischer, "Terror Management and Religion: Evidence That Intrinsic Religiousness Mitigates Worldview Defense Following Mortality Salience," *Journal of Personality and Social Psychology* 91, no. 3 (2006), 553–567, doi:10.1037/0022-3514.91.3.553.

[13] Otto *Rank, Psychology and the Soul: A Study of the Origin, Conceptual Evolution, and Nature of the Soul*, translated by G. C. Richter and E. James Lieberman (Baltimore: Johns Hopkins University Press, 1998; first published 1930), xi.

[14] Ibid.

[15] Maxine Sheets-Johnstone, "Death and Immortality Ideologies in Western Philosophy," *Continental Philosophy Review* 36, no. 3 (2003), 235–262, doi:10.1023/B:MAWO.0000003937.47171.a9; Descartes quote on p. 238.

[16] Y. Yu, "Life and Immortality in the Mind of Han China," *Harvard Journal of Asiatic Studies* 25 (1964), 80–122, doi:10.2307/2718339.

[17] Gerald J. Gruman, "A History of Ideas About the Prolongation of Life: The Evolution of Prolongevity Hypotheses to 1800," *Transactions of the American Philosophical Society* 56, no. 9 (1966), 1–102, doi:10.2307/1006096.

[18] Alan Harrington, *The Immortalist* (New York: Random House, 1969).

[19] René Descartes, *Treatise of Man*, ed. T. S. Hall (Cambridge, Mass.: Harvard University Press, 1972), 4.

[20] René Descartes, "Discourse on the Method of Rightly Conducting the Reason, and Seeking Truth in the Sciences," in John Veitch, trans., *A Discourse on Method, etc.* (London,

Toronto, and New York: Everyman's Library, 1912), 50.

[21] Gruman, "A History of Ideas About the Prolongation of Life."

[22] J. Sparks, *The Works of Benjamin Franklin*, vol. 8 (Boston: Hilliard, Gray and Company, 1840), 418.

[23] A. Carrel, "On the Permanent Life of Tissues Outside of the Organism," *Journal of Experimental Medicine* 15 (1912), 516–528. Quotation is from p. 516.

[24] David M. Friedman, *The Immortalists: Charles Lindbergh, Dr. Alexis Carrel, and Their Daring Quest to Live Forever* (New York: Harper Perennial, 2008), 13.

[25] Charles Lindbergh, *Autobiography of Values* (New York: Harcourt Brace Jovanovich, 1978), 5.

[26] Friedman, *Immortalists*, 77.

[27] B. Best, "Aubrey de Grey, Ph.D.: An Exclusive Interview with the Renowned Biogerontologist," *Life Extension Magazine*, February 2006.

[28] Aubrey de Grey, "The War on Aging," in *The Scientific Conquest of Death: Essays on Infinite Lifespans* (Libros en Red, 2004), 29–46.

[29] Quoted in the 2000 documentary film *I Dismember Mama* by Errol Morris.

[30] "Freezing Time: Ted Williams," *New York Times*, July 11, 2002.

[31] Quoted in 2000 documentary film *I Dismember Mama* by Errol Morris.

[32] Raymond Kurzweil, "Human Body Version 2.0," in *The Scientific Conquest of Death: Essays on Infinite Lifespans* (Libros en Red, 2004), 93–106.

[33] de Grey, "War on Aging."

[34] William Sims Bainbridge, "Progress Toward Cyberimmortality," in *The Scientific Conquest of Death: Essays on Infinite Lifespans* (Libros en Red, 2004), 107–122.

[35] Thomas Robert Malthus, *An Essay on the Principle of Population, as It Affects the Future Improvement of Society, with Remarks on the Speculations of Mr. Godwin, M. Condorcet, and Other Writers* (London: J. Johnson, 1798), 240–241.

第 6 章　象征性永生：死后依然活着

[1] Zygmunt Bauman, *Mortality, Immortality, and Other Life Strategies* (Stanford, Calif.: Stanford University Press, 1992), 7.

[2] Adam Kirsch, "Cloudy Trophies: John Keats's Obsession with Fame and Death," *The New Yorker*, July 2008.

[3] Kirsch, "Cloudy Trophies."

[4] Ernest Becker, *The Birth and Death of Meaning: An Interdisciplinary Perspective on the Problem of Man*, 2nd ed. (New York: Free Press, 1971), 149–150.

[5] I. Fritsche, P. Fischer, N. Koranyi, N. Berger, and B. Fleischmann, "Mortality Salience and the Desire for Offspring," *Journal of Experimental Social Psychology* 43, no. 5 (2007), 753–762, doi:10.1016/j.jesp.2006.10.003.

[6] A. M. Vicary, "Mortality Salience and Namesaking: Does Thinking About Death Make People Want to Name Their Children After Themselves?" *Journal of Research in Personality* 45, no. 1 (2011), 138–141, doi:10.1016/j.jrp.2010.11.016.

[7] E. Yaakobi, M. Mikulincer, and P. R. Shaver, "Parenthood as a Terror Management Mechanism: The Moderating Role of Attachment Orientations," *Personality and Social Psychology Bulletin* 40, no. 6 (2014), 762–774, doi:10.1177/0146167214525473.

[8] *The Epic of Gilgamesh*, translated by N. K. Sandars (London: Penguin Books, 1972; first published 1960), 73.

[9] Leo Braudy, *The Frenzy of Renown: Fame and Its History* (New York: Oxford University Press, 1986), 30.

[10] Matthew V. Wells, "Self as Historical Artifact: Ge Hong and Early Chinese Autobiographical Writing," *Early Medieval China* 9 (2003), 71–103. Quotation is from p. 85.

[11] Andy Warhol and Bob Colacello, *Andy Warhol's Exposures* (London: Hutchinson, 1979), 48.

[12] V. Belenkaya and S. Goldsmith, "Nathan's Hot Dog Eating Contest 2009: Joey Chestnut Defends Title, Sets World Record with 68 Dogs," New York *Daily News*, July 5, 2009.

[13] P. Kesebir, C.-Y. Chiu, and Y.-H. Kim, "Existential Functions of Famous People," unpublished manuscript, University of Illinois at Urbana-Champaign, 2014.

[14] J. Greenberg, S. Kosloff, S. Solomon, F. Cohen, and M. Landau, "Toward Understanding the Fame Game: The Effect of Mortality Salience on the Appeal of Fame," *Self and Identity* 9, no. 1 (2010), 1–18, doi:10.1080/15298860802391546.

[15] Ibid.

[16] R. A. Fein and B. Vossekuil, *Protective Intelligence and Threat Assessment Investigations: A Guide for State and Local Law Enforcement Officials*, 1998.

[17] Braudy, *The Frenzy of Renown*, 3.

[18] Paul Krugman, "Who Was Milton Friedman?" *New York Review of Books*, February 15, 2007.

[19] Gary S. Becker, *The Economic Approach to Human Behavior* (Chicago: University of Chicago Press, 1978).

[20] Robert J. Sardello and Randolph Severson, *Money and the Soul of the World* (Dallas: Pegasus Foundation, 1983).

[21] R. B. Cialdini, R. J. Borden, A. Thorne, M. R. Walker, S. Freeman, and L. R. Sloan,

"Basking in Reflected Glory: Three (Football) Field Studies," *Journal of Personality and Social Psychology* 34, no. 3 (1976), 366–375.

[22] William H. Desmonde, *Magic, Myth, and Money: The Origin of Money in Religious Ritual* (New York: Free Press of Glencoe, 1962).

[23] G. Roheim, "The Evolution of Culture," *International Journal of Psycho-Analysis* 15 (1934), 387–418.

[24] Frederic L. Pryor, "The Origins of Money," *Journal of Money, Credit and Banking* 9, no. 3 (1977), 391–409.

[25] Stéphane Breton, "Social Body and Icon of the Person: A Symbolic Analysis of Shell Money Among the Wodani, Western Highlands of Irian Jaya," *American Ethnologist* 26, no. 3 (1999), 558–582.

[26] Joseph Campbell, with Bill Moyers, *The Power of Myth*, edited by B. S. Flowers (New York: Doubleday, 1988).

[27] Genesis 3:19 (New International Version), 1973.

[28] Adriano Tilgher, *Homo Faber: Work Through the Ages*, translated by D. C. Fisher (New York: Harcourt Brace, 1930), 5.

[29] Cf. P. L. Payne, "Industrial Entrepreneurship in Great Britain," in *The Cambridge Economic History of Europe*, part 1, edited by P. Mathias and M. M. Postan (Cambridge: Cambridge University Press, 1978), 180–230. Smith quotation is from p. 183.

[30] Sergei Kan, *Symbolic Immortality: The Tlingit Potlatch of the Nineteenth Century* (Washington, D.C.: Smithsonian Institution Press, 1989), 232.

[31] Richard O'Connor, *The Golden Summers: An Antic History of Newport* (New York: Putnam Publishing Group, 1974).

[32] Philip Sherwell, "Gift Ideas for the Haves and Have Yachts," *Sunday Telegraph*, November 25, 2007.

[33] Cameron Houston, "How Do You Know You've Really Made It? Step Up to the Plate," *The Age, January* 20, 2007, 6.

[34] B. Surk and A. Johnson, "Saudi Prince Buying Private Superjumbo 'Flying Palace' Jet, Airbus Says," *Seattle Times*, November 12, 2007.

[35] Jane H. Furse, Jess Wisloski, and Bill Hutchinson, "It's Ka-Chingle All the Way! Shoppers Drop Bundle in Robust Start to Season," New York *Daily News*, November 26, 2007.

[36] David Van Biema and Jeff Chu, "Does God Want You to Be Rich?" *Time*, September 10, 2006.

[37] N. Mandel and S. J. Heine, "Terror Management and Marketing: He Who Dies with the Most Toys Wins," *Advances in Consumer Research* 26 (1999), 527–532.

[38] A. N. Christopher, K. Drummond, J. R. Jones, P. Marek, and K. M. Therriault,

"Beliefs About One's Own Death, Personal Insecurity, and Materialism," *Personality and Individual Differences* 40, no. 3 (2006), 441–451, doi:10.1016/j.paid.2005.09.017.

[39] T. Kasser and K. M. Sheldon, "Of Wealth and Death: Materialism, Mortality Salience, and Consumption Behavior," *Psychological Science* 11, no. 4 (2000), 348–351, doi:10.1111/1467-9280.00269.

[40] N. Mandel and D. Smeesters, "The Sweet Escape: Effects of Mortality Salience on Consumption Quantities for High and Low Self-esteem Consumers," *Journal of Consumer Research* 35, no. 2 (2008), 309–323, doi:10.1086/587626.

[41] T. Zaleskiewicz, A. Gasiorowska, P. Kesebir, A. Luszczynska, and T. Pyszczynski, "Money and the Fear of Death: The Symbolic Power of Money as an Existential Anxiety Buffer," *Journal of Economic Psychology* 36(C) (2013), 55–67, doi:10.1016/j.joep.2013.02.008.

[42] Tennessee Williams, *Cat on a Hot Tin Roof* (New York: New Directions, 2004; first published 1940), 91.

[43] Cicero, *Tusculanarum Disputationum*, I, 15.

[44] Otto Rank, *Art and Artist: Creative Urge and Personality Development* (Agathon Press, 1968; first published 1932), 41.

[45] Max Weber, *The Theory of Social and Economic Organization*, translated by A. M. Henderson and Talcott Parsons (Glencoe, Ill.: Free Press, 1947; first published 1922), 358.

[46] J. W. Baird, *Hitler's War Poets: Literature and Politics in the Third Reich* (Cambridge: Cambridge University Press, 2008), 3.

[47] Mark Neocleous, "Long Live Death! Fascism, Resurrection, Immortality," *Journal of Political Ideologies* 10, no. 1 (2005), 31–49, doi:10.1080/1356931052000310272. Quotation is from pp. 39, 43.

[48] F. Cohen, S. Solomon, M. Maxfield, T. Pyszczynski, and J. Greenberg, "Fatal Attraction: The Effects of Mortality Salience on Evaluations of Charismatic, Task-Oriented, and Relationship-Oriented Leaders," *Psychological Science* 15, no. 12 (2004), 846–851, doi:10.1111/j.0956-7976.2004.00765.x.

[49] Ernest Becker, *The Denial of Death* (New York: Free Press, 1973), 190.

[50] playwright Eugene Ionesco, from epigraph of Lifton, *Revolutionary Immortality*.

[51] Achilles' search for immortality is recounted in the *Iliad*, book 12, lines 363–369.

第7章 人类毁灭本性的解析：文化差异为何带来攻击

[1] James Baldwin, *The Fire Next Time* (New York: Vintage Books, 1993; first published 1962), 91.

[2] Edwin G. Burrows and Mike Wallace, *Gotham: A History of New York City to 1898* (New York: Oxford University Press, 1999), 11.

[3] Ibid., 39.

[4] Daniel D. Luckenbill, *Ancient Records of Assyria and Babylonia II* (Chicago: University of Chicago Press, 1927), 314.

[5] John C. Mitani, David P. Watts, and Sylvia J. Amsler, "Lethal Intergroup Aggression Leads to Territorial Expansion in Wild Chimpanzees," *Current Biology* 20, no. 12 (2010), R507–508, doi:10.1016/j.cub.2010.04.021.

[6] S. Bowles, "Did Warfare Among Ancestral Hunter-Gatherers Affect the Evolution of Human Social Behaviors?" *Science* 324, no. 5932 (2009), 1293–1298, doi:10.1126/science.1168112.

[7] Alan Harrington, *The Immortalist* (Millbrae, Calif.: Celestial Arts, 1969), 138–139.

[8] Ernest Becker, *The Birth and Death of Meaning: An Interdisciplinary Perspective on the Problem of Man*, 2nd ed. (New York: Free Press, 1971), 140.

[9] Ernest Becker, *The Denial of Death* (New York: Free Press, 1973), 284.

[10] Ellen Dissanayake, *Homo Aestheticus: Where Art Comes From and Why* (Seattle: University of Washington Press, 1995; first published 1992 by Free Press).

[11] R. F. Worth, "A Black Imam Breaks Ground in Mecca," *New York Times*, April 10, 2009.

[12] Douglas Kellner, *The Persian Gulf TV War* (Boulder, Colo.: Westview Press, 1992).

[13] D. Merskin, "The Construction of Arabs as Enemies: Post-September 11 Discourse of George W. Bush," *Mass Communication and Society* 7, no. 2 (2004), 157–175, doi:10.1207/s15327825mcs0702__2.

[14] J. Goldenberg, N. Heflick, J. Vaes, M. Motyl, and J. Greenberg, "Of Mice and Men, and Objectified Women: A Terror Management Account of Infrahumanization," *Group Processes and Intergroup Relations* 12, no. 6 (2009), 763–776, doi:10.1177/1368430209340569.

[15] J. Arndt, J. Greenberg, S. Solomon, T. Pyszczynski, and L. Simon, "Suppression, Accessibility of Death-Related Thoughts, and Cultural Worldview Defense: Exploring the Psychodynamics of Terror Management," *Journal of Personality and Social Psychology* 73, no. 1 (1997), 5–18.

[16] T. Hiney, *On the Missionary Trail: A Journey Through Polynesia, Asia, and Africa with the London Missionary Society* (New York: Grove Press, 2001), 5.

[17] James H. Grayson, *Early Buddhism and Christianity in Korea: A Study in the Emplantation of Religion* (Leiden: Brill Academic Publishers, 1997).

[18] Larry Poston, *Islamic Da'wah in the West: Muslim Missionary Activity and the Dynamics of Conversion to Islam* (New York: Oxford University Press, 1992). Quotation is from sura 16:125 of the Qur'an.

[19] S. Kosloff, J. Cesario, and A. Martens, "Mortality Salience Motivates Attempts to Assimilate Differing Others to One's Own Worldview," unpublished manuscript, Michigan State University, 2012.

[20] J. Schimel, L. Simon, J. Greenberg, T. Pyszczynski, S. Solomon, J. Waxmonsky, and J. Arndt, "Stereotypes and Terror Management: Evidence That Mortality Salience Enhances Stereotypic Thinking and Preferences," *Journal of Personality and Social Psychology* 77, no. 5 (1999), 905–926, doi:10.1037/0022-3514.77.5.905.

[21] Ibid.

[22] Evelin Lindner, *Making Enemies: Humiliation and International Conflict* (Westport, Conn.: Praeger, 2006), xvi.

[23] Blema Steinberg, *Shame and Humiliation: Presidential Decision-Making on Vietnam* (Pittsburgh, Penn.: The University of Pittsburgh Press, 1996).

[24] Mark Juergensmeyer, "From Bhindran-wale to Bin Laden: The Rise of Religious Violence," *Orfalea Center for Global and International Studies* (University of California, Santa Barbara: Global and International Studies, 2004).

[25] Vamik Volkan, *Killing in the Name of Identity: A Study of Bloody Conflicts* (Charlottesville, Va.: Pitchstone Publishing, 2006).

[26] Lindner, *Making Enemies*, xv.

[27] "Jihad Against Jews and Crusaders," World Islamic Front statement.

[28] T. Pyszczynski, S. Solomon, and J. Greenberg, In *the Wake of 9/11: The Psychology of Terror* (Washington, D.C.: APA Books, 2003).

[29] "Rumsfeld Praises Army General Who Ridicules Islam as 'Satan,' " *New York Times*, October 17, 2003.

[30] M. E. O'Connell, "The Myth of Preemptive Self-defense," *The American Society of International Law Task Force on Terrorism*, August 2002.

[31] M. E. O'Connell, "Seductive Drones: Learning from a Decade of Lethal Operations," *Journal of Law, Information and Science* 21, no. 2 (2012).

[32] M. J. Landau, S. Solomon, J. Greenberg, F. Cohen, T. Pyszczynski, J. Arndt, C. H. Miller, D. M. Ogilvie, and A. Cook, "Deliver Us from Evil: The Effects of Mortality Salience and Reminders of 9/11 on Support for President George W. Bush," *Personality and Social Psychology Bulletin* 30, no. 9 (2004), 1136–1150, doi:10.1177/0146167204267988.

[33] Ibid.

[34] F. Cohen, D. M. Ogilvie, S. Solomon, J. Greenberg, and T. Pyszczynski, "American Roulette: The Effect of Reminders of Death on Support for George W. Bush in the 2004 Presidential Election," *Analyses of Social Issues and Public Policy* 5, no. 1 (2005), 177–187, doi:10.1111/j.1530-2415.2005.00063.x.

[35] "Evangelist Admits Warzone Proselytizing Results in Deaths, Saying It's a 'Good Decision,'" *Alexandria: Crossroads of Civilization*, December 2008.

[36] A. J. Bacevich and E. H. Prodromou, "God Is Not Neutral: Religion and U.S. Foreign Policy After 9/11," *Orbis* 48, no. 1 (2004), 43–54, doi:10.1016/j.orbis.2003.10.012.

[37] "A Year After Iraq War: Mistrust of America in Europe Ever Higher, Muslim Anger Persists: A Nine-Country Survey," Pew Research Center for the People and the Press, 2004.

[38] N. Kristof, "Kids with Bombs," *New York Times*, April 5, 2002.

[39] E. Rubin, "The Most Wanted Palestinian," *New York Times*, June 30, 2002.

[40] I. Blumi, "Competing for the Albanian Soul: Are Islamic Missionaries Making Another Lebanon in the Balkans?" September 2002.

[41] F. Cohen, M. Soenke, S. Solomon, and J. Greenberg, "Evidence for a Role of Death Thought in American Attitudes Toward Symbols of Islam," *Journal of Experimental Social Psychology* 49, no. 2 (2013), 189–194, doi:10.1016/j.jesp.2012.09.006.

[42] George Bernard Shaw, *Heartbreak House* (Mineola, N.Y.: Dover Publications, 1996; first published 1919), 12.

[43] H. A. McGregor, J. D. Lieberman, J. Greenberg, S. Solomon, J. Arndt, L. Simon, and T. Pyszczynski, "Terror Management and Aggression: Evidence That Mortality Salience Motivates Aggression Against Worldview-Threatening Others," *Journal of Personality and Social Psychology* 74, no. 3 (1998), 590–605.

[44] T. Pyszczynski, A. Abdollahi, S. Solomon, J. Greenberg, F. Cohen, and D. Weise, "Mortality Salience, Martyrdom, and Military Might: The Great Satan Versus the Axis of Evil," *Personality and Social Psychology Bulletin* 32, no. 4 (2006), 525–537, doi: 10.1177/0146167205282157.

[45] T. J. Luke and M. Hartwig, "The Effects of Mortality Salience and Reminders of Terrorism on Perceptions of Interrogation Techniques," *Psychiatry, Psychology and Law* 21, no. 4 (2013), 1–13, doi:10.1080/13218719.2013.842625.

[46] G. Hirschberger and T. Ein-Dor, "Defenders of a Lost Cause: Terror Management and Violent Resistance to the Disengagement Plan," *Personality and Social Psychology Bulletin* 32, no. 6 (2006), 761–769, doi:10.1177/0146167206286628.

[47] Pyszczynski et al., "Mortality Salience, Martyrdom."

[48] J. Hayes, J. Schimel, and T. J. Williams, "Fighting Death with Death: The Buffering Effects of Learning That Worldview Violators Have Died," *Psychological Science* 19, no. 5 (2008), 501–507, doi:10.1111/j.1467-9280.2008.02115.x.

[49] Ernest Becker, *Escape from Evil* (New York: Free Press, 1975), xvii.

[50] Thucydides, *History*, 2 vols., edited by Henry Stuart Jones and J. Enoch Powell

(Oxford: Clarendon, 1963); cf. P. J. Ahrensdorf, "The Fear of Death and the Longing for Immortality: Hobbes and Thucydides on Human Nature and the Problem of Anarchy," *American Political Science Review* 94, no. 3 (2000), 579–593.

[51] Ibid.

[52] Ahrensdorf, "Fear of Death," 591.

[53] Stephen Jay Gould, *Wonderful Life: The Burgess Shale and the Nature of History* (New York: W. W. Norton, 1989), 35.

第 8 章　身体与心灵：死亡恐惧与对肉体的疏远

[1] A. Simon, "The Existential Deal: An Interview with David Cronenberg," *Critical Quarterly* 43, no. 3 (2001), 34–56. Quotation is from pp. 45–46.

[2] Ernest Becker, *The Denial of Death* (New York: Free Press, 1973).

[3] Nici Nelson, " 'Selling Her Kiosk': Kikuyu Notions of Sexuality and Sex for Sale in Mathare Valley, Kenya," in Patricia Caplan, ed., *The Cultural Construction of Sexuality* (London and New York: Tavistock, 1987), 217–239.

[4] J. L. Goldenberg, T. Pyszczynski, J. Greenberg, S. Solomon, B. Kluck, and R. Cornwell, "I Am Not an Animal: Mortality Salience, Disgust, and the Denial of Human Creatureliness," *Journal of Experimental Psychology: General* 130, no. 3 (2001), 427–435, doi:10.1037/0096-3445.130.3.427.

[5] J. L. Goldenberg, J. Hart, T. Pyszczynski, G. M. Warnica, M. Landau, and L. Thomas, "Ambivalence Toward the Body: Death, Neuroticism, and the Flight from Physical Sensation," *Personality and Social Psychology Bulletin* 32, no. 9 (2006), 1264–1277, doi:10.1177/0146167206289505.

[6] J. L. Goldenberg, J. Arndt, J. Hart, and C. Routledge, "Uncovering an Existential Barrier to Breast Selfexam Behavior," *Journal of Experimental Social Psychology* 44, no. 2 (2008), 260–274.

[7] R. M. Beatson and M. J. Halloran, "Humans Rule! The Effects of Creatureliness Reminders, Mortality Salience and Self-esteem on Attitudes Toward Animals," *British Journal of Social Psychology* 46, no. 3 (2007), 619–632, doi:10.1348/014466606X147753.

[8] M. Soenke, F. Cohen, J. Greenberg, and U. Lifshin, "Are You Smarter Than a Cetacean? On the Terror Management Function of Belief in Human Superiority," unpublished manuscript, Skidmore College, 2015.

[9] P. Rozin and A. E. Fallon, "A Perspective on Disgust," *Psychological Review* 94, no. 1 (1987), 23–41, doi:10.1037/0033-295X.94.1.23.

[10] C. R. Cox, J. L. Goldenberg, T. Pyszczynski, and D. Weise, "Disgust, Creatureliness and the Accessibility of Death-Related Thoughts," *European Journal of Social Psychology* 37, no. 3 (2007), 494–507, doi:10.1002/ejsp.370.

[11] N. L. McCallum and N. S. McGlone, " Death Be Not Profane: Mortality Salience and Euphemism Use," *Western Journal of Communication* 75, no. 5 (2011), 565–84, doi:1 0.1080/10570314.2011.608405.

[12] Genesis 1:21–27 (King James Version).

[13] S. Federici, "The Great Caliban: The Struggle Against the Rebel Body—Part Two," *Capitalism Nature Socialism* 15, no. 3 (2004), 13–28, doi:10.1080/1045575042000247 211.

[14] Robert Brain, *The Decorated Body* (London: Hutchinson, 1979, 146.

[15] O. Y. Oumeish, "The Cultural and Philosophical Concepts of Cosmetics in Beauty and Art Through the Medical History of Mankind," *Clinics in Dermatology* 19, no. 4 (2001), 375–386, doi:10.1016/S0738-081X(01)00194-8.

[16] "Pots of Promise: An Industry Driven by Sexual Instinct Will Always Thrive," *The Economist*, May 2003.

[17] C. R. Hallpike, "Social Hair," *Man* 4, no. 2 (1969), 256–264.

[18] Quoted in Brain, *Decorated Body*, 147.

[19] Aglaja Stirn, "Body Piercing: Medical Consequences and Psychological Motivations," *Lancet* 361, no. 9364 (2003), 1205–1215, doi:10.1016/S0140-6736(03)12955-8.

[20] Quoted in Brain, *Decorated Body*, 52.

[21] Clinton R. Sanders and D. Angus Vail, *Customizing the Body: The Art and Culture of Tattooing* (Philadelphia: Temple University Press, 1989).

[22] *Decorated Body*.

[23] Anne E. Laumann and Amy J. Derick, "Tattoos and Body Piercings in the United States: A National Data Set," *Journal of the American Academy of Dermatology* 55, no. 3 (2006), 413–421, doi:10.1016/j.jaad.2006.03.026.

[24] *A Portrait of "Generation Next": How Young People View Their Lives, Futures and Politics*, Pew Research Center, 2007.

[25] E. A. Saltzberg and J. C. Chrisler, "Beauty Is the Beast: Psychological Effects of the Pursuit of the Perfect Female Body," in J. Freeman, ed., *Women: A Feminist Perspective* (Mountain View, Calif.: Mayfield Publishing, 1995), 306–315.

[26] Howard S. Levy, *The Lotus Lovers: The Complete History of the Curious Erotic Custom of Footbinding in China* (New York: Prometheus Books, 1991).

[27] Saltzberg and Chrisler, "Beauty Is the Beast."

[28] P. Fritch, "Cosmetic Toe Amputation Surgery," *Kitsch Magazine*, Spring 2007.

[29] Mary Brophy Marcus, "Cosmetic Surgery Gets a Lift from Boomers: Some Say They'd Just Die if They Had to Look Old," *USA Today*, December 11, 2006.

[30] Ernest Becker, *The Denial of Death* (New York: Free Press, 1973), 163.

[31] Thomas Gregor, *Anxious Pleasures: The Sexual Lives of an Amazonian People* (Chicago: University of Chicago Press, 1985).

[32] Becker, *Denial of Death*, 162.

[33] J. L. Goldenberg, T. Pyszczynski, S. K. McCoy, J. Greenberg, and S. Solomon, "Death, Sex, Love, and Neuroticism: Why Is Sex Such a Problem?" *Journal of Personality and Social Psychology* 77, no. 6 (1999), 1173–1187.

[34] Ibid.

[35] Ibid.

[36] M. C. Nussbaum, "Danger to Human Dignity: The Revival of Disgust and Shame in the Law," *The Chronicle of Higher Education*, August 2004.

[37] T. A. Roberts, J. L. Goldenberg, C. Power, and T. Pyszczynski, " 'Feminine Protection': The Effects of Menstruation on Attitudes Towards Women," *Psychology of Women Quarterly* 26, no. 2 (2002), 131–139, doi:10.1111/1471-6402.00051.

[38] J. L. Goldenberg, J. Goplen, C. R. Cox, and J. Arndt, " 'Viewing' Pregnancy as an Existential Threat: The Effects of Creatureliness on Reactions to Media Depictions of the Pregnant Body," *Media Psychology* 10, no. 2 (2007), 211–230, doi:10.1080/15213260701375629.

[39] C. R. Cox, J. L. Goldenberg, J. Arndt, and T. Pyszczynski, "Mother's Milk: An Existential Perspective on Negative Reactions to Breast-Feeding," *Personality and Social Psychology Bulletin* 33, no. 1 (2007), 110–122, doi:10.1177/0146167206294202.

[40] M. J. Landau, J. L. Goldenberg, J. Greenberg, O. Gillath, S. Solomon, C. Cox, A. Martens, and T. Pyszczynski, "The Siren's Call: Terror Management and the Threat of Men's Sexual Attraction to Women," *Journal of Personality and Social Psychology* 90, no. 1 (2006), 129–146, doi:10.1037/0022-3514.90.1.129.

[41] Ibid.

[42] Ibid.

第 9 章　近处和远处的死亡：对死亡的两种防御

[1] S. Chaplin, *The Psychology of Time and Death* (Ashland, Ohio: Sonnet Press, 2000), 150.

[2] As reported by the BBC World News, *The New York Times*, and *The Huffington Post*.

[3] R. Ochsmann and K. Reichelt, "Evaluation of Moral and Immoral Behavior: Evidence for Terror Management Theory," Unpublished manuscript, Universität Mainz, Mainz, Germany.

[4] J. Greenberg, T. Pyszczynski, S. Solomon, L. Simon, and M. Breus, "Role of Consciousness and Accessibility of Death-Related Thoughts in Mortality Salience Effects," *Journal of Personality and Social Psychology* 67, no. 4 (1994), 627–637, doi:10.1037/0022-3514. 674.627.

[5] Ibid.

[6] J. Arndt, J. Greenberg, S. Solomon, T. Pyszczynski, and L. Simon, "Suppression, Accessibility of Death-Related Thoughts, and Cultural Worldview Defense: Exploring the Psychodynamics of Terror Management," *Journal of Personality and Social Psychology* 73, no. 1 (1997), 5–18, doi:10.1037/0022-3514.73.1.5; J. Greenberg, J. Arndt, L. Simon, T. Pyszczynski, and S. Solomon, "Proximal and Distal Defenses in Response to Reminders of One's Mortality: Evidence of a Temporal Sequence," *Personality and Social Psychology Bulletin* 26, no. 1 (2000), 91–99, doi:10.1177/0146167200261009; T. Pyszczynski, J. Greenberg, and S. Solomon, "A Dual-Process Model of Defense Against Conscious and Unconscious Death-Related Thoughts: An Extension of Terror Management Theory," *Psychological Review* 106, no. 4 (1999), 835–845, doi:10.1037/ 0033-295X.106.4.835.

[7] G. A. Quattrone and A. Tversky, "Causal Versus Diagnostic Contingencies: On Self-Deception and on the Voter's Illusion," *Journal of Personality and Social Psychology* 46, no. 2 (1984), 237–248, doi:10.1037/0022-3514.46.2.237.

[8] \M. W. Baldwin, S. E. Carrell, and D. F. Lopez, "Priming Relationship Schemas: My Advisor and the Pope Are Watching Me from the Back of My Mind," *Journal of Experimental Social Psychology* 26, no. 5 (1990), 435–454, doi:10.1016/0022-1031 (90)90068-W.

[9] J. Arndt, J. Greenberg, T. Pyszczynski, and S. Solomon, "Subliminal Exposure to Death-Related Stimuli Increases Defense of the Cultural Worldview," *Psychological Science* 8, no. 5 (1997), 379–385, doi:10.1111/j.1467-9280.1997.tb00429.x.

[10] J. Arndt, J. Schimel, and J. L. Goldenberg, "Death Can Be Good for Your Health: Fitness Intentions as a Proximal and Distal Defense Against Mortality Salience," *Journal of Applied Social Psychology* 33, no. 8 (2003), 1726–1746, doi:10.1111/j.1559-1816. 2003.tb01972.x; C. Routledge, J. Arndt, and J. L. Goldenberg, "A Time to Tan: Proximal and Distal Effects of Mortality Salience on Sun Exposure Intentions," *Personality and Social Psychology Bulletin* 30, no. 10 (2004), 1347–1358, doi:10.1177/0146167204264056.

[11] J. Arndt, K. Vail, C. R. Cox, J. L. Goldenberg, T. M. Piasecki, and F. X. Gibbons, "The Interactive Effect of Mortality Reminders and Tobacco Craving on Smoking Topography," *Health Psychology* 32, no. 5 (2013), 525–532, doi:10.1037/a0029201.

[12] J. Arndt, J. Greenberg, L. Simon, T. Pyszczynski, and S. Solomon, "Terror Management and Self-Awareness: Evidence That Mortality Salience Provokes Avoidance of the Self-Focused State," *Personality and Social Psychology Bulletin* 24, no. 11 (1998), 1216–1227, doi:10.1177/01461672982411008.

[13] T. Ein-Dor, G. Hirschberger, A. Perry, N. Levin, R. Cohen, H. Horesh, and E. Rothschild,

"Implicit Death Primes Increase Alcohol Consumption," *Health Psychology* 33, no. 7 (2013), 748–751, doi:10.1037/a0033880.

[14] J. L. Goldenberg and J. Arndt, "The Implications of Death for Health: A Terror Management Health Model for Behavioral Health Promotion," *Psychological Review* 115, no. 4 (2008), 1032–1053, doi:10.1037/a0013326.

[15] Arndt, Schimel, and Goldenberg, "Death Can Be Good for Your Health."

[16] S. McCabe, K. E. Vail, J. Arndt, and J. L. Goldenberg, "Hails from the Crypt: A Terror Management Health Model Investigation of the Effectiveness of Health-Oriented Versus Celebrity-Oriented Endorsements," *Personality and Social Psychology Bulletin* 40, no. 3 (2014), 289–300, doi:10.1177/0146167213510745.

[17] Routledge, Arndt, and Goldenberg, "A Time to Tan."

[18] J. Hansen, S. Winzeler, and S. Topolinski, "When the Death Makes You Smoke: A Terror Management Perspective on the Effectiveness of Cigarette On-Pack Warnings," *Journal of Experimental Social Psychology* 46, no. 1 (2010), 226–228, doi:10.1016/j.jesp.2009.09.007.

[19] O. Taubman-Ben-Ari, V. Florian, and M. Mikulincer, "The Impact of Mortality Salience on Reckless Driving: A Test of Terror Management Mechanisms," *Journal of Personality and Social Psychology* 76, no. 1 (1999), 35–45.

[20] G. Miller and O. Taubman-Ben-Ari, "Scuba Diving Risk Taking: A Terror Management Theory Perspective," *Journal of Sport and Exercise Psychology* 26, no. 2 (2004), 269–282.

[21] S. Lam, K. Morrison, and D. Smeesters, "Gender, Intimacy, and Risky Sex: A Terror Management Account," *Personality and Social Psychology Bulletin* 35, no. 8 (2009), 1046–56, doi:10.1177/0146167209336607.

[22] G. Hirschberger, V. Florian, M. Mikulincer, J. L. Goldenberg, and T. Pyszczynski, "Gender Differences in the Willingness to Engage in Risky Behavior: A Terror Management Perspective," *Death Studies* 26, no. 2 (2002), 117–141, doi:10.1080/074811802753455244.

[23] S. M. Asser and R. Swan, "Child Fatalities from Religion-Motivated Medical Neglect," *Pediatrics* 101, no. 4 (1998), 625–629.

[24] D. Schoetz, "Parents' Faith Fails to Save Diabetic Girl," ABC News, March 27, 2008.

[25] M. Vess, J. Arndt, C. R. Cox, C. Routledge, and J. L. Goldenberg, "Exploring the Existential Function of Religion: The Effect of Religious Fundamentalism and Mortality Salience on Faith-Based Medical Refusals," *Journal of Personality and Social Psychology* 97, no. 2 (2009), 334–350, doi:10.1037/a0015545.

第 10 章　盾牌上的裂痕：死亡与心理障碍

[1] G. Zilboorg, "Fear of Death," *Psychoanalytic Quarterly* 12 (1943), 465–475. Quotation

is from pp. 465, 466, and 477.

[2] Irvin Yalom, *Existential Psychotherapy* (New York: Basic Books, 1980), 111.

[3] K. Planansky and R. Johnston, "Preoccupation with Death in Schizophrenic Men," *Diseases of the Nervous System* 38, no. 3 (1977), 194–197.

[4] Sigmund Freud, "Totem and Taboo," in J. Strachey, ed. and trans., *The Standard Edition of the Complete Psychological Works of Sigmund Freud*, vol. 13 (London: Hogarth Press, 1955; first published 1913), vii–162.

[5] E. Strachan, J. Schimel, J. Arndt, T. Williams, S. Solomon, T. Pyszczynski, and J. Greenberg, "Terror Mismanagement: Evidence That Mortality Salience Exacerbates Phobic and Compulsive Behaviors," *Personality and Social Psychology Bulletin* 33, no. 8 (2007), 1137–1151, doi:10.1177/0146167207303018.

[6] From an obsessions-compulsions chat room on www. schizophrenia. com from the late 1980s (no longer posted).

[7] Strachan, Schimel, et al., "Terror Mismanagement."

[8] Strachan, Schimel, et al., "Terror Mismanagement."

[9] Z. Hochdorf, Y. Latzer, L. Canetti, and E. Bachar, "Attachment Styles and Attraction to Death: Diversities Among Eating Disorder Patients," *American Journal of Family Therapy* 33, no. 3 (2005), 237–252, doi:10.1080/01926180590952418.

[10] Aimee Liu, *Solitaire* (New York: Harper and Row, 1979). Cf. C. C. Jackson and G. P. Davidson, "The Anorexic Patient as a Survivor: The Denial of Death and Death Themes in the Literature on Anorexia Nervosa," *International Journal of Eating Disorders* 5, no. 5 (1986), 821–835, doi:10.1002/1098-108X(198607)5:5<821::AID-EAT2260050504> 3.0.CO;2-9, p.825.

[11] J. L. Goldenberg, J. Arndt, J. Hart, and M. Brown, "Dying to Be Thin: The Effects of Mortality Salience and Body Mass Index on Restricted Eating Among Women," *Personality and Social Psychology Bulletin* 31, no. 10 (2005), 1400–1412, doi:10.1177/ 0146167205277207.

[12] David Tarrant, "For Iraq Veteran, PTSD Is the Enemy That Stays on the Attack, but He's Fighting Back," *The Dallas Morning News*, August 22, 2010.

[13] *The Veterans Health Administration's Treatment of PTSD and Traumatic Brain Injury Among Recent Combat Veterans* (Washington, D.C.: Congressional Budget Office, 2012).

[14] E. J. Ozer, S. R. Best, T. L. Lipsey, and D. S. Weiss, "Predictors of Posttraumatic Stress Disorder and Symptoms in Adults: A Meta-Analysis," *Psychological Bulletin* 129, no. 1 (2003), 52–73, doi:10.1037/0033-2909.129.1.52.

[15] B. S. Gershuny, M. Cloitre, and M. W. Otto, "Peritraumatic Dissociation and PTSD Severity: Do Event-Related Fears About Death and Control Mediate Their Relation?"

Behaviour Research and Therapy 41, no. 2 (2003), 157–166, doi:10.1016/S0005-7967 (01)00134-6.

[16] S. Kosloff, S. Solomon, J. Greenberg, F. Cohen, B. Gershuny, C. Routledge, and T. Pyszczynski, "Fatal Distraction: The Impact of Mortality Salience on Dissociative Responses to 9/11 and Subsequent Anxiety Sensitivity," *Basic and Applied Social Psychology* 28, no. 4 (2006), 349–356, doi:10.1207/s15324834basp2804_8.

[17] A. Abdollahi, T. Pyszczynski, M. Maxfield, and A. Luszczynska, "Posttraumatic Stress Reactions as a Disruption in Anxiety-Buffer Functioning: Dissociation and Responses to Mortality Salience as Predictors of Severity of Post-Traumatic Symptoms," *Psychological Trauma: Theory, Research, Practice, and Policy* 3, no. 4 (2011), 329–341, doi:10.1037/ a0021084.

[18] A. Chatard, T. Pyszczynski, J. Arndt, L. Selimbegović, P. N. Konan, and M. Van der Linden, "Extent of Trauma Exposure and PTSD Symptom Severity as Predictors of Anxiety-Buffer Functioning," *Psychological Trauma: Theory, Research, Practice, and Policy* 4, no. 1 (2012), 47–55, doi:10.1037/a0021085.

[19] A. D. Mancini, G. Prati, and G. A. Bonanno, "Do Shattered Worldviews Lead to Complicated Grief? Prospective and Longitudinal Analyses," *Journal of Social and Clinical Psychology* 30, no. 2 (2011), 184–215, doi:10.1521/jscp.2011.30.2.184.

[20] John Milton, *Paradise Lost* (1667).

[21] William Styron, *Darkness Visible: A Memoir of Madness* (New York: Random House, 1990).

[22] G. Kleftaras, "Meaning in Life, Psychological Well-Being and Depressive Symptomatology: A Comparative Study," *Psychology* 3, no. 4 (2012), 337–345, doi:10.4236/psych.2012. 34048.

[23] A. M. Abdel-Khalek, "Death, Anxiety, and Depression," *Omega: Journal of Death and Dying* 35, no. 2 (1997), 219–229, doi:10.2190/H120-9U9D-C2MHNYQ5.

[24] L. Simon, J. Greenberg, E. H. Jones, S. Solomon, and T. Pyszczynski, "Mild Depression, Mortality Salience and Defense of the Worldview: Evidence of Intensified Terror Management in the Mildly Depressed," *Personality and Social Psychology Bulletin* 22, no. 1 (1996), 81–90, doi:10.1177/0146167296221008.

[25] L. Simon, J. Arndt, J. Greenberg, T. Pyszczynski, and S. Solomon, "Terror Management and Meaning: Evidence That the Opportunity to Defend the Worldview in Response to Mortality Salience Increases the Meaningfulness of Life in the Mildly Depressed," *Journal of Personality* 66, no. 3 (1998), 359–382, doi:10.1111/14676494.00016.

[26] Miguel de Unamuno, *Tragic Sense of Life*, translated by J. E. Crawford Flitch (New York: Dover Publications, 1954), 233.

[27] Fyodor Dostoyevsky, *The Possessed*, translated by Andrew R. MacAndrew (New York: Signet Classics, 1962; first published 1872), 357.

[28] Israel Orbach, Peri Kedem, Orna Gorchover, Alan Apter, and Sam Tyano, "Fears of Death in Suicidal and Nonsuicidal Adolescents," *Journal of Abnormal Psychology* 102, no. 4 (1993), 553–558, doi:10.1037/0021-843X.102.4.553.

[29] William Shakespeare, *Antony and Cleopatra*, V, ii, 282–283.

[30] Everett Ferguson, "Early Christian Martyrdom and Civil Disobedience," *Journal of Early Christian Studies* 1, no. 1 (1993), 73–83, doi:10.1353/earl.0.0161.

[31] "Translation of Sept. 11 Hijacker Mohamed Atta's Suicide Note: Part One" (2001).

[32] T. Pyszczynski, A. Abdollahi, S. Solomon, J. Greenberg, F. Cohen, and D. Weise, "Mortality Salience, Martyrdom, and Military Might: The Great Satan Versus the Axis of Evil," *Personality and Social Psychology Bulletin* 32, no. 4 (2006), 525–537, doi:10.1177/0146167205282157.

[33] C. Routledge and J. Arndt, "Self-Sacrifice as Self-Defence: Mortality Salience Increases Efforts to Affirm a Symbolic Immortal Self at the Expense of the Physical Self," *European Journal of Social Psychology* 38, no. 3 (2008), 531–541, doi:10.1002/ejsp.442.

[34] Andrew T. Weil, *The Natural Mind: A New Way of Looking at Drugs and the Higher Consciousness* (New York: Mariner Books, 1998; first published 1972).

[35] R. W. Firestone and J. Catlett, *Beyond Death Anxiety* (New York: Springer Publishing, 2009).

[36] J. Arndt, K. E. Vail, C. R. Cox, J. L. Goldenberg, T. M. Piasecki, and F. X. Gibbons, "The Interactive Effect of Mortality Reminders and Tobacco Craving on Smoking Topography," *Health Psychology* 32, no. 5 (2013), 525–532, doi:10.1037/a0029201.

[37] D. Gentile, "Pathological Video-Game Use Among Youth Ages 8 to 18: A National Study," *Psychological Science* 20, no. 5 (2009), 594–602, doi:10.1111/j.1467-9280.2009.02340.x.

[38] M. Mikulincer, V. Florian, and G. Hirschberger, "The Existential Function of Close Relationships: Introducing Death into the Science of Love," *Personality and Social Psychology Review* 7, no. 1 (2003), 20–40, doi:10.1207/S15327957PSPR0701_2.

[39] Ernest Becker, *The Birth and Death of Meaning: An Interdisciplinary Perspective on the Problem of Man*, 2nd ed. (New York: Free Press, 1971), 28–29.

[40] H. F. Searles, "Schizophrenia and the Inevitability of Death," *Psychiatric Quarterly* 35, no. 4 (1961), 631–665. Quotation is from p. 632.

[41] L. L. Carstensen, D. M. Isaacowitz, and S. T. Charles, "Taking Time Seriously: A Theory of Socioemotional Selectivity," *American Psychologist* 54, no. 3 (1999), 165–181, doi:10.1037/0003-066X.54.3.165; N. Krause, "Meaning in Life and Healthy Aging," in P. P. Wong, ed., *The Human Quest for Meaning: Theories, Research, and Applications*, 2nd ed. (New York: Routledge, 2012), 409–432; Z. Klemenc-Ketis, "Life Changes in

Patients After Out-of-Hospital Cardiac Arrest: The Effect of Near-Death Experiences," *International Journal of Behavioral Medicine* 20, no. 1 (2013), 7–12, doi:10.1007/s12529-011-9209-y.

第 11 章　与死亡共生：如何解开死亡心理难题

[1] Walt Whitman, *Life and Death*, Walt Whitman Archive.

[2] D. P. Judges, "Scared to Death: Capital Punishment as Authoritarian Terror Management," *U.C. Davis Law Review* 33, no. 1 (1999), 155–248. Quotation is from pp. 163, 186, 187.

[3] S.J.H. McCann, "Societal Threat, Authoritarianism, and U.S. State Death Penalty Sentencing (1977–2004)," *Journal of Personality and Social Psychology* 94, no. 5 (2008), 913–923.

[4] J. L. Kirchmeier, "Our Existential Death Penalty: Judges, Jurors, and Terror Management," *Law and Psychology Review* 32 (Spring 2008), 57–107. Quotation is from p. 102.

[5] study reported in S. Solomon and K. Lawler, "Death Anxiety: The Challenge and the Promise of Whole Person Care," in T. A. Hutchinson, ed., *Whole Person Care: A New Paradigm for the 21st Century* (New York: Springer, 2011), 92–107.

[6] J. Arndt, M. Vess, C. R. Cox, J. L. Goldenberg, and S. Lagle, "The Psychosocial Effect of Thoughts of Personal Mortality on Cardiac Risk Assessment," *Medical Decision Making* 29, no. 2 (2009), 175–181, doi:10.1177/0272989X08323300.

[7] A. Smith, *Dreamthorp* (London: Oxford University Press, 1934; first published 1863), 49.

[8] M. C. Nussbaum, "Mortal Immortals: Lucretius on Death and the Voice of Nature," *Philosophy and Phenomenological Research* 50, no. 2 (1989), 303–351; S. Cave, *Immortality: The Quest to Live Forever and How It Drives Civilization* (New York: Crown, 2012); T. Volk and D. Sagan, *Death and Sex* (New York: Chelsea Green, 2009).

[9] M. C. Nussbaum, *The Therapy of Desire: Theory and Practice in Hellenistic Ethics* (Princeton, N.J.: Princeton University Press, 1994), 222.

[10] Cf. Herman Melville, *Moby-Dick*, edited with an introduction and commentary by H. Beaver (New York: Penguin Classics, 1986; first published 1851), 799.

[11] Michel de Montaigne, *The Complete Essays of Michel de Montaigne*, edited by W. C. Hazlitt and C. Cotton, Digireads. com, 2004, p. 52. First published 1580.

[12] Ibid.

[13] Martin Heidegger, *Being and Time* (Albany: State University of New York Press, 2010; first published 1927).

[14] Jon Underwood, personal communication, October 19, 2014.

[15] Robert Jay Lifton, *The Broken Connection: On Death and the Continuity of Life* (New York: Simon and Schuster, 1979).

[16] Charles Lindbergh, *Autobiography of Values* (New York: Harcourt Brace Jovanovich, 1978), 6.

[17] Ernest Becker, *The Denial of Death* (New York: Free Press, 1973), 158.

[18] J. Talbot, *The Wolf Man*, Universal Pictures, 1941.

[19] T. Pyszczynski, S. Solomon, and J. Greenberg, *In the Wake of 9/11: The Psychology of Terror* (Washington, D.C.: American Psychological Association, 2003), doi:10.1037/10478-000.

[20] Paul Tillich, *Theology of Culture* (New York: Oxford University Press, 1964), 9.

[21] S. White, *Führer: Seduction of a Nation* (Brook Productions, 1991).

[22] Thomas Babington Macaulay, *Lays of Ancient Rome* (London: Longman, 1847), 37ff.

心 理 学 大 师 经 典 作 品

红书
原著：[瑞士] 荣格

寻找内在的自我：马斯洛谈幸福
作者：[美] 亚伯拉罕·马斯洛

抑郁症（原书第2版）
作者：[美] 阿伦·贝克

理性生活指南（原书第3版）
作者：[美] 阿尔伯特·埃利斯 罗伯特·A.哈珀

当尼采哭泣
作者：[美] 欧文·D.亚隆

多舛的生命：
正念疗愈帮你抚平压力、疼痛和创伤（原书第2版）
作者：[美] 乔恩·卡巴金

身体从未忘记：
心理创伤疗愈中的大脑、心智和身体
作者：[美] 巴塞尔·范德考克

部分心理学（原书第2版）
作者：[美] 理查德·C.施瓦茨 玛莎·斯威齐

风格感觉：21世纪写作指南
作者：[美] 史蒂芬·平克

欧文·亚隆经典作品

《当尼采哭泣》

作者：[美] 欧文·D.亚隆　译者：侯维之

这是一本经典的心理推理小说，书中人物多来自真实的历史，作者假托19世纪末的两位大师——尼采和布雷尔，基于史实将两人合理虚构连结成医生与病人，开启一段扣人心弦的"谈话治疗"。

《成为我自己：欧文·亚隆回忆录》

作者：[美] 欧文·D.亚隆　译者：杨立华 郑世彦

这本回忆录见证了亚隆思想与作品诞生的过程，从私人的角度回顾了他一生中的重要人物和事件，他从"一个贫穷的移民杂货商惶恐不安、自我怀疑的儿子"，成长为一代大师，怀着强烈的想要对人有所帮助的愿望，将童年的危急时刻感受到的慈爱与帮助，像涟漪一般散播开来，传递下去。

《诊疗椅上的谎言》

作者：[美] 欧文·D.亚隆　译者：鲁宓

世界顶级心理学大师欧文·亚隆最通俗的心理小说
最经典的心理咨询伦理之作！最实用的心理咨询临床实战书
三大顶级心理学家柏晓利、樊富珉、申荷永深刻剖析，权威解读

《妈妈及生命的意义》

作者：[美] 欧文·D.亚隆　译者：庄安祺

亚隆博士在本书中再度扮演大无畏心灵探险者的角色，引导病人和他自己迈向生命的转变。本书以六个扣人心弦的故事展开，真实与虚构交错，记录了他自己和病人应对人生最深刻挑战的经过，探索了心理治疗的奥秘及核心。

《叔本华的治疗》

作者：[美] 欧文·D.亚隆　译者：张蕾

欧文·D.亚隆深具影响力并被广泛传播的心理治疗小说，书中对团体治疗的完整再现令人震撼，又巧妙地与存在主义哲学家叔本华的一生际遇交织。任何一个对哲学、心理治疗和生命意义的探求感兴趣的人，都将为这本引人入胜的书所吸引。

更多>>>　《爱情刽子手：存在主义心理治疗的10个故事》 作者：[美] 欧文·D.亚隆

《自尊（原书第4版）》

作者：[美] 马修·麦凯 等 译者：马伊莎

帮助近百万读者重建自尊的心理自助经典，畅销全球30余年，售出80万册，已更新至第4版！

自尊对于一个人的心理生存至关重要。本书提供了一套经证实有效的认知技巧，用于评估、改进和保持你的自尊。帮助你挣脱枷锁，建立持久的自信与自我价值！

《自信的陷阱：如何通过有效行动建立持久自信》

作者：[澳] 路斯·哈里斯 译者：王怡蕊 陆杨

很多人都错误地以为，先有自信的感觉，才能自信地去行动。提升自信的十大原则和一系列开创性的方法，帮你跳出自信的陷阱，自由、勇敢地去行动。

《超越羞耻感：培养心理弹性，重塑自信》

作者：[美] 约瑟夫·布尔戈 译者：姜帆

羞耻感包含的情绪可以让人轻微不快，也可以让人极度痛苦

有勇气挑战这些情绪，学会接纳自我

培养心理弹性，主导自己的生活

《自尊的六大支柱》

作者：[美] 纳撒尼尔·布兰登 译者：王静

自尊是一种生活方式！"自尊运动"先驱布兰登博士集大成之作，带你用行动获得真正的自尊。

《告别低自尊，重建自信》

作者：[荷] 曼加·德·尼夫 译者：董黛

荷兰心理治疗师的案头书，以认知行为疗法（CBT）为框架，提供简单易行的练习，用通俗易懂的语言分析了人们缺乏自信的原因，助你重建自信。